ÜBERWÄRMUNGSBÄDER

WEG ZUR WÄRMEKULTUR

Von

Dr. med. W. DEVRIENT

Leitender Arzt
des Instituts für biologische Heilweisen
Berlin-Lichterfelde-West

4. Auflage

1 9 5 0

A. MARCUS & E. WEBER'S VERLAG / BERLIN

Das Umschlagbild stellt das *„Zauberbad der Medea“* dar.

A. Marcus & E. Weber's Verlag, Berlin W 35
Druck Thormann & Goetsch, Berlin SW 61

Gewidmet den „Halb-Gesunden"!

Inhalt

Vorwort

Dieses der Wärmekultur gewidmete Buch erscheint nunmehr in der 4. Auflage. Es soll neben der geschichtlichen Entwicklung der Wärmebehandlung durch Bäder auch ihre wissenschaftliche Begründung und Technik sowie die besondere Bedeutung für die heutige Zeit in Form eines übersichtlichen Werkes aufzeigen.

Es blieb in unserer Zeit *W. Winsch* vorbehalten, die ausschlaggebende Bedeutung der Wärme für Prophylaxe und Therapie zu erkennen. Er schuf den Begriff und die Lehre von der „W ä r m e k u l t u r". Seinem und auch *Kneipp's* Gedankengut entsprang die Idee der Wärmebehandlung die vom Volk nach ihrer Begründerin *Schlenz-Kur* genannt wird.

Vom Jahre 1928 angefangen, waren es sodann die klinischen Veröffentlichungen von *F. Walinski*, die viel zur Einbürgerung der Überwärmungsbehandlung in der modernen Therapie beitrugen. Zur gleichen Zeit wurden auch die umfangreichen experimentellen Arbeiten von *H. Lampert* veröffentlicht, dem wir die glücklich geprägten Begriffe „Ü b e r w ä r m u n g" und „Ü b e r w ä r m u n g s b ä d e r" verdanken.

Sechs Jahrzehnte vergingen seit dem Vortrage von *Bälz* auf der Tagung für Innere Medizin in Wiesbaden über die erfolgreiche Prophylaxe und Behandlung mit heißen Bädern in Japan und die damit erzielten Erfolge. Schon damals rief er die deutschen Ärzte zu gleichem Vorgehen auf. Aber erst jetzt, im Verlaufe der hier aufgezeichneten Entwicklung, beginnt die Wärmetherapie in Deutschland den ihr gebührenden Platz einzunehmen.

Von den um die Wärmetherapie so verdienten Forschern sind in den letzten fünf Jahren verstorben:

Wilhelm Winsch,

der die moderne Wärmekultur begründete;

Maria Schlenz,

die das Verständnis für die Überwärmungsbäder in weite Volkskreise trug, und

Franz Walinski,

der Pionier der wissenschaftlich-klinischen Wärmetherapie.

Ehrend und die Generationen mahnend sei ihrer hier besonders gedacht!

Zufolge meiner Bitte faßte Frau Dr. med. *Irmgard Walinski,* die Gattin und Mitarbeiterin des bekannten Forschers, seine zum Teil noch nicht veröffentlichten Arbeiten in einem Kapitel zusammen. Sie rettete auf diese Weise noch einiges von dem so wertvollen Forschungsmaterial ihres Mannes, das durch die Kriegsereignisse leider vernichtet wurde. Dafür sei Frau Dr. *Walinski* herzlich gedankt.

Herrn Dr. *Hentschel* schulde ich Dank für die tatkräftige Mitarbeit bei der Umgestaltung und Neufassung dieses Werkes.

Ebenso bin ich Herrn *M. Dittrich* für die mühevolle Hilfe bei der Sichtung und Korrektur sehr verpflichtet.

Der Kunst von Herrn *Hanns Bastanier* verdanke ich die mit viel Verständnis und Hingabe gezeichneten Illustrationen.

Institut für biologische Heilweisen *Wilhelm Devrient*

Berlin-Lichterfelde-West

I. Geschichtliches über die Wärmekultur

Vorbeugende und heilende Wärmeanwendung

„Gib mir ein Mittel, Fieber zu erzeugen, und ich heile jede Krankheit."

Parmenides (5. Jahrh. v. Chr.)

„Parmenides, der große griechische Arzt-Philosoph, würde beim Lesen Ihres Mottos lächeln. Wie gern gäbe er es an Boerhaave weiter, weil er auch von diesem den Stoßseufzer gehört hatte: „O, könnt' ich doch Fieber machen!" So schrieb mir F. Buttersack, selbst ein Arzt-Philosoph und Medizinhistoriker, nachdem er meinen Artikel „Über Homöopathie und Schlenz-Kur" gelesen hatte. Wohl verfügte die Antike, besonders die Schule von Hippokrates auf der Insel Kos, über einen Schatz von „Fiebermitteln", aber auch damals schon kamen Gegenströmungen vor, insbesondere von Seiten der „Dogmatischen Schule" (450—300 vor Chr.). Die bewährten Methoden erzeugten wohl heilendes Fieber, es fehlte aber an der systematisch durchgeführten Überwärmung. Das folgende Zeitalter hat auch diesen „Fieber-Schatz" eingebüßt.

Parmenides, der Gründer der eleatischen Schule vom einen, unveränderlichen Sein, war nicht nur ein großer Arzt, sondern auch ein Philosoph von erstaunlicher Weitschau. Damals, noch am Anfang der schriftlich festgelegten Erkenntnissehnsucht der Menschheit, war er schon von der Wesensgleichheit des Menschen mit Gott durch den Logos überzeugt. Aus dieser inneren Schau heraus suchte er nach dem Heilfaktor, der der Physis des Menschen am meisten entsprach. Er war nicht weit zu suchen: es war die Wärme und das durch sie erzeugte Fieber. In diesem Suchen zeigt sich auch unbewußt und dunkel die Erinnerung der Tiefenperson an das verlorene Paradies, dem durch die kosmischen Umwälzungen der Menschheit entrissenen Garten Eden mit der überall gegenwärtigen, nie versiegenden paradiesischen Wärme. Diese Sehnsucht wohnt uns heute — bewußt und unbewußt — insofern noch mehr inne, als die kulturelle Entwicklung der Menschheit keinen Ausgleich durch gesteigerte Seelenwärme zu schenken vermochte. Kehren wir also zu Parmenides zurück, um sein Werk — in moderne Form gekleidet — fortzusetzen.

Warum aber stellte sich F. Buttersack gerade Boerhaave, den berühmtesten Arzt seiner Zeit, seufzend vor?

Nach dem Untergang der griechischen Antike und der Blütezeit der arabischen Medizin, nach dem Verblassen des Leuchtsternes eines Paracelsus, nach der Enttäuschung durch die Iatrochemie kam um die Wende des 18. Jahrhunderts die Zeit des kausalanalytischen Denkens und experimentellen Forschens. Boerhaave (1668—1738) wies damals als erster auf dieses Denken am Krankenbette, die eingehende Untersuchung, das Erfassen der Persönlichkeit des Kranken und die Grundsätze der öffentlichen Gesundheitspflege hin. Dieses geschah alles auf der Grundlage der physikalisch aufgefaßten Physiologie. Aber auch er war, wie alle seine großen Vorgänger seit Parmenides, in der Therapie machtlos und suchte vergeblich nach einem Mittel, das imstande war, einen starken Anreiz auf die Heilkräfte des Körpers selbst auszuüben, wie es der berühmte „Stein der Weisen" bewirken sollte. Er, der so berühmt war, daß ihn ein Brief aus China erreichte, der keine andere Anschrift trug als „Dem berühmten Arzt in Europa" litt schwer darunter. Ähnlich geschah es auch Sidenham (1624—1689), dem Reformator der mittelalterlichen Medizin. Die therapeutische Hilflosigkeit des Heilmittelsystematikers Boerhaave in den Jahren, die auf die Entdeckung des Mikroskops folgten, veranlaßte F. Buttersack, die eingangs erwähnten Worte gerade ihm, der den Gipfel damaligen ärztlichen Könnens darstellt, in den Mund zu legen. Nicht zuletzt geschah dies auch deshalb, weil Boerhaave diesen Zustand der Hilflosigkeit an seinem eigenen Körper verspüren mußte, da er wiederholt an verschiedenen Arten des Rheumatismus erkrankte. Er selbst war Schüler des großen Hippokratikers Ballonius (de Baillou 1538—1615), auch „der französische Paracelsus" genannt, der im 16. Jahrhundert sein berühmtes Rheumabuch schrieb und dadurch Schöpfer der Lehre vom Rheumatismus wurde. Der Vater der Medizin Hippokrates (460—377 v. Chr.) und die sagenhafte Heilkünstlerin Medea hatten den Heilwert des Fiebers und der Überwärmungsbehandlung gekannt, nicht dagegen Ballonius, der beste Kenner hippokratischer Schriften des 16. Jahrhunderts. Noch weniger Boerhaave, der in der ersten Auflage seiner „Leitsätze" es sogar unterließ, das seit Galenos (129—201) bekannte Wort *„rheumatismos"* zu erwähnen. Erst seine Erkrankung an Rheumatismus brachte ihn dazu, sich in den weiteren Auflagen mit dieser so weitverbreiteten Krankheit zu beschäftigen. Wir können daraus erkennen, zu welchen verhängnisvollen Irrtümern der Traditionsverlust in der Geschichte der Medizin und nicht nur hier allein, sondern im periodischen Ebbe-Flut-Rhythmus der menschlichen Entwicklung überhaupt führen kann.

Schon im Morgengrauen der menschlichen Entwicklung, zur Zeit der Entstehung der Sage vom goldenen Vlies, entdeckte die Königin Hekate von Kolchis die Fieber erregenden und zugleich auch Fieber heilenden Eigenschaften von *Aconitum Napellus* (Sturmhut), dem heutigen so zuverlässigen homöopathischen Polychrest, was etwa „Leitmittel" bedeutet. Ihre Tochter Medea ist die erste historisch erwähnte Entdeckerin der Überwärmungsbäder. Diese große Heilkundige verabreichte ansteigende Kräuterbäder mit Dehnung und Reckung der Gliedmaßen und anschließendem Massieren mit Salben, wie sie noch heute im Morgenlande üblich sind. Gleichzeitig mit diesen Bädern wurden auch Dämpfe entfacht, die Aufbau- und Nervenbelebungsmittel, wie z. B. Ambra, enthielten. Sie wurden in Kesseln erzeugt, die von unten mittels einer Feuerstelle erwärmt wurden. Diese Verbindung von Pharmako- und Osmo-Therapie mit der physikalisch-therapeutischen Behandlung brachte Erfolge, die der Medea den Ruf einer Zauberin eintrugen und zur Quelle vieler Dichtungen wurden. Die geistvolle Verwendung von Naturheilkräften sicherte der Medea einen unvergänglichen Namen in der Geschichte der Heilkunst. Zum größten Schaden für die Menschheit erweist sich immer wieder die „Kürze des Gedächtnisses" für das Gute und Altbewährte. Dadurch konnte es auch geschehen, daß die Überwärmungsbehandlung in vielen Ländern erst nach jahrhundertelanger Unterbrechung wieder aufgenommen wurde. Einen neuen Mahnruf ließ jetzt wieder eine Frau — Maria Schlenz — an die notleidende Menschheit gelangen. Die Bedeutung der nach ihr benannten Kur liegt im Wachrufen der Überwärmungsidee und der außerordentlich einfachen Verwirklichung in der Praxis.

Schon seit frühester Zeit wird die Überwärmung, denkbar als eine unbewußte Nachahmung des von der Natur erzeugten Heilfiebers, künstlich hervorgerufen. Das geschichtliche Vorbild boten eigentlich die Römer, daher auch der Name „römisches Bad". Sokrates, Plato, Aristoteles und Tacitus berichten ausführlich über die Badeeinrichtungen der Antike.

Heißluftanlagen der römischen Bäder in Badenweiler und Baden-Baden und die dort angewendete Technik der Wärmeerzeugung erregen noch heute Erstaunen und Bewunderung. Dann wird verständlich, warum die Römer nach der Rückkehr aus den Wäldern und Sümpfen Germaniens sich so gern in diesen Thermalbädern aufhielten. Einzigartig für die Baukunst der damaligen Zeit waren die Thermen des Caracalla in Rom, in denen jeder Bürger unentgelt-

Das Tepidarium (= Raum für warme Bäder) in den Thermen des Caracalla zu Rom.
(Nach Rich. Goldhahn, 1940, Spital und Arzt.)

lich nach Belieben verweilen konnte. Doch die berühmtesten Thermen wurden durch Kaiser Diocletian zwischen 298 und 306 n. Chr. auf einer Fläche von etwa 350×350 m errichtet. Der Bau, der mehr als 3000 Badegästen Platz bot, ist eines der eindruckvollsten Zeugnisse der hochentwickelten Zivilisation des alten Rom. Noch Plinius der Jüngere konnte ausrufen: „Über 600 Jahre lang waren die Bäder Roms seine besten Ärzte!“ Es war aber noch die Zeit, wo die

Hauptsaal in den Thermen des Diocletian.
(Nach einer Zeichnung von Piranesi.)

Legionen Roms sich nicht von Fleisch, sondern von gekeimtem Vollkornbrot ernährten. Erst später trat die Entartung ein nicht zuletzt dadurch, daß die Thermen, statt der Körperpflege durch Wärmebehandlung zu dienen, nach und nach in Stätten der Völlerei ausarteten. Der weitschauende Seher und Dichter Horaz prophezeite den Verfall mit den Worten: „Balnea vinaque corpus corrumpunt“.

Paracelsus (1493—1541) setzte „Gesundsein“ mit „Heilsein“ gleich. Das Ziel seiner Therapie war das Heil des ganzen Menschen. Heilung bedeutete für ihn soviel wie Heiligung. Hierin stimmte er völlig mit dem altindischen Gesundheitsbegriff überein. Ihm war in hohem Maße das Kennzeichen des deutschen Genius eigen: das Erringen der Erkenntnis aus der Tiefe der Gott-Natur. Seine Heilkunst war ein Zurückführen des Menschen in die kosmische Harmonie — und eben diese mußte den ganzen Menschen erfassen und nicht bloß seinen physischen Leib. So kann man mit Recht von der „Heilkunst" des Paracelsus sprechen, im Gegensatz zu der bloßen „Medizin" einer materialistisch denkenden Ära. Die Zielgebung des Hippokrates war die gleiche: sie war auf das Heil des ganzen Menschen gerichtet. Es ist sonderbar und mag kosmobiologisch bedingt sein, daß das deutsche Wesen immer dann einen Schiffbruch erleidet, wenn es (seiner Bestimmung zuwider) verflacht und das Ziel

Die Thermen des Diocletian (284—305 n. Chr.) im Jahre 1634.
(Nach Gossen, Hygiene im alten Rom.)

in der Breite sucht. In Wahrheit ist das Vordringen in die Tiefe seine Aufgabe und zugleich auch Grenze. Das Erfassen der „Tiefenperson" kann sowohl auf metaphysischem Wege — heute auch der Physik verständlich — geschehen wie auch durch physikalische Methoden. Unter diesen nimmt die Überwärmung eine wichtige Stellung ein.

Die in Europa unbekannten hygienischen Einrichtungen des *Islam* fanden in der arabischen Kultur ihren besten Ausdruck. Nur wenige wissen, wie sehr die persönliche Hygiene durch die kultischen Vorschriften des *Islam* auf einen hohen Stand gebracht wurde zu einer Zeit, als unsere Vorfahren, die sich auf der Völkerwanderung befanden, in Wäldern lebten. Zu dieser Zeit hatte *Cordoba*, die Hauptstadt des Kalifats, eine Universität, an der die besten Ärzte ausgebildet wurden, eine Bibliothek von 700 0000 Bänden und 900 öffentliche Bäder. In diesen Bädern wurde die vornehmste Wärmekultur gepflegt, wie wir sie uns heute nur herbeiwünschen können. Sie wurde von dem dunklen christlichen Mittelalter ausgemerzt. Den Arabern verdanken wir die Überlieferung der alten philosophisch durchdachten griechischen Medizin. Das Omeiaden-Kalifat in Spanien hatte im X. Jahrh. 17 Universitäten, wo auch jeder christliche Gelehrte studieren mußte, wenn er auf Höhe seiner Zeit bleiben wollte. Die religiöse und wissenschaftliche Toleranz standen dort höher als in irgendeiner christlichen Universität der späteren Entwicklung. Es wird zu wenig darauf hingewiesen, daß ohne die arabische Kultur die Renaissance unmöglich gewesen wäre. Das gilt insbesondere für die Naturwissenschaften und die Medizin. Die Schulen der großen Gelehrten wie Al-Biruni (973—1048) und insbesondere die von Avicenna (980—1037) setzen sich auch für die Wärmetherapie und Wärmekultur ein. Der Asketismus der christlichen Kirchen und deren unbiologische Einstellung verhinderten die weitere Entwicklung der Wärmekultur für viele Jahrhunderte.

Im 17. Jahrhundert, der Zeit des Niederganges Europas durch den dreißigjährigen Krieg, verfiel auch die noch vorhandene Badekultur. Anders handelte der Orient. Damals erschien in Konstantinopel eine Reisebeschreibung des türkischen Schriftstellers und Weltfahrers Ewlija Tschelebi (1611—1669), die in der islamischen Welt so berühmte *„Tarichi-Sejah"*, ein umfangreiches geographisches und demographisches Werk. Was daraus uns interessiert, ist die an bevorzugter Stelle stehende Beschreibung der Bäder in einem jeden der von ihm besuchten Orte. In seiner „Lobrede auf die Bäder Brussas", der alten Sultanstadt in Anatolien, gibt er im Jahre 1640 die Zahl der Bäder in den dortigen Privathäusern auf 3000 an. Es waren dies nicht etwa Wannenbäder, wie Europäer sich vorstellen könnten, sondern mehr oder weniger große Dampfbadeanlagen, die im türkisch-byzantinischen Stil erbaut waren.

Im gleichen Werke gibt Ewlija auch die Beschreibung der 151 größeren öffentlichen Bäder der türkischen Hauptstadt. Die von Sultan Mohammed II. erbaute Badeanlage des *„Tschukur-Hamam"* in Konstantinopel war in der Lage, 5000 Badegäste zu bedienen.

Das türkische Schwitzbad hat seine Bedeutung auch im Wochenlauf des einfachen Mannes: die hygienischen Vorschriften des Koran verlangen über die täglichen, schon durch die Gebetsvorschriften bedingten Waschungen hinaus eine regelmäßige gründliche Säuberung im „Hamam", dem Dampfbade des türkischen Dorfes oder Stadtviertels. Auch diese alte islamische Badekultur geht jetzt leider zurück, nachdem die westliche Pseudozivilisation auch in die Türkei Eingang fand und dort das Hetztempo einführte. Die Bevölkerung beginnt, „keine Zeit zum Baden" zu haben. Doch könnte dieser unselige Vorgang im Gegensatz zu Westeuropa, wo der Ausfall der Wärmekultur schon Jahrhunderte dauert, in der Türkei noch aufgehalten werden.

Als Cortez 1519 nach Mexiko kam, fand er dort einfache kuppelförmig gebaute Schwitzbäder vor, einen Beweis für die Wärme-

Innenansicht des Bassinraumes des Türkischen Bades (Hamam) „Eski Kaplidscha" in Brussa.
(Nach Karl Klinghardt)

Anwendung bei den Azteken und Tolteken. Das heiße Bad und das Schwitzen waren auch in Deutschland vor dem dreißigjährigen Kriege ein beliebter Volksbrauch. Damals mußte sogar der Erzbischof von Speyer Klage darüber führen, daß durch den riesigen Holzverbrauch der Badestuben die Wälder verwüstet wurden. Nürnberg besaß zum Beispiel noch im 16. Jahrhundert 34 öffentliche Badeanstalten, über deren Einrichtungen und Badebräuche alte Stiche ein beredtes Zeugnis ablegen.

Die Angst vor dem damals auftretenden Schreckgespenst der Syphilis, die beim Schröpfen und Aderlassen von unsauberen Badern verbreitet wurde, verleidete dem Volke die Schwitzbäder als vermeintliche Brutstätten der neuen Krankheit. Der Dreißigjährige Krieg verwüstete Deutschland derart, daß die Bevölkerung von 30 auf 5 Millionen zurückging. Ein unerhörter Niedergang auf moralischem und physischem Gebiet setzte ein. Dieser Verfall dehnte sich auf ganz Europa aus: Man wusch sich nicht mehr, sondern puderte sich nur. So war es kaum besser auch in dem „aufgeklärten" 18. und 19. Jahr-

Dame der Biedermeierzeit bei der Morgentoilette.
Das kleine Waschbecken entsprach mehr dem Bedürfnis nach Zierlichkeit als einem eigentlichen Zweck.
(Lithographie nach einer Zeichnung von Charles Philippon. 1806—1862.)

hundert. Als Illustration dafür betrachte man sich die Waschschüsseln im Zimmer Voltaire's in Sanssouci. Sie reichen kaum aus, um die Finger zu benetzen.

Was machten aber damals die Ärzte? Forschten sie nach dem guten Herkömmlichen und Naturverbundenen? Nein, sie puderten ihre großen Allonge-Perücken, wenn sie etwas auf sich hielten, und stritten sich darüber, wieviele Male man die Kranken, an deren Schmerzenslager sie ihre lauten lateinischen Consilia abhielten, zur Ader lassen sollte.

Was machte nun zu dieser Zeit das Volk, der instinktsichere Träger der naturverbundenen Heilgedanken, als Wissenschaft, Medizin und Gesellschaft in Leichtfertigkeit und Traditionslosigkeit verfielen? Die vor den Umwälzungen des 16. und 17. Jahrhunderts bewahrten Völker, vorwiegend im Norden und Osten Europas, kurierten sich ohne Ärzte durch Dampfbäder. Während die Iatrochemiker nach dem „Arcanum" in den Retorten unterirdischer Laboratorien suchten, behandelte im

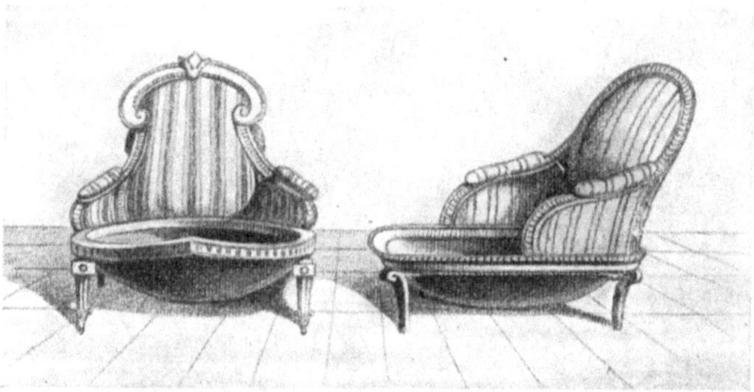

Zimmerbadewanne in Form eines Sofas
im Louis-Seize-Stil.
Entwurf von J. F. Boucher (1736—1782).

Norden und Osten der Dorfbader die Kranken durch die seit undenklichen Zeiten so bewährte Überwärmung mit besten Erfolgen. Die vielen Aderlässe schadeten, die verabreichte Wärme dagegen half und heilte. Auf diese Weise ist diese so berechtigte und noch aus undenklichen Zeiten weit vor Hippokrates und den indischen Schulen von Susruta und Charaka (Zeitgenossen Buddha's etwa 600 v. Chr.) stammende Methode durch dogmatischen Unsinn und Kastengewalt unmöglich gemacht worden. Gegen Verflachung der Therapie erhoben sich von Zeit zu Zeit warnende Stimmen; diese wurden aber von der Zunft zum Schweigen gebracht. Dies war nicht schwer, war es doch zu einer Zeit, als die Geisteskranken in Ketten gelegt in Irrenanstalten schmachteten, die unterirdischen Gefängnissen glichen. Einige Jahrzehnte später erhob gegen den Unfug des Aderlassens

Hahnemann (1755—1843), der Begründer der Homöopathie, seinen berühmten Protest. Tief beeindruckt durch den Tod Kaiser Leopold II, dem mehrfache Aderlässe vorangingen, hatte er den Mut, aufs schärfste gegen dieses seinerzeit allgemein übliche Verfahren aufzutreten. Später wandte er sich der arzneilichen Fiebererzeugung zum Zwecke der Heilung zu. So kam es über den berühmten Fieberversuch mit der Chinarinde am Gesunden zur Beg ündung der Homöopathie.

Der Gedanke, Fieber künstlich zu erzeugen, ist heute, etwa 2400 Jahre nach Parmenides, immer noch das Ziel unseres therapeutischen Strebens, und wir suchen noch heute danach, wie er erfolgreich verwirklicht werden kann. Im Gegensatz zur chinesisch-japanischen Medizin, die seit undenklichen Zeiten das heilsame Fieber durch Moxen, Acupunktur und Eigenblut (Massage mit Blutergüssen) zielbewußt herbeiführt, blieb die Fiebertherapie von der europäischen Wissenschaft jahrhundertelang unbeachtet. Jetzt lebt dieser Gedanke dank B. Aschner von neuem auf, und wir fahnden danach, wie er am besten in die Therapie umgesetzt wird, gleichgültig, ob das Fieber dabei durch künstlliche Infektion (Malaria, Recurrens), Eigenblut, artfremdes Eiweiß, Pyrifer oder durch ähnlich wirkende Mittel erzeugt wird. Diese künstliche Fiebererzeugung (Pyrexie) muß nach dem berechtigten Vorschlage von H. Lampert von der *„Überwärmung“* (Hyperthermie) unterschieden werden, worauf noch später genauer hingewiesen werden wird.

Der Begriff *„Fieber“* stammt noch aus der thermometerlosen Zeit und kennzeichnet das nach diesem Wort bekannte Symptomenbild. Boerhaave hätte wahrscheinlich auf alle uns heute bekannten Hyperthermiemittel chemischer Art verzichtet, wenn ihm die alter Volkstradition entspringenden Methoden bekannt gewesen wären. Er kam aber nicht auf den Gedanken, die Wärmebehandlung der naturverbundenen Völker zu studieren. Jeder russische Bauer, jeder finnische Torpar und auch der japanische Landmann verstehen es bis heute, Hyperthermie im Körper zu erzeugen, um damit jede akut auftretende Krankheit zu bekämpfen und chronischen Erkrankungen vorzubeugen. Die Kenntnis des Heilwertes der Überwärmung ist derart in das Seelenleben dieser Völker eingedrungen, daß die Bäder kultische Bedeutung erlangt haben.

Wie das Schlimmste für die Entwicklung der Völker die Unsitten sind, ist das Schlimmste für die Wissenschaft, und zwar besonders die medizinische, die „Jagd nach dem Neuen“, die das gute Alte vergessen und zweifelhaftes Neues entstehen läßt. Das gilt besonders für die viel versprechende und wenig haltende Industrie, die die

Ärzte mit unzähligen neuen Kombinations-Präparaten überschüttet. Früher ließen die unsinnig durchgeführten Aderlässe die Heilerfahrungen der Alten vergessen. Heute droht die gleiche Gefahr von Seiten der einseitig gelenkten Industrie, die oft, anstatt zu helfen, unersprießliche Wege einschlägt und biologisch wertvolle Naturkräfte nicht ausnutzt. Nur der ständige Kontakt der vorwärts schreitenden Wissenschaft mit dem bewährten vererbten Heilgut kann das Arzttum vor verhängnisvollen Irrtümern bewahren. Mustergültig haben dies die Japaner durchgeführt, als sie einsehen mußten, daß es ohne europäische Technik und Wissenschaft nicht weiterging. Sie haben es auch fertiggebracht, in die Medizin das Neue aufzunehmen, ohne das Alte zu gefährden. Selbstverständlich behielten sie auch nach der großen Umgestaltung ihres Landes am Ende des 19. Jahrhundert ihre berühmten heißen Bäder für Vorbeugungs- und auch Heilzwecken bei. So kommt es, daß es durch die heißen Bäder in Japan fast keine Herzkrankheiten und nur sehr wenig Rheumakranke gibt im Gegensatz zu uns, wo diese beiden Krankheiten zu wahren Volksseuchen geworden sind. Auch der ärmste Japaner hält an der heilsamen Sitte des täglichen Heißbadens fest. Tokio besaß vor dem Erdbeben im Jahre 1923 etwa 800 öffentliche Badeanstalten, in denen täglich 400 000 Menschen, ein Viertel der Bevölkerung, für nur 4 Pfennig heiß badeten. Unwillkürlich drängt sich der Vergleich auf, wie weit wir dagegen zurück sind. Wie bitter not tut uns gerade jetzt eine bessere Pflege der Hyperthermie, wo infolge der Zeiterscheinungen unsere Widerstandskräfte so sehr geschwächt sind. Dasselbe gilt auch für die so schnellen, billigen und guten Verfahren der vergessenen „alten" Medizin, über die B. Aschner in seinem ausgezeichneten Buche über den Rheumatismus berichtet. Die neue Mode sind die Ultraschallwellenapparate mit großem Kostenaufwand. Jedoch vermindert das nicht die Ausgaben der Kassen: das Rheuma ist eben eigenwillig und weicht nur „den alten Heilverfahren!" Oder auch dem neuen, wie es Are Waerland verkündet. Doch auch dieses ‚neue" ist so „alt" wie die Menschheit selbst; es mußte nur eben „von neuem" gefunden werden.

Zu den bedeutendsten Vorkämpfern für eine Besserung der öffentlichen Prophylaxe durch Beachtung der Naturheillehren gehörte auch Hahnemann, der Begründer der Homöopathie. Seine und J. S. Hahns Schriften am Ende des 18. Jahrhunderts bereiteten den Boden vor für die großen Hydrotherapeuten des 19. Jahrhunderts: Kneipp, Prießnitz, Hahn jun., Rausse, Kuhne Winternitz und Schweninger. Wenngleich die Heilerfolge mit der Wasserbehandlung im 19. Jahrhundert auch groß waren, so kann man sich doch nicht genug darüber wundern, daß die aktive Hyperthermie, eine der kostbarsten Güter der Heilkunde, seit undenklichen Zeiten dabei nur sehr selten zur Anwendung kam. Wohl durchwärmte man auf die eine oder andere Weise den Patienten, wohl durfte keine kalte Anwendung an einem nicht durchwärmten Körper gemacht werden, aber man wußte doch zu wenig von der Dauerüberwärmung als einem der mächtigsten Heilfaktoren.

Um ein Streiflicht auf die zweite Hälfte des 19. Jahrhunderts und die Zeit um die Wende zum 20. Jahrhundert zu werfen, sind hier

Badewanne und heißes Wasser werden aus einer öffentlichen Badeanstalt in eine Privatwohnung gebracht.
Lithographie von J. H. Marlet (1770—1847).

zwei Bilder wiedergegeben, die auch als historische Anekdoten aufgefaßt werden können.

Noch um die Mitte des 19. Jahrhunderts hatte das königliche Schloß in Berlin weder Baderäume noch eine Badewanne. Äußerte der alte Kaiser Wilhelm den Wunsch zu baden, dann wurde aus einem Hotel auf der Straße „Unter den Linden" eine Holzbadewanne leihweise herübergeholt. Die vorübergehenden Berliner machten dazu stets ihre mehr oder weniger passenden Bemerkungen.

Und nun das andere Bild. Der scheidende Präsident der Französischen Republik Fallières führte seinen Nachfolger Poincaré im Schlosse Elysée umher, blieb vor der Tür zum Badezimmer stehen und sagte: „Hier ist die Badewanne; wir waren nicht krank und haben sie nie benutzt."

Dies geschah zu einer Zeit, wo jeder noch so arme Japaner täglich sein heißes Bad nahm, wo auf jedem großrussischen Bauernhof das Dampfbad-Blockhaus (Banja) stand und wo in Finnland auf je 6 Menschen eine Sauna kam. Im Westen badete man also nur ge-

Badeanstalt mit großem Bassin im Garten des unter dem Namen Casa delle Nozze d' Argento bekannten Hauses in Pompeji. Bemerkenswert ist, daß das Bad unter freiem Himmel lag.
Photo Alinari.

legentlich, im Osten dagegen pflegte man systematische Wärmekultur. Nackt-Baden und Schwimmen war zu Goethes Zeit noch eine solche Ungeheuerlichkeit, daß er und die Brüder Stolberg dabei mit Steinen beworfen wurden. Im Osten wäre so etwas unmöglich, weil seine Kulturen lebensnahe sind.

Der Einfluß K n e i p p s auf die Entwicklung der Hydrotherapie ist beispiellos. Eine Vorstellung davon erhält man durch den Roman von O r t n e r „Ein Mann kuriert Europa". In ihm wird ein Kulturbild entrollt, wie K n e i p p der europäischen Gesellschaft das Baden wieder zur Gewohnheit macht. Kneipp (1821—1897) kannte wohl den Wert der Wärmebehandlung: sind doch vier Fünftel seiner Heilanwendungen wärmespendend. Er unterscheidet zwischen ausleitenden und wärmespeichernden Bädern, welche er länger — etwa eine Stunde — durchführen läßt. In seinem genialen System fand sich aber dennoch kaum Platz für die systematische Hyperthermie.

An sich ist die Durchwärmung etwas Selbstverständliches. Sie erfolgt beim Beginn und bei Beendigung jeder Kneipp-Anwendung. Der Unterschied besteht nur darin, daß dieses Ziel für manche Menschen auf kaltem, bei anderen dagegen besser auf warmem Wege erreicht wird. Der warme Weg ist leider oft vernachlässigt worden. Nicht zuletzt dieser Umstand hat das Aufkommen der Schlenz-Kur begünstigt. Sahen die Patienten doch sehr bald, was durch die Überwärmung zu erreichen war.

Am Anfang unseres Jahrhunderts erfuhr die Wärmetherapie zwei starke Impulse durch Wilhelm Winsch (1863—1946) und Maria Schlenz († 1946). Von ihnen ausgehend setzte eine weitverzweigte Bewegung für die Wärmepflege ein. Winsch prägte den Begriff der Wärmekultur. Wie er sich diesen Begriff ausgelegt dachte, ersehen wir am besten aus dem Vorwort zur 7. Auflage seines Buches:

„Die von mir geschaffene Idee einer „Wärmekultur“ hat inzwischen Fortschritte gemacht. Sie ist, wie ich das schon in meinem ersten Vortrag über „Wärmekultur“ 1906 behauptet habe, zu einer großen Volkssache geworden. In der Nummer des „Hippokrates“ vom 30. 3. 39 berichtet der Vorsitzende der deutschen Gesellschaft für Volksbäder über Zukunftspläne. Die Wärmekultur sei zu fördern, insbesondere das regelmäßige Schwitzbad. Als Mindestforderung des Badewesens müsse die These aufgestellt werden: „Jede Woche einmal warm baden, jeden Monat einmal schwitzen“. Da wir nur 238 Hallenschwimmbäder, also rund 1 auf 277 000 Einwohner im Altreich besitzen, so könne man bisher von planmäßiger Wärmekultur in der kalten Jahreszeit überhaupt nicht sprechen. Somit wird offiziell anerkannt, daß es sich bei der Wärmekultur nicht nur um eine ärztliche Kurmethode handelt, sondern um etwas, das weit darüber hinausreicht und für das ganze Volkswohl von Bedeutung ist.“

Im Vorwort zur 6. Auflage desselben Buches führt der Verfasser noch weiteres aus:

„Der von mir zuerst ausgesprochene Gedanke, daß die Wärme der Nahrung gleichwertig ist und daß Nahrung zum Teil durch Wärme ersetzt werden kann, hat in den Kreisen der Universitätsmedizin immer noch keine Anerkennung gefunden. Daß Wärme eine Energie ist, mit der man den Körper von außen laden kann und die dann dazu dient, die Kraftbilanz des Körpers zu verbessern, geht in die Köpfe unserer Schulgelehrten nicht hinein. Wie könnte man wohl sonst die Wirkungen des Frühlings erklären! Ein bißchen Sonnenwärme, womit die Natur von außen geladen wird, zaubert die ganze Frühlingspracht hervor und erlöst Pflanzen und niedere Tiere aus der Verkümmerungsform, in der sie während des ganzen Winters geschlummert haben. Was so für Pflanzen und wechselwarme Tiere gilt, das trifft auch für die Warmblüter einschließlich des Menschen zu, wenn es auch hier nicht mit so elementarer Klarheit zutage tritt, sondern erst feinerer Beobachtungen bedarf.

Was der Mensch vor allem braucht, ist ein vollwertiger Blut- und Lymphelektrolyt, die Quelle der Nervenkraft, die ich mit einer Form der Elektrizität für identisch halte. Die Salze sind daher der wichtigste Bestandteil der Nahrung, weil sie, im Wasser gelöst, die Nervenbetriebskraft des Körpers liefern. Dagegen Eiweiß, Kohlehydrate und Fett sind zum kleinen Teil Baustoffe, sonst nur Wärmelieferanten."

Während vor dem Kriege jeder, mehr oder minder sicher geborgen, in seinem eigenen Heime wohnen durfte, gibt es jetzt selbst in den Heimen der Glücklichen, die dieselben behalten durften, nur wenige geheizte Zimmer. Wenn man früher unbewußt der Wärme zustrebte oder dieselbe gar als etwas Selbstverständliches betrachtete, so muß man sich jetzt im Interesse der Selbsterhaltung bewußt und zielstrebig mehr und mehr mit der Wärmekultur befassen. Die kulturgeschichtlichen Unterlagen dazu liefert uns das Buch von W i n s c h. Welcher Methode der Wärmezufuhr man sich dabei bedient, bleibt ärztlichem Urteil und ärztlicher Belehrung überlassen. Da es in unseren Breiten an genügender Sonnenwärme und gleichmäßig durchwärmten Wohnungen mangelt, bildet das *Überwärmungsbad* ein sicheres Mittel zur Erhaltung der Gesundheit. Wo dieses nicht möglich ist, treten wärmespendende Teilanwendungen, wie z. B. ansteigende Fußbäder oder heiße Abreibungen, an seine Stelle. Die Bestandteile der materiellen Zivilisation (Wohnung, Kleidung, Heizung und Bett) reichen — besonders in der kalten Jahreszeit — nicht aus, um diejenigen Menschen zu durchwärmen, denen von Natur aus die Fähigkeit zur Wärmebildung fehlt.

Die Konstitutionspathologie ist eine noch junge Wissenschaft. Von ihr haben wir noch vieles zu erwarten. Wie wenig sie aber bislang geleistet hat, besagen folgende Worte von L i c h t w i t z : „Nach zwei Menschenaltern Laboratoriumsforschung kommen wir zu der Einsicht, daß die früheren Ärzte weit mehr von den Konstitution des Menschen verstanden haben als wir und daß wir dort wieder anknüpfen müssen." Um diese Anknüpfung an das alte, so gut Bewährte bemühen sich B. A s c h n e r und alle, die zu ihm halten. Inmitten dessen, was die Konstitutionspathologie einwandfrei bewiesen hat, steht die Erkenntnis vom Zusammenhange zwischen endokrinen Drüsen, Bindegewebe und Kapillarkreislauf. Ein „Zwischenhirnschwächling" leidet an Kreislaufstörungen, kalten Füßen, schwach entwickeltem Bindegewebe und andern Folgen seiner Konstitution. Es sind dies die hochgewachsenen engbrüstigen blonden Astheniker und die an Dysmenorrhoe und kalten Füßen leidenden blonden Mädchen. Jeder Arzt, besonders der Großstadtarzt, begegnet solchen Kaltfüßlern täglich mehrmals in der Praxis. Die so geschwächten Menschen werden anders, kräftig und gesund, wenn sie u. a. die Lehren von Are Waerland in sich aufnehmen.

Auch die Homöopathie denkt seit mehr als 150 Jahren in Konstitutionstypen und versucht, mittels ihrer Therapie einer ungünstigen Erbanlage entgegenzutreten. Wenn man sich jedoch mit den biologischen Zukunftsfragen der Menschheit befassen will, sind die einzelnen Behandlungsmethoden unzureichend. Handelt es sich doch nicht allein um Millionen mit schwacher Erbanlage, sondern um das gesamte rückständige Westeuropa, das zur Wärmekultur erzogen werden muß. Diese ist in der Lage, eine allgemeine Konstitutionsverbesserung anzubahnen.

Hierzu führt Winsch des weiteren aus:

„Der Mensch ist etwa vor anderthalb Millionen Jahren in der Tertiärzeit entstanden; damals war die Erde ein wohlgeheiztes Paradies. Der Mensch ist also zu bezeichnen als ein Treibhausgeschöpf und war damals seiner Ernährung nach Fruchtesser, wie es seine nächsten Verwandten im Tierreich, die menschenähnlichen Affen, noch heute sind. Er hat also damals von der Natur ein viel größeres Wärmequantum empfangen als wir heute und ist auch von der Natur auf ein sehr großes Wärmequantum gestimmt. Die Tertiärzeit hatte eine tropische Vegetation bis hinauf zu den Polen . . .

Diese Tertiärzeit nahm aber einmal ein Ende. Die Erde kühlte sich immer mehr ab, und wir sind jetzt der Ansicht, daß die Sintflut das Ende der Tertiärzeit darstellt.

Ein Berliner Astronom, Dr. Johannes Riem, hat das nachgewiesen und zugleich darauf aufmerksam gemacht, daß mit diesem Augenblick zum erstenmal auf der Erde das eintrat, was man Jahreszeiten nennt. Bis dahin war die Erde in einen dichten Feuchtigkeitsschleier gehüllt, der wahrscheinlich so dicht war, daß man weder Mond noch Gestirne zu sehen bekam.

Als die Abkühlung bis zu einem bestimmten Punkte gediehen war, konnte sich infolge der zunehmenden Kälte nicht mehr so viel Feuchtigkeit in der Luft halten, es fing allmählich an stark zu regnen und das dauerte viele Monate.

Diese eigenartige und furchtbare Naturerscheinung muß sich dem Menschen überall tief ins Gedächtnis eingeprägt haben und von ihm durch Jahrtausende überliefert worden sein; denn wir finden die Sintflutsage nicht bloß in der Bibel, sondern als ein Gemeingut aller Völker der Erde; es muß also diese Flut auf der ganzen Erde geschehen sein. Damit traten aber mit einem Male ganz andere klimatische Verhältnisse ein; es wurde kalt, die Erde war jetzt viel stärkerer Abkühlung ausgesetzt, es entstanden die kalten Nächte und es brach dann die sogenannte Eiszeit herein. Der Mensch geriet in einen Zustand, wo ihm eine der wichtigsten Lebenskräfte, die Wärme, fehlte. Man muß sich nun nicht vorstellen, daß es zur Eiszeit wesentlich kälter gewesen ist als heute. Wenige Grade weniger an Durchschnittswärme genügen, um eine solche Eiszeit herbeizuführen. Nach den Eiszeiten wurde es auf der Erde wieder etwas wärmer und blieb so bis heute. Man kann sich aber diese Wärmezunahme bis jetzt noch nicht mit genügender Sicherheit erklären.

Wir wollen nun hier zunächst die Frage aufwerfen: hat sich denn der Mensch den veränderten klimatischen Verhältnissen angepaßt, hat er sich akklimatisiert oder nicht? Diese Frage kann man mit „nein" und mit „ja" beantworten. Körperlich hat er sich nicht angepaßt; es ist ihm kein dichtes Fell gewachsen wie dem Eisbären. Im Gegenteil, er hat das Haarkleid, das er ebenso besaß wie noch heute die menschenähnlichen Affen, zum größten Teil verloren. Sein Anpassungsorgan ist aber die Großhirnrinde. Mit seiner Vernunft hat er sich allmählich eine Wärmekultur geschaffen und sich dadurch in viel höherem Grade an alle Temperaturen angepaßt, als dies sonst irgendein Tier fertig bekommt."

Es kann angenommen werden, daß die Menschen deswegen so vielen Erkältungskrankheiten unterworfen sind, weil sie seit der Katastrophe der Eiszeit stets in Wärmedefizit leben. Die Verstädterung eines großen Volksanteils und die mangelhaften hygienischen Verhältnisse auf dem Lande setzen die innere Wärmeregulation des Körpers noch weiter herab, ohne daß für einen Wärmeausgleich gesorgt würde. So kommt es, daß die Zahl der Krankheiten trotz aller Fortschritte der Medizin nicht abnimmt. Daher ist der Kampf gegen die großen Volksseuchen Rheumatismus und Tuberkulose bislang so wenig erfolgreich geblieben.

Die Wärmetherapie hat auch eine tierexperimentelle Geschichte, auf die Lampert mit Recht hinweist. Der Erste, der uns gezeigt hat, daß man beim Tier künstlich erzeugte Infektionen mit der Hyperthermie heilen kann, war Louis Pasteur (1822—1895). Seine eindeutigen Versuche bei der Milzbrandinfektion der Hühner, die mit Überwärmung geheilt wurde, müssen als klassisch angesehen werden. Leider sind sie fast in Vergessenheit geraten. Dies berührt eigenartig in einer Zeit, wo sonst die Anwendung am Menschen zum großen Teil von den Resultaten der Tierexperimente abhängig gemacht wird.

„Wir irren uns niemals, wenn wir der Natur folgen", sagt Goethe. Wer richtig beobachtet, lauscht der Natur zwar ihre Gesetze, doch nie ihre Geheimnisse ab; hier liegt die Grenze zum Übersinnlichen. James Watt beobachtete den springenden Kesseldeckel in der Küche und gelangte so zur Erfindung der Dampfmaschine. Hier sehen wir die zivilisatorische Bedeutung der Entdeckung eines Gesetzes. Das Wärmegesetz ist gut durchforscht, die Aufgabe der Menschheit besteht aber auch noch darin, der Wärmetechnik eine innere Entwicklung zu sichern. Es ist notwendig, daß diese Entwicklung von gesitteten Kräften geleitet und von niederen Instinkten freigehalten wird. Hängt doch von der Beherrschung der Technik durch gutgesittete Kräfte überhaupt die Zukunft der ganzen Menschheit ab.

Die Forschungen Bircher-Benner's waren in dieser Richtung bahnbrechend. An dem zweiten Satze der Energielehre zeigte er, was Wärmestrahlung und Sonnenpotential für die Ernährung und

Das Atrium der Casa delle Nozze de'Argento in Pompeji.
Durch die Öffnung im Dach drangen Luft und Licht in den Raum. In der in den Boden eingelassenen Zisterne wurde das Regenwasser aufgenommen. Erstes Jahrhundert n. Chr.
(Photo Alinari.)

somit auch für die ganze Kulturentwicklung bedeuten. Hier liegt die auf dem friedlichen Wege des Forschers bewirkte Revolution, vor derem Ausmaß politische Umwälzungen verblassen. Wenn man sich dies vergegenwärtigt, ist verständlich, warum der Bericht über den Disput über die Entstehung der Arten in der Académie Française Goethe so stark erregte, während die am gleichen Tage eintreffende Nachricht von dem Ausbruch der Revolution in Paris auf ihn nur wenig Eindruck machte. Das Ethisch-Biologische und Technische entscheidet schließlich die Zukunftsgestaltung.

Die Idee der Wärmekultur von W i n s c h hat durch die Arbeiten der Schule von B i r c h e r - B e n n e r eine glänzende Bestätigung und Förderung erfahren. Es müssen also andere Lebensbedingungen geschaffen werden, um das Leben der Menschen besser zu gestalten. Den Völkern Europas muß gezeigt werden, wie man die Wärmekultur nicht nur sozial, sondern auch in jedem noch so armen Hause

Schwimmbassin in den Thermen von Leptis Magna in Tripolitanien.
(2. bis 3. Jahrh. n. Chr.) Nach Howald. (Photo Alinari.)

am einfachsten pflegen kann. Jeder Mensch hat sein „Wärmeoptimum". Sein „Wärmehunger" muß unter allen Umständen berücksichtigt werden.

Eng verbunden mit der Frage der Wärme ist die der Ernährung, denn die Wärmepflege ermöglicht eine bessere Verwertung der Nahrung, was bei der heutigen Lage Europas von ausschlaggebender Bedeutung ist. Man könnte sagen: „ Wer warm gebettet, ist schon halb satt."

W i n s c h sagt dazu: „Die Heizung von außen verbessert und ersetzt auch zum Teil die Heizung von innen". Die von außen zugeführte Wärme setzt die Zahl der durch die Nahrung zugeführten Kalorien herab, ist also volkswirtschaftlich äußerst wichtig. Mit anderen Worten: in gut geheizten Wohnungen mit Einrichtungen für heiße Bäder braucht man weniger Brot, Fleisch und Fett. Aus dem Innern der Erde erhalten wir unsere Heizwärme in Form von Kohle. Wenn wir dieselbe rationell, d. h. auf dem Wege über die Wärme, auf uns wirken lassen, dann sparen wir an Nahrung, d. h. an dem, was uns das Äußere der Erde liefert. Da die Schätze des Erdinneren noch für sehr lange Zeit ausreichen dürften und die Nutzungsmöglichkeiten der Erdoberfläche aber begrenzt sind, so muß dieser von der Wärmekultur gewiesene Weg beschritten werden.

Alles bisher Erwähnte kann unter dem Namen der „exogenen Hyperthermotherapie" zusammengefaßt werden. Es gibt aber auch eine innere Wärmeerzeugung, eine „endogene Hyperthermie". Im Orient bildet sie eine bekannte Tatsache, an der zu zweifeln dort niemandem einfallen würde. Für uns Europäer grenzt sie an das Wunderbare, weil sie fast unsichtbar ist und lediglich durch Vorstellung der tiefsten Konzentration entfacht werden kann. Um mehr Verständnis für die Bedeutung der Wärmekultur zu wecken, muß auch dieses Phänomen der Wärmeerzeugung hier Erwähnung finden. Allerdings ist es zweifelhaft, ob das vorwiegend materialistisch gesinnte und häufig oberflächlich urteilende Europa diese aus der Tiefenperson entspringende Vorstellungskraft in gleicher Weise wird entfalten können.

Unter den Lamas der buddhistischen Klöster Tibets gibt es eine Anzahl Asketen, die durch gewisse Körper- und Gedankenübungen eine innere Wärme erzeugen können, eine feinstoffliche feurige Kraft, die sie „*Tomo*" nennen. Diese Wärmekraft muß von der üblichen Wärmeerzeugung durch Muskelarbeit streng unterschieden werden, weil letztere ohne Nahrungszufuhr nach einer gewissen Arbeitsdauer zusammenbricht. Dagegen wird „*Tomo*" ohne Nahrungszufuhr allein durch geistige Übungen aus einer Tiefenreserve gebildet. Dabei verbinden sich Atemübungen mit inneren Vorstellungen. Durch die Kraft der „inneren Schau" wird die Wärme entfacht. In tiefen Atemzügen holt der Lama das „innere Feuer", das nach dortiger Anschauung seinen Sitz neben den Sexualorganen hat, empor und leitet es zum Kopfe und den anderen Organen weiter. Im Wach- und Schlafzustande bleibt die Tiefenperson des Asketen mit ganzer Kraft auf die erzeugte Vorstellung des Feuers gerichtet. Die Tibeter versicherten Brunton, dem Verfasser des Tagebuches „Als Einsiedler im Himalaya", daß diese Übung jedes Gefühl von Kälte aus dem Körper vertreibe. Auch im harten unerbittlichen Winter Tibets soll der Körper dieser Lamas von angenehmer Wärme durchdrungen sein. Einige Asketen sitzen bei diesen Übungen sogar absichtlich in Eiswasser, andere wieder tragen um den Leib gewickelte nasse Tücher.

Die an die Wärme der sonnendurchglühten Ebene gewöhnten indischen Pilger ertragen den langen bitteren Winter auf der gewaltigen Höhe des Wallfahrtsklosters Gangotri. Dieser Tempel liegt 3500 m hoch und ist von 5000 m hohen Schneegletschern umgeben. Wie dies möglich ist, sagt uns die Bhagavad-Gita, der uralte indische Gesang der mystischen Erkenntnisse, in der Strophe: „Erhebe Dich über die Gegensätze bei Hitze und Kälte!" Dazu führt *„Tomo"*, das durch die Macht der Konzentration entfachte innere Feuer. Außer ihm gibt es da oben im Himalaya keine anderen Wärmequellen, außer der spärlichen Klosternahrung, die die Pilger nur einmal täglich einnehmen dürfen.

Es ist dies ein wunderbares Beispiel dafür, wie der Geist das überlegene schöpferische Ur-Prinzip darstellt und daß die Materie aus ihm entsteht und von ihm regiert wird. Es ist sicher aufschlußreich, daß unsere neuesten Erkenntnisse in der Physik (Planck, Jordan) in die gleiche Richtung weisen.

Die zivilisatorische Entwicklung der weißen Rasse bedingt weitere Verflachung und entfernt uns von der Kunst der Verinnerlichung, für die Asien das Geburtsland ist. Doch sollte man hier die Versuche in dieser Richtung nicht aufgeben. Es könnte viel Nützliches im Rahmen der experimentellen Wissenschaft geschehen. Den Anfang hierzu machte J. H. Schultz mit seiner Methode des „autogenen Trainings". Diese Methode ermöglicht — wenn sie richtig befolgt wird — so hohe Konzentrationsstufen, daß es angezeigt erscheint, sie als eine wünschenswerte ärztliche Kur zu betrachten. Darüber hinaus eignet sie sich als eine Maßnahme zur Charakterbildung und sollte deshalb eine weite Verbreitung in Schulen und Universitäten finden. Diese Methode wird hier deshalb erwähnt, weil sie auch imstande ist, durch die unablässige Arbeit der Gedanken „Hyperthermie" herbeizuführen. Dieses geht sehr anschaulich aus Briefen der Schüler von J. H. Schultz hervor, die, von einer Schneelawine in den Alpen verschüttet, viele Stunden durch Gedanken die innere Wärme erzeugten, bis die Bergung erfolgen konnte. Durch „Wärmegedanken" retteten sie ihr Leben.

Obgleich der Begriff der Wärmekultur von seinem Schöpfer Winsch ursprünglich nur physikalisch-therapeutisch gemeint war, hoffte doch sein verinnerlichtes Arzttum, daß dieser Gedanke dereinst auch die Herzen der in der Kälte erstarrten Menschheit erwärmen würde. Hier hätten wir es nun mit dem umgekehrten Phänomen zu tun: die seelische Änderung durch den zunächst stofflich erscheinenden Vorgang der Wärmezufuhr. Aus dem bipolaren Aufbau der Schöpfung kann man ableiten, daß die Kälte der Furcht und dem Haß, die Wärme aber der Liebe gleichzusetzen sind. Es steht dem Menschen frei, die Schale der Liebe an der Waage der ewigen Gerechtigkeit überwiegen zu lassen. Deshalb das große Wort des Apostel Paulus: „Vollkommene Liebe überwindet die Furcht!". Wenn dieses Zeitalter eintritt, dann wird die sich heute in schmerzlichen Wehen windende Seele die ersehnte Wärme-Liebe finden und der Schatten Dantes würde ausrufen: „Incipit vita nova!" „Und es beginnt das neue Leben!"

II. Die sozialhygienische Bedeutung der Wärmekultur

Wilhelm Winsch zugeeignet

Wir wollen nicht einen Staat von Kranken und Invaliden haben! Der Idealstaat muß den Anfang beim Wohlbefinden der Menschen machen.

Platon.

Als ich mich nach einem Einführungsgedanken für dieses Kapitel umsah, fügte es sich so, daß ich beim Studium der Werke Waerlands, des schwedischen Verkünders der ethisch-biologischen Lebensweise, auf diese Worte des großen griechischen Philosophen stieß. Sie umreißen aufs beste das Lebensziel von Winsch: aus einem gesunden Kinde einen gesunden Menschen in einer gesunden Gemeinschaft zu machen.

Anlage und Entwicklung sind notwendig, um dem Forscher den Weg zu weisen und den Mut des Bekennertums zu verleihen. Glücklich kann sich ein Forscher preisen, der in seiner Jugend zu den Füßen eines großen Meisters sitzen durfte. Ist dieser Meister ein Romantiker der Wissenschaft im Sinne Wilhelm Ostwalds, dann zündet sein heiliges Feuer im Geiste seines Schülers eine Flamme, die dieser zeitlebens weiterträgt. Solches Glück ist Winsch widerfahren: denn er hat von seinem Lehrer Schweninger, dem Leibarzte Bismarcks, dessen bahnbrechende Ideen empfangen und weitergetragen. Die Geschichte Europas hätte eine andere werden können, wenn Schweninger die Krebsdiagnose bei Bismarck, die von den damaligen Koryphaeen der Medizin 17 Jahre vor seinem Tode gestellt wurde, nicht umgeworfen hätte. Wie treffend ist das arabische Sprichwort: „Könige regieren die Menschen, aber die Weisen beherrschen die Könige"! Doch jetzt sind leider die willensstarken Weisen nicht zur Stelle, wo die Staatsmänner — statt ethisch-biologische Wege zu beschreiten — in fruchtlosem, formaljuristischen Denken sich ergehen. Dies bekümmerte schon Platon, der in seinem „Staat" darüber sagte: „Ehe nicht Philosophen Staatsmänner werden oder die Staatsmänner Philosophen ..., ehe nicht Weisheit und politische Führereigenschaft sich in derselben Persönlichkeit vereinen, werden die Staaten niemals blühen und auch nicht das Menschengeschlecht in seiner Gesamtheit!"

Seit diesen Worten sind über zweitausend Jahre in die Welt gegangen. Inzwischen hat das höchste Ethos und Logos in die Finsternis geleuchtet, doch hat sich die allgemeine Moral kaum geändert. Einer der Gründe hierfür liegt darin, daß das christliche Ethos noch nicht imstande war, sich durchzusetzen, und die Kirche die biologische Struktur des Menschen zu wenig beachtete. Man braucht nur an die Vernichtung der mit der Sauna verbundenen altgermanischen sportlichen Spiele in Skandinavien durch die römisch-katholische Kirche zu

Badeofen eines römischen Calidariums oder Schwitzbades in Stabina bei Pompeji.
In die offene zylindrische Wölbung rechts wurde ein Behälter für das lauwarme Wasser eingelassen.
Museo Nazionale in Neapel.
(Photo Alinari.)

denken, von der uns Waerland berichtet. Jahrhundertelang lagen die alten nordischen Sport- und Spielplätze dann öde und leer; an vielen Stellen sind sie zu Wäldern geworden. Als später der Einfluß der Kirche schwand und die Olympischen Spiele auflebten, blühte auch der alte skandinavische „Idrott" wieder auf. Deshalb spricht Waerland auch den Gedanken aus, daß das Schwinden der Wärmekultur schwerer wiege als der Verlust mehrerer Provinzen nach einem verlorenen Kriege.

Engstirnige Dogmenanbetung war und bleibt bis jetzt die Triebfeder in der Geschichte Europas, das auch heute noch an die sinnlos gewordenen Grenzen denkt, anstatt sich den so dringlichen Problemen seiner kosmobiologischen Zukunft zuzuwenden. Weit mehr Verständnis für das „Ethisch-biologische" im Menschen zeigte uns Asien, die Geburtsstätte der Erkenntnissehnsucht. Das leuchtende Bild des großen Timuriden Akbar (1542—1605) überstrahlt alles vor und nach ihm Gewesene in der Synthese „Staatsmann — Philosoph" und somit auch im Arzttum an Leib-Seele des Menschen. Viele Philosophen und Staatsmänner haben vor und nach Akbar, dem Herrscher von Kaschmir bis Ceylon, Platons „Staat" gelesen, ohne gewahr zu werden, daß dieses Werk sich mit dem tiefsten aller Probleme befaßt, nämlich, worin das *„gute Leben"* bestehe, warum die Menschen wünschen sollten, es zu leben, und wie man einen Staat begründen könnte, in dem es denkbar wäre, so zu leben. Der allumfassenden Persönlichkeit Akbars ist die größte Erkenntnis auf diesem Wege vergönnt gewesen. Das Negative im Menschen zerbrach sein Werk

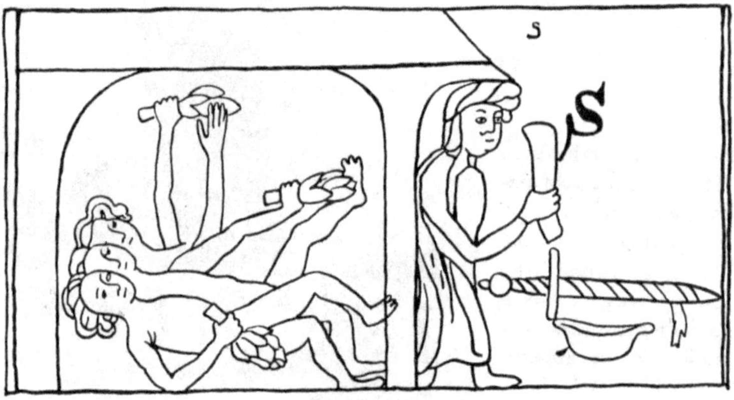

Badestube.

Aus dem Heidelberger Sachsenspiegel. 13. Jahrh.

des Arzttums an der ewigleidenden Menschheit. Deshalb sagt Berkeley: „Wer über dieses höchste Gut („Summum bonum") nicht nachgedacht hat, wird möglicherweise einen strebsamen Erdenwurm, aber nur einen armseligen Patrioten, einen jämmerlichen Staatsmann abgeben".

Das hier so Ausgeführte ist keine ungewollte Abschwenkung: es bezieht sich in erster Linie auf die Ziele und Methoden desjenigen Arzttums, das berufen sein soll, die Zukunftsgestaltung der Menschheit zu beeinflussen. Nur in einem im Sinne Platons, also durch eine ethisch-biologische Auslese geleiteten Staate kann eine großzügige Volkseugenik zu Erfolgen gelangen. Wie sich das biogenetische Schicksal dabei auch gestalten mag, nach eigenen ungeschriebenen oder vom Staate gelenkten Gesetzen, die Wärmekultur im Sinne von

Winsch wird immer der Grundpfeiler eines jeden Fortschrittes sein und bleiben. Schon aus dem Grunde, weil von dem unumstößlichen Gesetz von „Kalt und Warm" jedes organische Leben auf Erden abhängt.

Aus diesem über das Weltall verhängten Gesetz ergibt sich, daß die Wärmekultur in der biologischen Ebene geboten ist und schon aus Selbsterhaltungstrieb bewußt gepflegt werden muß. Es gibt wohl keine Frage im Lebensgeschehen, die nicht in Beziehung zur Wärmepflege steht. Aus diesen Fragen muß eine hier gebracht werden, weil davon Gedeih oder Verderb der Menschheit abhängen.

L. F. Easterbrook stellt sie in „New Chronicle": „Sind wir heute gesünder als früher?" Seine Antwort: „Wenn wir die nach offiziellen Statistiken verringerte Säuglingssterblichkeit und das heraufgesetzte Durchschnittslebensalter betrachten, dann ja, wenn wir

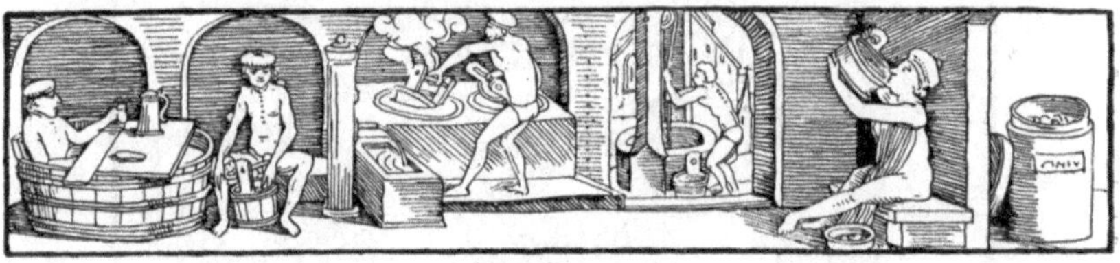

Badestube.
Holzschnitt aus Michael Hero „Schachtafeln der Gesundheyt". Straßburg 1533.

aber die jährlich für Heilzwecke ausgegebenen Summen, die durch Krankheit versäumten Arbeitswochen usw., dann nein!"

„Der bloße Umstand, daß wir am Leben und nicht gerade von einer Krankheit befallen sind, genügt nicht, um von Gesundheit zu reden. Denn diese bedeutet, daß man sich aktiv und positiv wohlfühlt und über soviel natürliche Frische verfügt, daß man nur selten den Arzt aufsuchen und Arzneimittel gebrauchen muß."

Weiter führt er die riesigen Verluste an, die jährlich durch Viehseuchen und Pflanzenkrankheiten entstehen und die trotz wissenschaftlicher Fortschritte eher zu- als abzunehmen scheinen. Es besteht die Gefahr, daß die Schulwissenschaft diese Neigung zum Krankwerden als einen Bestandteil der natürlichen Ordnung hinnimmt und infolgedessen aus Vorbeugungsmaßnahmen einen Zweck an sich macht, statt sich auf die Suche nach der Wurzel alles Übels zu begeben.

Diese sieht Easterbrook, gemeinsam mit anderen englischen Wissenschaftlern, wie z. B. der bekannte Botaniker A. Howard, in der falschen Behandlung des Erdbodens, „der realsten Grundlage aller Dinge". Diese Forscher wollen den natürlichen Kreislauf in der Landwirtschaft „vom Leben zum Tode und vom Tode zum Leben" wiederhergestellt haben, ohne irgendwelche Einschaltung fremder Stoffe wie Kunstdünger und dergleichen. Es ist klar, daß bei solcher Umgestaltung der ganze Wärmehaushalt in der Natur sich auch für den Menschen vorteilhafter gestalten würde, worauf bereits im Kapitel I (Entstehung der Wärmekultur) hingewiesen wurde. Diese

Das Weltbad Pyrmont. 1556.
Titelholzschnitt aus Metobius' Schrift über Pyrmont. (Nach Martin.)

Erkenntnisse, in England auch experimentell erhärtet, kommen jetzt zurück ins kontinentale Europa, wo sie zuerst von Dr. Rudolf Steiner verkündet und verfochten wurden. Der Sinn dieser Forschung ist der Nachweis der Unzulänglichkeit der pseudowissenschaftlichen quantitativen Messung, an dessen Stelle die qualitative Wertung treten soll. Der Ruf danach erschallte übrigens schon lange, bevor Schiller seine Worte sprach: „Die Stimmen sind zu wägen und nicht zu zählen!"

Dieser Ruf nach qualitativer Leistung ist heute besonders hörbar in der Öffentlichkeit bei der Kritik der Gesundheitspflege, die immer noch „massen-kurierend" und nicht „einzeln-vorbeugend" organisiert ist. Die großzügig angelegte Vorbeugung der Krankheiten durch die Wärmekultur ist der Wunsch aller Einsichtigen, weil sie billiger ist, den Einzelnen schneller heilt und das Ganze um so sicherer erhält. Es ist erschreckend zu sehen, welch großer Teil des deutschen Volkes unproduktiv heute auf Kosten des arbeitenden Teiles lebt. Die überlasteten Kassen stöhnen unter dem Zudrang der zeitweiligen oder ständigen „Pensionäre", und die Zwangsversicherten verwünschen die bürokratische Kassenorganisation. Allenthalben sieht man den Mangel an Gesundseinwollen, man sucht nur möglichst viel aus den großen zwangsmäßig zu zahlenden Beträgen zurückzuerhalten in der einen

Schematische Darstellung der Heizanlage eines türkischen Bades (Hamam).
(Nach Karl Klinghardt)

oder der anderen Form. Dazu der weitverbreitete stereotype Satz: „Ich sehe nicht ein, warum ich der Kasse etwas schenken soll!" Der Gesundheitswille ist aber nicht allein von der Organisation abhängig, sondern entspringt eher einem sittlichen Verantwortungsgefühl. Solcherlei Empfinden hat dem deutschen Volke seine staatliche Entwicklung unseres Zeitalters eher abgewöhnt. Das Resultat bleibt dasselbe: Fürsorge statt Vorsorge, Abstempelung des „Genehmigten" und die hohen Kassenbeiträge statt freudiger Beteiligung an einem Kassenwesen, das auf dem Grundsatz der Pflichtersparnisse auch eine Gewinnanteilnahme bieten würde. Eine derartige Umgestaltung würde zu solchen Einsparungen führen, daß man, um mit Worten von Adolf Damaschke zu sagen, aus Deutschland einen blühenden Garten wird machen können. Die Verwirklichung solcher Ziele ist ohne die weitgehende Verbreitung der persönlichen und öffentlichen Wärmekultur nicht möglich. Sie ist außerdem auch nur dann möglich, wenn das deutsche Volk den Glauben an sich selbst wiedergewinnt und demütig sich den Aufgaben zuwendet, die der göttliche Wille ihm gestellt hat.

Das deutsche Volk ist auch heute noch keine Nation. Es wird erst zur Nation als Europäer werden. Vielleicht liegt es auch in seiner Bestimmung, nie eine solche zu werden, um seiner historischen Mission willen. Es ist ein Volk von Universalisten, dessen hohe Leistungsfähigkeit und dessen Beiträge zur Geisteskultur die gesamte Welt, aber nur zum Teil bewußt, anerkennt. Die unbewußte Anerkennung liegt in der Tiefenperson der anderen und kommt in Affekten und einer gefühlsmäßigen Ablehnung zum Vorschein, was dem Beweise ihres Vorhandenseins gleichkommt. Dem deutschen Volke ist sein Weg der Zerrissenheit, wie es scheint, geschickt worden, damit es sich stets auf die Leistung besinne, die es dem Allmenschlichen schuldig ist. Ähnliche Gedanken mögen wohl Schiller bestimmt haben zu sagen: „Deutschlands Größe bleibt, wenn auch das Imperium schwankt!" Sein „Imperium" war dem Deutschen nie so wichtig wie die Arbeit der Arbeit wegen und das Festhalten an der von ihm gefaßten Idee. Ganz gleich z. B., ob es der Gedanke Gutenbergs war, der ganzen Welt die Buchdruckerkunst zu schenken, oder der Egozentrismus, ja beinahe Anarchismus von Max Stirner, dieses ordnungsverwerfenden Mannes inmitten eines Volkes, dessen Ordnungsliebe sprichwörtlich wurde. Unzählige Beispiele könnte man hier anführen: bald ist es Barclay de Tolly als Vernichter der napoleonischen Armee in Rußland, bald ist es der General Wimpffen als Moltkes Gegner bei Sedan, bald ist es ein Hessischer Prinz, der für England Gibraltar erobert, bald ist es Mister Spreckels, der Millionen ausgibt, um auf dem Felsen über San Francisco ein großartiges Museum der französischen Ehrenlegion zu stiften. Überall in diesem Geschehen sehen wir den Drang zur Leistung, ganz gleich welcher Art. Leo Tolstoi hat diesen Zug des Deutschen in seinem großen Werk „Krieg und Frieden" in der Person des uneigennützigen und nur seinem Kriegsplane lebenden General von Pfuhl meisterhaft geschildert (Kriegsrat bei Drissa). Allenthalben dasselbe: der Deutsche sieht vor allem die Leistung, ohne vorerst nach ihrem Sinn zu fragen. Doch wehe ihm, wenn die Zielrichtung dabei eine falsche war. Sein Weg geht in die Tiefe und nicht in die Breite, also auch nicht ins Machtpolitische. Weicht er ab von dieser ihm auferlegten Begrenzung, dann wird er jäh durch eine furchtbare Katastrophe zurückgerufen. Durch eine beispiellose Prüfung wird ihm die Umkehrung nahegelegt und zugleich aber auch der Lichtblick des Auswegs gezeigt.

Wohin soll nunmehr sein Weg gerichtet sein? Er zeichnet sich aber schon deutlich ab inmitten der allgemeinen Verzagtheit und Hoffnungslosigkeit: Es ist der Weg zurück ins Tiefe, also der Goethesche Gang „zu den Müttern". Er führt über die Abkehrung vom Machtpolitischen zum Dienst am Ethisch-biologischen. Zurück von dem weiteren Versinken und Verderb der Pseudozivilisation und vorwärts den hohen kosmobiologischen Zielen zu! Hier kann am besten geholfen werden der leidenden Menschheit, die in ihrer Substanz durch die Abkehr von der naturverbundenen Lebensweise bedroht ist. Hier liegt ein unübersehbar großes Aufgabenfeld, für dessen Erschließung gerade dem deutschen Menschen die Fähigkeiten gegeben sind. Hier liegt die Brücke zur Wiedergeburt des deutschen Volkes, zu seiner historischen Aufgabe, zu seinem Ansehen innerhalb der Völkerfamilie. Aus einem „Volk ohne Raum" wird es zu einem „raumgestaltenden Volk", das dort schöpferisch arbeiten wird, wo die anderen es am meisten benötigen. Heute sind ihm noch Prüfung und Elend als Mahnung zu dieser hehren Aufgabe beschieden, doch morgen kann es schon anders werden, denn, wie es scheint, ist niemandem anders diese Mühewaltung schicksalhaft bestimmt. Die nächste Zielsetzung bedeutet, wie geschildert, die Notwendigkeit „gesünder" zu werden auf dem Wege der Besserung der eigenen biologischen Substanz, um dann auch anderen zu helfen. Die breite Schicht des Volkes muß den Segen der Wärmekultur erfahren, die führenden Köpfe müssen, darüber hinaus, in weiser Demut erkennen und auch für ewige Zeiten behalten, daß die richtige Politik die „*Kunst des Not-Wendigen*" ist. Zu diesem Gestade führt uns die Wärmekultur. Sie wird dann Mittel und Zweck zugleich!

Die wahren Feinde eines Volkes sind der Alkoholismus, der Tabak, das Hetztempo, die Volksseuchen (Tuberkulose, Rheumatismus, Syphilis) und die Infektion als Erkältungsfolge, zum größten Teil also: die „Errungenschaften" unserer heutigen Zivilisation. Ein Bild hierzu: jeder dritte in deutschen Krankenhäusern befindliche männliche Patient, ob alt oder jung, leidet entweder an Schäden der Herzkranzgefäße oder an einem Magengeschwür. Wer sich im klaren ist, welcher Schaden dem Volke durch das Rauchen der Jugendlichen und der Frauen entsteht, dem kann nur bange um die Zukunft werden. Unendlich viele von zentralnervlich Geschädigten, die von dem gezeichneten Wege abgewichen sind, lasten auf der Volksgemeinschaft. Allein die Verbreitung der Wärmekultur kann dies verhüten.

Deshalb gehört sie zu den vornehmsten Aufgaben der sozialen Hygiene.

Die Wärmekultur ist zwar imstande, bei regelmäßiger Anwendung Schäden zu verhüten, doch ist sie nicht in der Lage, diejenigen zu schützen, die sich daneben systematisch durch Alkohol und Nikotin vergiften. Denn zu einer echten Wärmekultur gehört unabdingbar die ethisch-biologische Lebensweise. Der richtige Weg liegt in der bewußten Züchtung einer ethisch gerichteten Auslese kommender Generationen, damit dieselben imstande sind, den kulturellen Rückschlägen auch vorzubeugen. Dies stellt auch eine der wichtigsten Aufgaben der Wärmekultur dar.

Winsch erprobte anfangs die Überwärmung an sich selbst, indem er durch sie von der Tuberkulose genas. Er trug dann seine Erfahrungen in jedes aufgeschlossene deutsche Haus. Immer stellte er dann an sich die Frage, ob man in erster Linie die Kinder oder aber die Erwachsenen zu bedenken habe. Waerland, der dasselbe Problem von der ernährungswissenschaftlichen Seite unermüdlich anzugehen verstand, entschied sich für beide Wege. Auch hier wählte er ein Wort Platons als Wegweiser: „Es genügt nicht, die Kinder auf vernünftige Weise zu erziehen. Wir müssen dafür sorgen, daß sie von gesunden Eltern geboren werden!" In gleicher Weise dachte auch Winsch. Berlin, einer der Hauptsammelpunkte der Pseudo-Zivilisation, birgt in sich eine besonders große Zahl der an Leib und Seele Nicht-Gesunden. An sie wandte er sich mit der Kraft seiner begeisternden Persönlichkeit. Viele folgten ihm und trugen die Idee der Wärmekultur weiter. Mit großer innerer Stärke mußte Winsch sich gegen viele Widerwärtigkeiten der damals herrschenden Strömung durchsetzen.

Diesen Kampf bis zum Ende seines langen Lebens führen konnte nur ein Mann, der nicht nur an das Gute „glaubte", sondern selbst religionsphilosophischer Schriftsteller war, der inmitten eines biologischen Verfalls dem Priesterarzt der Antike gleich, als der Lenker einer gesunden Entwicklung berufen war. So bildete er den Prototyp von dem Idealarzt, der in dem Zeitalter kommen möge, wo die leidenden Menschen endlich imstande sein werden, der äußeren Zivilisation ein überragendes Potential von sittlicher Kultur gegenüberzustellen. Die Zukunft verlangt ein neues Ideal.

Dieses schwebte Nietzsche wie folgt vor: „Ich erwarte immer noch, daß ein philosophischer Arzt im ausnahmsweisen Sinne des Wortes — ein solcher, der dem Problem der Gesamt-Gesundheit von Volk, Zeit, Rasse, Menschheit nachzugehen hat — einmal den Mut haben wird, meinen Verdacht auf die Spitze zu bringen und den Satz zu wagen: bei allem Philosophieren handelte es sich bisher gar nicht um „Wahrheit", sondern um etwas anderes, sagen wir um Gesundheit, Zukunft, Wachstum, Macht, Leben ..."

Soweit die Zielrichtung aus der Vorrede zur „Fröhlichen Wissenschaft". Gewiß ein grandioses Bild von der Zukunft eines Standes, der nach dem Ausspruch des Kalifen Ali „am höchsten stehen muß, um andere Gelehrte zu führen."

Das Bild unserer Tage ist aber die Krise der Medizin und die immer größer werdende Abhängigkeit der Ärzte. Diese unglückselige Entwicklung machte Winsch zum Kämpfer für das Ideal des Arztes als eines „freien Gesundheitslehrers", genau wie sein großer Berliner Vorgänger Heim Ende des 18. Jahrhunderts um die Stellung des Arztes in der damaligen Gesellschaft kämpfte. Beide wußten, daß die Wandlung nicht von außen kommen kann, um von Dauer und Segen zu sein: das Entscheidende ist die Wandlung des eigenen „Ich". —

Ohne Optimismus (alias „Glaube") ist kein Fortschritt. Stimmen, die die Zeitgenossen dazu mahnen, sind warm zu begrüßen.

In seinem Vortrage vor dem Ärztlichen Verein in München hat Nonnenbruch am 10. 9. 49 davon gesprochen, daß in der Sicht der modernen Heilkunde „das Leben etwas Unberechenbares" und nur in der Einheit von Seele und Leib zu verstehen sei. Man müßte auch, sagte er, nicht mehr von einer „Krise", sondern von einer „Renaissance der Medizin" sprechen.

Fürwahr, diese Worte gelten nicht nur den Lebenden, sondern auch den Manen derer, die um die Wandlung kämpften: Winsch in der vorderen Reihe.

Das wirksamste Kampfmittel ist aber die Wärmekultur in seinem Sinne!

Wir erblicken unser höchstes Ziel darin, daß der Mensch sein Leben glücklich, gesund und kraftvoll entfaltet. Es wäre deshalb unsere Pflicht, alle Forscher zu würdigen, die für die öffentliche Prophylaxe rangen. Insbesondere gilt dies für alle Förderer der Wärmekultur, weil nur durch dieselbe den kommenden Generationen der Weg in eine bessere Zukunft geebnet werden kann. Winsch steht hier an erster Stelle.

Wenn eine Mutter dieses auch zu obigem Zwecke verfaßte Buch in die Hand nimmt, so wird sie vor allem danach suchen, was sie zur Erhaltung ihres Kindes, um das sie bangt, brauchen kann. Hier streckt ihr die helfende Hand aus der alte Berliner Doktor Winsch mit den Ratschlägen seines Nachlaßbriefes:

Wärmekultur erhält unsere Kinder gesund

„Die meisten Menschen glauben, daß man sich nur durch Kälte abhärten könne. Das ist eine Meinung, die sich zu einer Zeit festgesetzt hat, wo unsere Wärmetechnik noch sehr gering war, und wo es schwer war, sich viel heißes Wasser zu verschaffen. Kälte ist ja immer viel billiger als Wärme, weil die Natur in unserem Klima die Kälte leider in sehr reichem Maße liefert. So machte denn der Mensch, wohl oder übel, aus der Not eine Tugend und stellte sich mit seinen Nerven und Anschauungen auf das geringe Maß von Wärme ein, das ihm zur Verfügung stand. Heute sind wir in der Lage, diese Lage unbefangener zu prüfen, weil uns die Wärme in viel reicherem Maße zur Verfügung steht.

Ein bekannter Kinderarzt, leitender Arzt am Kinderspital München-Nord, Dr. Hecker, hat schon 1902 eine wertvolle Arbeit über Abhärtung verfaßt. Er schreibt darin: „Die heute in vielen Kreisen übliche und verbreitete Art, Kinder mittels Kaltwasseranwendung systematisch abzuhärten, ist nicht nur unzweckmäßig, sondern häufig geradezu gesundheitsschädlich. Die ausschließliche Kaltwasserbehandlung gewährt den Kindern nachweislich nicht nur keinen Schutz vor Erkältungskrankheiten, sondern sie erhöht im Gegenteil die Empfindlichkeit für dieselbe. Sie führt daher häufig zu Schnupfen, Halsentzündung, Bronchialkatarrh, Lungenentzündung. Sie kann außerdem eine mehr oder minder schwere Blutarmut hervorrufen. Ferner wird die allgemeine Nervosität und Nervenschwäche dadurch begünstigt: es entsteht Appetitlosigkeit, schlechter Schlaf, ja sogar Veränderungen des Charakters, Launenhaftigkeit, Jähzorn. Die einseitige Anwendung von Kaltwasserprozeduren erschwert den Ablauf aller genannten Krankheiten, besonders aber auch des Keuchhustens (Münchener medizinische Wochenschrift 1902, H. 46)."

Ähnliche Erfahrungen wie Dr. Hecker habe ich in meiner langjährigen großen Kinderpraxis gemacht. Ich habe vor dem ersten Weltkriege in Berlin ein großes Kinderheim 10 Jahre lang geleitet, das 80 Kinder umfaßte, und zwar die allerelendsten Trinkerkinder. Das Heim hatte die Oberin Anna Zeller gegründet. Es führte daher den Namen Zeller-Haus, und ich kam sehr bald als leitender Arzt dazu. In diesem Heim gab es nun bei der von mir dort eingeführten Behandlung so gut wie keine Erkältungen. Daß gelegentlich zwei oder drei Kinder erkältet im Bette lagen, war schon eine Seltenheit. Ich hatte Gelegenheit, ganz andere Erfahrungen zu machen. So war ich einmal auf einer Vortragsreise in Marburg/Hessen und wurde von zwei Schwestern, die meinen Vortrag hörten, eingeladen, ein Kinderheim anzusehen, in welchem 40 Kinder von ungefähr 4 bis 12 Jahren waren. Da hatte ich bei meinem Besuch einen sonderbaren Anblick. Sämtliche 40 Kinder lagen wegen Erkältung zu Bett. Ich sagte sofort zu der Oberin: „Hören Sie mal, hier ist etwas in Ihrem hygienischen System nicht in Ordnung. Ich habe selbst große Kinderheime unter meiner Leitung, das Zeller-Haus in Berlin, ein Mittelstandsheim und das Arbeiterkinderheim im Ostseebade Kolberg, und ich habe da nie etwas Ähnliches erlebt". Der Oberin war das auch natürlich nicht angenehm, ihr sonst hübsch eingerichtetes Heim in diesem Zustand vorzuführen, und sie erzählte mir auf meine Frage, daß die Kinder ausschließlich mit Kälte, kalten Waschungen, kalten Bädern und kalten Güssen abgehärtet würden. Das Ergebnis war nun: sämtliche 40 Kinder lagen gleichzeitig wegen Erkältung im Bette!

Im Zeller-Hause gediehen bei meinem System diese 80 elenden Kinder so gut, daß in den 10 Jahren meiner Leitung kein Todesfall eintrat, daß Erkältungen so gut wie unbekannt waren, und daß es überhaupt keine Seuchen gab, namentlich keine Diphtherie. Unsere Zellerkinder besuchten zum größten Teil die Volksschule in dem Armenstadtteil Moabit, wo in den Jahren wiederholt so schwere Diphterieepidemien herrschten, daß sämtliche Volksschulen geschlossen werden mußten. Die Zellerkinder hatten also reichlich Gelegenheit, sich bei den anderen Volksschulkindern anzustecken. Im Zeller-Haus war aber nie ein einziger Fall von Diphtherie.

Der Chef des preußischen Medizinalwesens, Prof. Dr. Adolf Gottstein, sagte einmal zu mir, als wir über das Zeller-Haus sprachen: „Das ist kein Zufall mehr, Kollege, sondern man sieht deutlich, daß hier ein hochwertiges hygienisches System waltet."

Dasselbe habe ich auch in meiner großen Privatpraxis erlebt. In denjenigen Familien, wo Wärmekultur herrschte, gab es keine Diphtherie mehr. Mit einer einzigen Ausnahme, und das war ein Kind, dem vorher die Mandeln herausgeschnitten waren. Auch die natürliche Verlaufskurve der Diphtherie spricht für den günstigen Einfluß der Wärme auf diese Krankheit. Sie nimmt nämlich im Winter andauernd zu und im Sommer andauernd ab. Aus diesen Erwägungen heraus bin ich zu der Überzeugung gekommen, daß meine Wärmekultur die Ausrottung der Diphtherie bedeutet. Die gute naturgemäße Behandlung, bestehend in der richtigen Kombination von heiß und kalt mit richtiger Diät, schützt gegen Erkältung und gegen schwerere Infektionen, indem sie die konstitutionelle Abwehrkraft hochschraubt. Wir lernen also geradezu aus diesen Dingen auf das Schlagendste, wie es möglich ist, den Menschen hochzuzüchten.

Aus allen diesen Erfahrungen habe ich folgenden Schluß gezogen:

Die richtige Abhärtung

des Menschen wird weder kalt allein noch durch heiß allein bewirkt, sondern durch eine vernünftige Verbindung von beidem. Im Sommer härtet man sich ab durch kaltes Wasser und durch heiße Luft, im Winter durch heißes Wasser und durch kalte Luft, d. h. im Sommer kalt baden und kalt waschen, gleichzeitig Luft- und Sonnenbäder, im Winter heiß baden und heiß waschen und viel in die frische Luft gehen. Im Winter soll man Kälte vorwiegend durch Luft an den Körper bringen, Wasser meist heiß gebrauchen. Aber auch unsere Sommerwärme ist vielfach so gering, daß man auch neben dem Kalten mit großem Erfolg das Heiße anwenden kann. Im Zeller-Haus wurde jedes Kind im Winter zweimal wöchentlich, im Sommer einmal wöchentlich heiß gebadet, und zwar ansteigend bis zum leichten Schweißausbruch, und dann wieder abgekühlt. Ferner wurde jedes Kind im Sommer täglich kalt und im Winter täglich heiß ganz abgewaschen. Viele Kinder bekamen auch, namentlich im Winter, die heiße Leibflasche. Die Kost war vegetarisch, und es wurden viel Sonnen- und Luftbäder genommen."

III. Die Überwärmungsbäder in ihrer Wirkung

Die Natur bringt manchmal Dinge zuwege, die uns unmöglich vorkommen. Galen.

Was das Wasser bringt, heilt das Wasser auch! Prießnitz.

Will man den Versuch machen, sich die Lebensvorgänge physikalisch-chemisch vorzustellen, so kann man, wie Berzelius, den lebenden Organismus als ein Konvolut von Tausenden von katalytischen Prozessen auffassen. Weder die Entelechie, als Arbeitshypothese gedacht, noch der Neovitalismus würden dieser Vorstellung widersprechen. Die einzelnen Erscheinungen dieser unzähligen thermodynamischen Reaktionen sind unserer Erkenntnis verborgen. Auch die moderne Wissenschaft gibt uns durch die Feststellung von einzelnen Tatsachen nur einige Begriffe, meistens aber nur eine Ahnung von dem, wie „die Welt im Innersten zusammenhält". In der ehrfurchtsvollen Beurteilung dieser Dinge sind sich Vitalisten und Materialisten einig. Doch setzt sich immer mehr die Ansicht durch, daß die Lebensvorgänge, um Max Planck zu folgen, quantenbiologisch aufgefaßt werden müssen.

Bei dem Versuche, die Wirkung der Überwärmungsbäder zu erklären, müssen wir von den Katalysenketten ausgehen, die sich auf der menschlichen Haut bzw. Schleimhaut bilden. In Wahrheit aber, sagt F. Buttersack, branden die Katalysenkonvolute zeitlich und räumlich von weit her an unser psycho-physisches System heran, und zwar nicht bloß Katalysen, wie sie die Chemie aufgedeckt hat, sondern auch solche physikalischer bzw. völlig unbekannter, vornehmlich psychischer Natur. Man kann das so gut bildhaft ausdrücken mit der Entgegnung, die der alte finnische Bauer in dem Roman „Yrhyo der Läufer" seinem Jungen erteilt als Antwort auf dessen Vorschlag, die Sauna durch eine bequemere Röhrenheizung zu „modernisieren".

„Ich verwerfe deine Neuerungen", sagte der Alte, „sieh, wenn ich das Wasser auf diesen Stein gieße, der Millionen von Jahren hier am Felsen unberührt lag, dann atmet er da eine Kraft aus, die durch die Haut und durch die Lungen in den Körper geht. Niemand weiß, was das ist, auch die Gelehrten nicht, aber wir Bauern wissen, daß es gut ist".

Das Endziel der katalytischen Vorgänge an der Haut im Bade sind Wärmebildung und Wärmeverteilung im ganzen Körper. Johannes Müller (1801—1858) sagt dazu: „Durch die äußere Haut kann, — durch eine Art von Sympathie, — eine Krankheitsursache zu jedem zur Krankheit disponierten Organ Eingang finden und anderseits können Reizungen und Ableitungen, auf der äußeren Haut angebracht, wieder auf die Krankheitszustände jedes besonderen Organs wirken." Auch Piorry (1794—1879) mag, nach F. Buttersack, eine ähnliche Vorstellung gehabt haben; denn er leitet die dynamischen Wirkungen der Arzneistoffe nicht von den eingeführten Mitteln selbst ab, sondern von neuen, eben durch diese in und aus dem Blute gebildeten hypothetischen Substanzen.

Nach F. Buttersack hat uns die Experimental-Physiologie gezeigt, daß zwischen der Haut und jedem Punkt des Hautinnern eine elektrische Potentialdifferenz besteht. Wir können sie — eben durch Irradiationen — unbegrenzt ins Innere des ganzen Körpers fortgesetzt denken. Eine Isolierschicht, an der sich die Irradiationen brechen könnten, findet sich ja nirgends. Eben darauf beruht die Ganzheit, die Einheit des Systems. Man denke sich dabei den mächtigen Stoß der Einheit-Wärme auf dieses schwingende Körpersystem im Überwärmungsbade, es ist ein „Stoß ins vegetative System" mit allen seinen Auswirkungen. Über das Wesen und den Biochemismus der Allergie wissen wir sehr wenig; aber wir haben mit Erfolg gelernt, den Körper „umzustimmen", ihn „anders" werden zu lassen. Dieses „anders" bedeutet aber oft für den Kranken „normal", also gesund. Instinktiv hat dieses Geschehen der große Laienbehandler Louis Kuhne erfaßt: „Wenn wir wissen, daß ein Mensch von Krankheitsstoffen belastet ist, dann wissen wir auch, was zu tun ist: seine Lebenskraft muß angefacht werden!"

Über das Zustandekommen dieser Wirkungen sagt F. Buttersack: „Die Hydrotherapeuten haben sich viele Mühe gegeben, die Wärme, welche sie sich in Nachwirkung von Boyles (1627—1691) und E. G. Stahl's (1660—1734) Phlogistontheorie als Stoff vorstellten, auf ihrem Weg ins Innere des Organismus, in die Nervenelemente, Blutgefäße usw. zu verfolgen. Sie mußten jedoch die Segel streichen, weil diese Dinge zu den schwierigsten Fragen der Physiologie gehören, welche unendlich kompliziert und schwierig zu ergründen sind (Matthes, Strasburger, Stintzing). Das ist leicht zu begreifen; denn die Kraftform, welche wir Wärme nennen, pflanzt sich nicht tale quale von der Haut aus, wie in einem Metalldraht, in den Körper hinein fort, sondern löst eine Unmenge unsichtbarer Reaktionen aus, und diese sind keiner „exakten" qualitativen Untersuchung zugänglich. Es treten — wie uns die Physiker sagen — in einem Bezugssystem Schwingungen oder Potentialausgleiche aller möglichen Frequenzen auf, welche ihrerseits an den Grenzflächen reflektiert oder sonstwie verändert werden. Kombinieren wir die katalytischen Faktoren der mikrochemischen und der thermischen Reize, so ergeben sich Wirkungen, die wir zwar nicht analysieren können, die aber trotzdem therapeutisch zu verwenden sind."

Nie genug kann die Bedeutung der Haut als lichtempfängliches Organ hervorgehoben werden. Der Haut werden vom Organismus körpereigene Wirkstoffe zugeführt, die in der Keimschicht durch lichtkatalytische Vorgänge beeinflußt werden. Oder in der Haut werden Wirkstoffe durch photochemische Reaktionen neu gebildet. Möglicherweise werden mit Hilfe des Erythems die aktivierten oder erzeugten Wirkstoffe aus der Haut herausgespült, um im Organismus die lichtbiologischen Veränderungen auszulösen. Gut erforscht sind die Wirkungen der ultravioletten Strahlen bezüglich Erythembildung, Pigmentation, antirachitische und bakterizide Wirksamkeit. Die infraroten Strahlen wirken vorwiegend durch die Wärmeerzeugung. Gleichartig, jedoch mit besserer und homogenerer Tiefenerwärmung wirken die ultrakurzen Wellen. Was auf diese Weise innerhalb des gesamtem elektromagnetischen Spektrums geschieht, kann auch auf die Wirkung der Überwärmungsbäder bezogen werden. Als Ausgangspunkt der Sulfhydrilhypothese von Wels dient die Tatsache, daß alles lebende Gewebe die Fähigkeit besitzt, Reduktionswirkungen auszuüben. Als reduzierender Stoff kann die Sulfhydril- oder Thiolgruppe wirken, die in der Keimschicht der Haut nachweisbar sind. Im Körper vorhandene oder von außen zugeführte Wirkstoffe werden der Keimschicht zur reduktiven Umwandlung zugeführt, um ihre biologische Wirksamkeit zu verstärken oder zu schwächen. Es besteht wohl wenig Zweifel, daß dieselben Vorgänge sich auch als Folge der Überwärmungsbäder abspielen. Schon die klinische Wirkung allein ist zur Genüge beweisführend, allein es wären auch experimentelle Untersuchungen nach dieser Richtung wünschenswert. Wenn der Anstieg des Blutglutathionspiegels nach Belichtung der Haut die Wirkungsart der SH-Körper kennzeichnet, so wäre sie auch bei den Überwärmungsbädern, besonders denjenigen nach Schlenz, zu erwarten. Viele klinischen Symptome können auf Störungen von Biokatalysatoren oder durch Permeabilitätsstörungen entstandene Transportschwierigkeiten zurückgeführt werden.

Soweit der heutige Stand der physikalisch-chemischen Erklärung der Wärmewirkung. Er bringt uns wenig. Viel mehr gibt das Studium der biologischen Reaktionen, die bekanntlich, wenn auch schwerer faßbar, dennoch bei weitem empfindlicher sind, früher auftreten, klinische Symptome verursachen und deshalb beobachtet werden können. Hier kann man den Weg der Serologie und Immunologie gehen, wo man mit so schwachen Verdünnungen feinabgestimmte biologische Reaktionen hervorruft, die für ähnliche chemische Verdünnungen unterhalb der Wirkungsschwelle liegen. Die sichtbarste biologische Reaktion, an der wir die Wärmewirkung studieren können, ist das Fieber, das selbst nichts anderes ist als Wärmeanhäufung zum Anfachen der Abwehrvorgänge. Es muß aber, wie später gezeigt wird, zwischen Fieber und Überwärmung unterschieden werden. Ist im Körper, von uns gewollt durch ein Überwärmungsbad oder von der Natur selbst entzündet, Fieber entstanden, dann können wir die sich hierbei abspielenden Vorgänge beim näheren Studium als den Wirkungsmechanismus der Wärme im menschlichen Körper bezeichnen. Das uns zur Genüge bekannte klinische Fieberbild ist dabei in großen Zügen immer dasselbe. Der Biochemismus bei der Überwärmung und beim Infektionsfieber ist aber verschieden. Darüber belehren uns die aufschlußreichen Arbeiten L a m p e r t s. F. H o f f stellt diese Vorgänge folgendermaßen dar:

„Bei der Abwehr gegen Infektionen spielt außer den Immmunitätsvorgängen das vegetative Nervensystem eine ausschlaggebende Rolle. Im klinischen Bild einer Infektionskrankheit weisen zahlreiche Erscheinungen auf die Beteiligung des vegetativen Systems hin, die zudem eine allgemeine Gesetzmäßigkeit im Ablauf von fieberhaften infektiösen Erkrankungen aufweisen. Auf eine I. Phase mit Fieberanstieg, myeloischer Leukozytose, Acidose, vermehrtem Eiweißzerfall, Anstieg des Gesamtstoffwechsels und des Blutzuckers, Abfall des Blutcholesterins und Überwiegen des Sympathicus folgt eine II. Phase mit Fieberabfall, Leukozytoseverminderung unter lymphatischer Tendenz, Anstieg der Alkalireserve, Senkung des Gesamtstoffwechsels, geringem Eiweißzerfall, Abfall des Blutzuckers, Anstieg des Blutcholesterin und Überwiegen des Parasympathicus. Dieser gesetzmäßige Ablauf der vegetativen Reaktionen ist keineswegs eine spezifische Antwort des Organismus auf eine bestimmte Infektion, sondern ein reflektorischer Vorgang als Antwort auf verschiedenste Reize (Bakterische Toxine, Fremdeiweiß, körpereigene Stoffe, anorganische Stoffe wie z. B. Schwefel). Dieser Umstand deutet darauf hin, daß diese vegetative Gesamtumschaltung über zentrale vegetativ-nervöse Schaltstellen ausgelöst wird, deren übergeordnetes Zentrum im Zwischenhirn zu liegen scheint. Für das Zustandekommen dieser Vorgänge wird die Zwischenschaltung eines humoralen Wirkstoffes vermutet. Die Auslösung dieser vegetativ-nervösen Reaktionen bei Infektionskrankheiten wird als Abwehrvorgang des Organismus gedeutet. Dafür spricht das Fehlen oder die Mangelhaftigkeit dieser vegetativen Reaktionen bei chronischen infektiösen Erkrankungen mit mangelhafter Tendenz. Vielfach läßt sich daher eine Heilung solcher Krankheiten durch eine unspezifische Reiztherapie, die die ausgebliebenen vegetativen Reaktionen erzwingt, herbeiführen. Darauf beruhen die Erfolge der Fieberbehandlung (Malaria, Pyrifer, physikalische Hyperthermie) sowie der gesamten Reiztherapie mit Proteinkörpern. Das Wesentliche aller dieser Behandlungsmethoden ist der „Stoß ins vegetative System", der die ausgebliebenen vegetativen Reaktionen auslöst. Anscheinend bestehen auch enge Beziehungen zwischen den vegetativen Regulationen und bestimmten Immunitätsvorgängen. Bemerkenswert erscheint die Wirkungsweise der modernen Chemotherapie, bei der oft trotz günstiger Beeinflussung der Infektion und des allgemeinen Krankheitsbildes mit baldigem Übergang der vegetativen Reaktionen von der 1. in die 2. Phase der Organbefund unbeeinflußt bleibt (z. B. bei Pneumonie). Diese Dissoziation zwischen Organbefund und begleitender vegetativer Reaktion wird darauf zurückgeführt, daß trotz der Beeinflussung der Abwehrvorgänge und Überwindung der Infektion die Organreaktion eine bestimmte Zeit benötigt."

Das ist etwa der Stand unseres biochemisch-klinischen Wissens über die Lebensvorgänge, die während und nach der Temperaturerhöhung entstehen. Als äußeren Ausdruck dieses gewaltigen Ringens beobachten wir als den wichtigsten klinischen Befund das Fieber. Schon die Ärzte des Altertums haben diesen uns allen so bekannten Symptomenkomplex zu werten verstanden. Auch sie sahen darin den Hebel der Abwehr. Schon damals entstand der Gedanke, daß hier Ähnliches mit Ähnlichem bekämpft werden soll, daß Fieber gegen Fieber angesetzt werden muß, um die Abwehr erfolgreich zu machen. Es ist der Gedanke der Homöopathizität der vegetativen Abwehr durch die Wärmeerzeugung, der also damals schon lebendig war. Wenn wir Fieber sofort mit Fieber, richtiger gesagt, mit Hyperthermie bekämpfen, so treiben wir ganz unbewußt „Homöopathia involuntaria". Haben wir einen chronischen Prozeß vor uns, wo der Körper unfähig ist, von selbst Fieber zu erzeugen, dann veranlassen wir dies durch die Mittel der Hyperthermie. Die große jahrtausendalte Erfahrung der Volksmedizin und die neueren klinischen Beobachtungen der Naturheilkunde lassen keinen Zweifel darüber bestehen, daß die Dauerüberwärmung jeder anderen Fiebertherapie überlegen ist. Auf natürliche Weise, ohne Gefahren und scharfe Übergänge, unter dauernder Kontrolle und Schaltmöglichkeit macht sie eine sichere Beeinflussung der vegetativen Abwehr möglich. Die Wahl der dazu geeigneten Methode bleibt dem Arzte überlassen. Prophylaktisch wird oft schon der regelmäßige Besuch der Sauna genügen. Wo es angezeigt ist, müssen andere Methoden der Hyperthermie angewendet werden.

Der Begriff der Balneobiologie stammt von Stockmeyer und G. K. Schwabe: Die Auffindung der biologischen Indikatoren der Heilquellen ist ihre Aufgabe. Die Wirkungsweise der Thermalbäder ist im Entscheidenden noch unbekannt, doch glaubt man, daß die „Fervorisation" (ein im Erdinnern unter Druck erhitztes Wasser) dabei eine große Rolle spielt, den russischen Bädern mit überhitztem Wasser ähnlich. Dasselbe dürfte auch für das Überwärmungsbad zutreffen. Im Schlenzbade würde sich diese Wirkung durch die Biokatalysatoren der Badezusätze erhöhen: nimmt man doch in Frankreich und Rußland bestimmte Algenvegetationen aus Quellen für Bäder und Packungen.

Bislang sprachen wir lediglich von dem Wärmefaktor allein. Die Kliniker Lampert und Walinski arbeiteten mit der Wärmewirkung allein und erzielten damit erstaunliche Resultate. Frau Schlenz, die von der Kneipp'schen Schule herkommt, begnügte sich nicht mit der Wärme allein. Kneipp führte bekanntlich die Zusätze von Heublumen ein, die schon allein den Kreislauf anregen und eine Leukozytose hervorrufen können. Dies war für Frau Schlenz und die Ärzte, die sich mit der Überwärmungskur befassen, auch der Anlaß, den Überwärmungsbädern Kräuterabkochungen zuzufügen. Die Heilkraft solcher Kräuterabkochungen steht fest, man kann sie also nur befürworten. Doch kann man auf diesem Wege weitergehen und Kräuter mit bestimmter spezifischer Wirkung verwenden, die den Anzeigen entsprechen. Unsere Erfahrungen auf diesem Gebiet sind so reich, daß dies ohne weiteres möglich ist. Man denke nur an die hohe desinfizierende Wirkung der Kamille, auf die Bier aufmerksam gemacht hat, oder an die umstimmenden und emmenagogen Eigenschaften von Gottesgnadenkraut (Herba Gratiolae), die schon den Alten bekannt war und die B. Aschner von neuem zu Ehren bringt. Es wäre eine dankbare Aufgabe, den Unterschied der Überwärmungsbäder-Wirkung mit und ohne Kräuterzusätzen zu prüfen. v. Kapff sieht in der Kräuterwirkung eine Azidose. Er verfügt über das größte Material an Erfahrungen über die Säuretherapie.

„Die Vorteile der innerlichen Säurungen bei Innenkrankheiten treten immer zahlreicher hervor. Dies beweisen schon die immer mehr steigende Anwendung und der große Indikationsbereich der Fastenkuren sowie der Hyperthermie, insbesondere der starksäuernden fiebererzeugenden Bäder und Wickel, wie sie hauptsächlich von Frau Maria Schlenz eingeführt worden sind. Es hat sich allmählich eine „kombinierte Säuretherapie" herausgebildet, bestehend aus der sauren Körperpflege, der Säureinhalation und den inneren Säuremitteln. Auch Frau Schlenz hat den Nutzen der zusätzlichen Säuerung erkannt und wendet die Säuretherapie an als Unterstützung der nach ihr benannten Kur."

Abgesehen davon, daß die Hyperthermie allein schon zur Säuerung führt, halte ich die in den Kräutern vorhandenen säuernden Verbindungen, besonders die Kieselsäure, für imstande, die Gesamtwirkung der Bäder zu erhöhen. Ich habe angefangen, die Überwärmungsbäder nach Schlenz in geeignet erscheinenden Fällen mit homöopathisch angezeigten anorganischen Säuren anzureichern.

Wenn also auch die Einzelheiten der sich bei der Überwärmung abspielenden Vorgänge nicht vollständig geklärt sind, so steht doch fest, daß das ganze Abwehrgeschehen im Menschen mit diesem „calor" der alten Pathologen eng zusammenhängt. Der Abwehrapparat des Menschen arbeitet bei gewöhnlicher Temperatur nicht schneller als es für den Normalbetrieb notwendig ist. Das Eindringen einer Infektion in den Körper verlangt ein schnelleres Tempo der Antikörperbildung. Für diesen biochemischen Vorgang trifft auch das Gesetz von J. H. van't Hoff zu: „Mit steigender Temperatur erhöht sich die Geschwindigkeit der chemischen Prozesse". Dies wird anschaulich auch an den normalen biologischen Tatsachen wie der Schwangerschaftsdauer beim Menschen: sie ist um so kürzer, je höher die Körpertemperatur der Mutter während der Schwangerschaft war. Eine Blutwärme, die nur um 1/3 Grad höher war als gewöhnlich, erleichtert und verkürzt die Austragung des Kindes um 10 Tage. Eine besondere Wärmepflege während der Schwangerschaft scheint mir daher von größter Bedeutung zu sein. Für die naturverbunden lebenden Völker und Volksschichten ist dies eine Selbstverständlichkeit.

Diese Völker pflegen eine vorbeugende und heilende Hyperthermie, aber, wohlverstanden, nicht ein künstlich erzeugtes Fieber. Hier sind wir an einem Punkt angelangt, wo der Trennungsstrich zwischen diesen beiden Begriffen gezogen werden muß, nicht etwa um die künstliche Fieberbehandlung (Malaria, Pyrifer, chemische Substanzen, Vaccinen usw.) herabzusetzen, sondern — wie Lampert — zu betonen, daß die Überwärmungstherapie von der Fiebertherapie streng unterschieden werden muß.

Nach der Definition Lamperts verstehen wir unter Überwärmung Übertemperaturen, die durch vermehrte Wärmezufuhr und verringerte Wärmeabgabe auf Grund eines Eingriffes in die physikalische Wärmeregulation des Organismus zustandekommen. Da die Schweißabgabe im heißen Wasserbade ohne abkühlende Wirkung bleibt und gleichzeitig Wärme zugeführt wird, kommt es zu Wärmestauungen im Organismus, zur Überwärmung, d. h. zu Temperaturerhöhungen.

Anders liegen die Verhältnisse beim Fieber. Hier handelt es sich um eine zentrale Schädigung. Nach H. Rein ist Fieber eine zentral bedingte Verlagerung der Temperaturen nach oben, hervorgerufen durch chemische oder bakterielle Einwirkung auf das Wärmezentrum. Wir haben es also hier mit einer Änderung der chemischen Wärmeregulation zu tun, d. h. mit einer Steigerung der Wärmeproduktion, die zur Temperaturerhöhung führt.

Aus dieser Begriffsbestimmung und Gegenüberstellung von Überwärmung und Fieber erkennen wir, daß es sich dabei um zwei völlig verschiedene Vorgänge in unserem Körper handelt. Wärmeanhäufung ist die Folge in beiden Fällen, jedoch der Wirkungsmechanismus ist verschieden. Bei der Überwärmung wird der Körper mit Wärme geladen, beim Fieber muß er sie selbst bilden. Ich möchte diese zwei Vorgänge in der Weise mit immunbiologischen Vorgängen vergleichen, daß man die Überwärmung als eine Art passive Immunität und das Fieber als eine Art aktive Immunität auffassen könnte. Bei der passiven Form wird dem Körper der so nötige Wärmeschub von außen zugeführt, bei der aktiven Form, veranlaßt durch einen starken Reiz, wird der Wärmeschub aus den Reserven des Körpers gebildet. Die heftige Muskelkontraktion mit dem Schüttelfrost setzt ein, um Wärme zu bilden. Ist der Schüttelfrost mit Kältegefühl verbunden, dann kann man schließen, daß es mit der erforderlichen Wärmebildung schlecht bestellt ist. Es liegt klar auf der Hand, daß es dem Organismus nicht gleich ist, ob er die für die Abwehr unumgänglich notwendige Wärmekapazität auf einem gut regulierbaren Wege der Überwärmung von außen erhält, oder ob er sie aus seinen eigenen, oft allzu leicht versagenden Kräften heraus selbst bilden muß. Die eine Methode spart die Wärme ein, die andere bedeutet die Verausgabung der Reserven. Dazu kommt noch die Anspannung der ganzen vegetativen Abwehr, die beim Fieber, nun einmal in Bewegung gesetzt, sich kaum regulieren läßt. Auf dieser Unkontrollierbarkeit des künstlichen Fiebers beruht ohne Zweifel die hohe Sterblichkeit bei der Malariabehandlung (nach Joßmann bis 35,5 % und mehr; nach Giles bis 23 %). Wagner-Jauregg hat gezeigt, daß es Paralyseheilung durch Malariabehandlung auch ohne wesentliche Temperaturerhöhungen geben kann. Dabei ist die Sterblichkeit dennoch eine hohe. Demgegenüber haben weder Lampert noch Walinski bei derselben Krankheit Patienten verloren, weil sie mit Hyperthermie geheilt haben. Lampert gelang es, bei einem Paralytiker die Körpertemperatur von 43° C noch erfolgreich zu übersteigen. Deshalb bevorzugen diese beiden Forscher, die über die größten Erfahrungen verfügen, die Überwärmungsbäder und verzichten bewußt auf die anderen Methoden, die wir als „Fieberbehandlung" bezeichnen.

Blutdruck und Puls werden uns bei den Überwärmungsbädern immer interessieren. Nach Wuhrmann, Walinski und Lampert wird die Blutdruckamplitude dabei größer: zunächst Ansteigen des systolischen Druckes, dann aber Abfall desselben. Die von Engel auf Veranlassung von Lampert mit dem Jaquet'schen Sphygmographen angestellten Untersuchungen ergaben beim Überwärmungsbad, auch bei Temperatur über 40° C, keine Änderungen der Pulsqualität. Die Pulswelle bleibt vor, während und nach dem Bade die gleiche.

Die Temperaturerhöhung bildet, nach Lampert, nicht den wesentlichen Teil der Überwärmungsbehandlung, sondern eins von vielen bei der Hyperthermie auftauchenden Symptome, das nur ein leicht faßbares Vergleichsmaß darstellt. Bei Infektionsfieber führen Temperaturen über 42° C meist zum Tode, nicht aber bei der Hyperthermie. Das Geheimnis hierfür liegt in dem wunderbaren Gesamtgeschehen, das eingangs dieses Kapitels, wenn auch nur unzulänglich, angedeutet werden konnte.

Über die direkte Schädigung der Krankheitserreger sind die Meinungen geteilt. Wagner-Jauregg lehnt eine Schädigung der Spirochaeten durch die hohen Temperaturen ab und glaubt nur an die Steigerung der Abwehrkräfte im Blut und Liquor und an eine Beseitigung der Blutliquorschranke. Jahnel dagegen erklärte Lampert persönlich, daß auf Grund seiner langjährigen Erfahrungen Körpertemperaturen über 41,5—42° C bestimmt zu einer Schädigung, ja Abtötung aller Spirochaeten führen können. Ebenso äußert sich Bessemans auf Grund seiner neuen Kaninchenversuche.

Lampert weist auf die wenig beachteten Versuche Pasteurs hin, bei denen es schon bei verhältnismäßig gering erhöhten Körpertemperaturen möglich war, Infektionserreger (Milzbrand-Bazillen) in vivo zu schädigen bzw. abzutöten. Er führte die Forschungen in gleicher Richtung weiter und konnte in ausgedehnten Versuchen zeigen, daß

1. bestimmte wärmeempfindliche Krankheitserreger allein durch Überwärmung vernichtet und somit Infektionskrankheiten ausgeheilt werden können;

2. selbst Überwärmungstemperaturen von 39—40° C, die in vitro den Erreger noch nicht abtöten, in vivo aber durch Steigerung der spezifischen und unspezifischen Abwehrkräfte die in ihrer Vitalität geschädigten Erreger noch vernichten und so die Krankheit ausheilen;
3. durch Überwärmung eine Sensibilisierung der Erreger entsteht, so daß geringe Dosen an Medikamenten für ihre Vernichtung genügen. Auf diese Weise erzielt eine Kombinationsmethode der Chemo- mit der physikalischen Therapie, wie sie heute in Amerika bei der Penicillinbehandlung durchgeführt wird, große Erfolge.

Wie wenig schädigend einfache Körpertemperaturerhöhungen (ohne Infektion) für einen gesunden Organismus sind, geht aus der Mitteilung von Hirschfeld hervor, der bei Kohlenarbeitern, die ständig in einem Heizraum von 52° C arbeiteten und die sich stets wohl befanden, Körpertemperaturen von 39,4—39,8° C gemessen hat. Interessant ist die auch von Lampert angeführte Beobachtung, daß bei luetischen und metaluetischen Erkrankungen Überwärmungen von 41—42° C ohne Schwierigkeiten erzeugt werden, während z. B. bei Rheumatismus solche Temperaturen nicht immer zu erreichen sind. Sie sind für die Therapie des Rheumatismus aber auch nicht nötig, nicht einmal erwünscht, sagt Lampert; dagegen sollten sie zur Behandlung metaluetischer Erkrankungen erzielt werden. Daß die Abwehrvorgänge nicht zuletzt sich im Mesenchym bzw. Reticuloendothel abspielen, kann als bewiesen gelten. Die Aktivierung des Mesenchyms hat Weichardt in eingehenden Untersuchungen auch für die Überwärmung nachgewiesen.

Aus dem wenigen Gesagten kann man sich nunmehr schon ein Bild davon machen, welch bewegliches und wirksames therapeutisches Instrument die Überwärmungsbäder sind. Zu dieser für mich durch jahrzehntelange Erfahrung an mir selbst feststehenden Schlußfolgerung kommt auch Lampert auf Grund seiner umfangreichen Arbeiten, die heute den Grundstock für jeden bilden, der sich wissenschaftlich oder praktisch mit der Überwärmungsbehandlung befassen will.

„Wer sich als Arzt", sagt Lampert, „nicht selbst um die richtige Überwachung des Überwärmungsbades kümmert, wird genau so seine Mißerfolge und Kollapse erleben, wie ein Chirurg, der die Operation unausgebildeten Kräften überläßt. Wenn man schon ein Urteil über das Überwärmungsbad abgibt, soll man es nicht nur richtig ausführen, sondern auch einmal am eigenen Körper seine Wirkung verspürt haben."

Die Technik der Hyperthermiebehandlung erfordert allerdings, sagt Lampert, mehr Wartung seitens des Pflegepersonals und stellt höhere Anforderungen an die Beobachtungsgabe des Arztes als die Fiebertherapie. Aber dafür können wir auch Temperaturen erzielen, die bei Fieber den sicheren Tod bedeuten würden. Immer muß betont werden, daß ein Überwärmungsbad nicht einem gewöhnlichen Bad, sondern eher einer Operation gleichgesetzt und dementsprechend gewertet werden muß. Lampert hat alle einschlägigen Fiebermethoden und Hyperthermieverfahren eingehend geprüft und kommt zur Schlußfolgerung, daß:

1. „die Hyperthermieverfahren wegen ihrer gleichen Wirksamkeit, aber viel besseren Kontrollierbarkeit in Zukunft an die Stelle der Fiebermethoden treten werden";
2. „daß das Überwärmungsbad als Methode der Wahl bei den Hyperthermieverfahren wegen seiner Einfachheit und guten Dosierung zu bevorzugen sei."

Die 3 hierfür in Frage kommenden Verfahren finden ihre eingehende Schilderung im Kapitel über die Bädertechnik.

Die Überwärmungsbäder, besonders die klinisch durchzuführenden nach Lampert oder Walinski, verlangen — besonders in veralteten Fällen —, wie gesagt, nicht nur viel Mühe und Hingabe von Seiten des Badepersonals, sondern auch Vertrauen und oft unendlich viel Geduld von Seiten der Kranken. Da beides oft fehlt, so werden die Bäder häufig zum Schaden der Kranken unterlassen. Die schwachen Charaktere fallen um und unterbrechen die Kur bei Eintritt der ersten Reaktionen. Hierin liegt die Ursache zu einer gewissen Unbeliebtheit der Bäder: eine Bestrahlung, eine Injektion, eine leichte Massage sind natürlich bequemer für beide Teile als stundenlanges Warten der Badenden, das Gutzureden, das Einpacken, das viele Aufräumen usw. Deshalb hängt hier so viel von der Autorität des Arztes ab. Seine Verantwortung hier ist groß; seine Persönlichkeit muß imstande sein, sowohl den Patienten wie auch das Badepersonal zu begeistern und unermüdlich im Glauben für die gute Sache zu stärken.

Zwei Worte über Sinn und Zweck der Überwärmungsbäder sind nach meiner 15jährigen Erfahrung von Bedeutung: „Reinigen und entschlacken". Wo ich damit nicht vorwärtskomme, pflege ich häufig diese Worte mit einem alten kräftigen Spruch zu veranschaulichen:

„Es ist billig zu bewundern, was offt vor Unflath und garstiges Zeug im Heißbaden aus der Haut schwitzt und in das Wasser sich setzt. Zur Bekräftigung dieses wollen wir einige Anmerckungen mit beyfügen. Merckwürdig ist, was in den Geschichten der Leopoldischen Societät (Dec. II. A. VI. Obs. 239) erzehlet wird von einem Weib, die mit grausamen Lenden-Schmertzen öffters geplagt gewesen. Nachdem sie nun viele Mittel vergeblich gebraucht, hat sie endlich der gemeinen Heißwasser-Bäder sich bedient, welche ihr ungemein wohl zugeschlagen. Auf dem Wasser, welches curieuse war, ist eine dicke, fette Materie geschwommen, die man mit einem Löffel abnehmen können. Ferner wird gemeldet, von einem Hypochondriaco, welcher etlichmal ein Bad gebraucht, daß das Wasser endlich zu stinken angefangen und über demselben eine schwärtzliche dicke Materie geschwommen, welche täglich schärffer worden, so daß man alle Tage andere Kräuter dazu nehmen müssen, bis endlich der Patient glücklich genesen. Eben diegleichen hat auch der berühmte Volckhamer observirt, welcher eine Wittfrau unter seiner Hut gehabt, von der täglich wohl drei Hände voll übelriechenden, garstigen Zeugs aus dem Leibe sich in das Wasser gesetzt."

(Aus Herrn Friedrich Hoffmanns, weit-berühmten Königlich Preuß. Leib-Medici und Professoris gründlicher Unterricht." Ulm, bey Daniel Bartholomäi u. Sohn, 1735.)

In der Sprache der modernen Klinik drückt Marchionini (Ankara) dies, bezogen auf die Haut, wie folgt aus:

„Durch die Schweißsäure werden manche bakteriell und mykotisch bedingte Hautleiden beseitigt.

Durch das Schwitzen werden Stoffe aus der Haut befördert, die als Noxen von Hautkrankheiten in Betracht kommen.

Das Schwitzbad führt zu einer erheblichen inneren Umstimmung, erkennbar an den Veränderungen des Stoffwechsels, welche auf eine starke Beeinflussung des vegetativen und endokrinen Systems schließen lassen. Als Folge dieser inneren Umstimmung kommen manche endogen bedingten Hautkrankheiten zur Heilung."

Um die Wirkungsweise der heißen Bäder weiter aufzuzeigen, kann man sagen, daß solche von kurzer Dauer belebend und erfrischend wirken, während heiße Bäder von längerer Dauer als erschlaffende Prozeduren anzusehen sind. Diese Erfahrungen sind auch durch den Ergographen bestätigt worden. Unter Erschlaffung kann auch die Badereaktion verstanden werden; sie gehört auch mit zur Überwärmungskur. Ob der Patient erschlafft ist oder nicht, spielt im klinischen Betrieb keine Rolle. Im Gegenteil, rein subjektiv wird die Erschlaffung als angenehm empfunden, weil sie das Gefühl der Wohligkeit und auch einen besseren Schlaf bringt. Ambulant sollten die Überwärmungsbäder nach Möglichkeit nicht genommen werden. Leider ist dieses in den heutigen Verhältnissen nicht immer zu vermeiden. Dafür sollten kurze heiße Bäder von 3—10 Minuten Dauer nach japanischem Muster genommen werden. Deren Länge hängt ab von der Gewöhnung und kann bei jedem Einzelnen bis auf die Minute genau festgesetzt werden.

B ä l z, der lange Jahre als Professor an der Universität in Tokio lehrte, hat bereits vor über 50 Jahren auf dem Internistenkongreß in Wiesbaden berichtet, welche außerordentliche Rolle das heiße kurze Bad in der Lebensweise der Japaner spielt und wie wichtig es sei, daß wir in Europa diese Sitte nachahmten. Weder dieser denkwürdige Vortrag noch die Veröffentlichungen im Anschluß daran haben an der Gepflogenheit der deutschen Balneologie, die Thermalbäder nur in vorsichtigsten Dosen zu verordnen, etwas geändert.

Zuviel Vorsicht ist überflüssig, wie der Erfolg der Überwärmungsbäder zeigt. Diese unbegründete Vorsicht ging aber so weit, daß die 2. Auflage dieses Buches auf Grund der Gutachten von Fachbalneologen 1944 verboten und dem Verkehr entzogen wurde. Die Begründung gipfelte in dem Satz: „Die so heißen Bäder können im Volke großen Schaden anrichten".

Nun, die körperlich viel leistenden Japaner haben davor keine Angst, denn die Temperatur ihrer Bäder ist, wie B ä l z berichtet, fast durchweg 45° C, nie unter 42° C, ihre Dauer, wie gesagt, 3—10 Minuten und länger. Nicht selten wird auch mehrmals am Tage gebadet. Daß diese Bäder nicht schwächen, wird durch die Leistungsfähigkeit bewiesen: die Wagenzieher in Japan sind sämtlich große Anhänger der heißen Bäder. Sie vollbringen täglich enorme Körperleistungen, indem sie einen Menschen am Tage im Laufschritt über 100 km weit ziehen. Die meisten Europäer in Japan, und auch B ä l z selbst ging es ebenso, haben zunächst Angst vor den Bädern, finden sie aber später ungemein erfrischend, namentlich im Sommer und nach großen Anstrengungen. Bemerkenswert ist dabei, daß der Kopf nicht gekühlt wird wie bei uns, sondern daß man ihn vor dem Bade energisch mit heißem Wasser übergießt. Ohnmacht und Schwindel sollen auf diese Weise vermieden werden. Auch ist es dort Sitte, das Bad ohne Kaltprozedur abzuschließen. Erkältungen kommen nicht vor. Desgleichen auch nicht in Finnland und Rußland, wo man nach dem heißen Dampfbade nackt ins Freie läuft und sich im Schnee wälzt. Der Tonus der Hautgefäße kann entweder durch diesen oder einen gemäßigteren Kältereiz in Form einer kühlen Dusche wiedererlangt werden. Ohne Kälte geschieht dieses auch von selbst, wenngleich nur allmählich. Doch an diesen Kältereiz denkt man nicht in den japanischen heißen Gebirgsbädern, besonders in dem in ganz Asien berühmten Bade *Kusatsu*. Auch an dieser Stelle sei noch einmal erwähnt, daß man nach B ä l z das heiße Bad *Kusatsu* mit 53° C besteigt, allerdings nur für 3 Minuten und auf Kommando des Bademeisters. Von der Wirkung wird berichtet, daß jedes der Behandlung strotzende Gumma dort eingeschmolzen und selbst die Lepra geheilt wird. „In *Kusatsu* ist nur die unglückliche Liebe unheilbar", sagt das japanische Sprichwort.

Nach den Untersuchungen der Leipziger Forscher Hochrein und Schleicher ist die unnatürliche Ermüdung als Folge einer unökonomischen Übererregbarkeit des vegetativen Nervensystems und dadurch entstandenen Gleichgewichtsstörung im Stoffwechselchemismus zu betrachten. Deshalb ist der Hinweis wichtig, daß die Hyperthermie die miteinander verbundenen Zentren im Zwischenhirn anregt und sie gegeneinander ausgleichend beeinflussen läßt.

Das in ganz Asien berühmte Schwefelheißbad Kusatsu in Japan. Man badet 3 Minuten bei 53° C auf Kommando des Bademeisters. „Kusatsu heilt alles mit Ausnahme der unglücklichen Liebe" — sagen die Japaner.

Das ist der tiefe, verborgene und alles regulierende Wirkungsmechanismus der Überwärmung: *Störungen und Abweichungen werden über das Zentrum ausgeglichen.* Solches Beispiel können wir sowohl in der Sauna wie auch nach dem kurzen heißen japanischen Bade beobachten: die Ermüdung verschwindet, und man fühlt sich frisch und energiegeladen.

Die Dauerüberwärmungsbäder, wie sie hier beschrieben sind, lösen im Körper unzählige chemische Vorgänge aus, die nach Verlauf jedes Bades ein neues chemisches Gleichgewicht im Körper zur Folge haben. Wir gehen wohl nicht fehl, diesen Vorgang als eine Art biochemische Allergie zu bezeichnen. Die Temperatur und Zeit spielen dabei, wie bei jeder chemischen Reaktion, eine ausschlaggebende Rolle. Auch wissen wir, daß die Verschiebung des jeweiligen, auch pathologischen, Ionengleichgewichts einen mächtigen Reizfaktor darstellt, der für die Gesundung, d. h. für das normale Ionenspiel, von ausschlaggebender Bedeutung sein kann. Ionenverschiebungen verschiedenster Art gehen im Überwärmungsbad vor sich. Wenn auch diese Umsetzungen wissenschaftlich bis jetzt noch nicht festgelegt sind, so ist doch das eine sicher, daß sie in hohem Maße heilwirkend sind. Die Erklärung dieses Wirkungsmechanismus muß der weiteren Forschung vorbehalten bleiben.

Bei der Durchsicht der auch heute noch so wichtigen Arbeiten Heinrichs Lahmanns fand ich den Auszug aus dem Vortrage des Bakteriologen Prof. Hüppe in Prag vom 1. 4. 1891. Obgleich der Vortrag schon so weit zurückliegt und noch in der „Bakterien-Ära" gehalten wurde, muß ich ihn bringen, um das Verständnis für die Wirkungsweise der Hyperthermie zu erleichtern:

> „Die Ursachen der Krankheiten im naturwissenschaftlichen Sinne sind stets innere, welche wir empirisch als Disposition bezeichnen. Die Mikroben und atmosphärische Einflüsse sind nur die Auslösungserreger spezifischer Art, also im naturwissenschaftlichen Sinne nicht als Ursache zu bezeichnen. Hierzu kommt als drittes Kausalmoment die Bedingung, unter der der Anstoß die Ursache trifft. Fehlt eines dieser Momente, so kommt auch keine Krankheit zustande."

Die pathologische Forschung des 19. Jahrhunderts kann man nach den Anschauungen von Pfleiderer auf eine Trias zurückführen: *„Bakterismus"* (Robert Koch), — *„Terrismus"* (Max Pettenkofer) und *„Konstitutionalismus"* (Gustav Jäger). Der letztgenannte Forscher wurde durch die ganze Entwicklung seiner Arbeit gegen seinen Willen zur Aufstellung der These „Konstitution" gezwungen. Das war der Anlaß zu seinem Bekenntnis zur Homöopathie, die ja die Krankheitsursache auch von der Erbanlage ableitet. Wenn dem so ist, dann ist uns alles das therapeutisch wertvoll, was eine Verbesserung der Erbanlage herbeiführen kann. Zweifellos eignen sich hierfür die seit undenklichen Zeiten bewährten Methoden der Hyperthermie ganz besonders.

Die Pflege der Wärmekultur überträgt sich auch auf die geistig-seelische Gestaltung des Menschen. Sie beweist so die Einheit von Leib und Seele. Dies ist über alle Maßen wichtig in einer Zeit, wo die technische schneller als die geistige Entwicklung der Menschheit fortschreitet. In letzter Zeit sind so viele Stimmen laut geworden, die diese erschreckende Tatsache hervorheben und vor ihren Folgen warnen.

Der schematische Begriff „Hirnleiter" bezeichnet nach F. A. Völgyesi jenen unendlich verwickelten hierarchischen Aufbau des zentralen Hirnnervensystems, bei welchem entsprechend der Phylo- und Ontogenese sowie den jeweiligen Lebenserfordernissen stufenweise in die Höhe gehende und stets differentieller werdende „Kommandos“ (Seelenorgane) sich übereinander schichten, — ein Bild, zu dessen Veranschaulichung Pawlov die Bezeichnung „Treppensystem“ verwendet.

In seiner „Psychosomatischen Hypnosetherapie“ schildert F. A. Völgyesi sehr anschaulich die Arbeiten Pawlov's und seiner Schule, deren Endergebnis darin gipfelt, daß unser gesamter Lebensprozeß der Regulierung durch das Zentralnervensystem unterworfen ist. Außer A. D. Speransky haben hauptsächlich die serienweise vorgenommenen psychosomatischen Experimente von K. M. Bykov erwiesen, daß das Zentralnervensystem über die tiefsten vegetativen Funktionen und die Tätigkeiten unserer inneren Organe eine unmittelbare Herrschaft ausübt.

Somit ist der Mechanismus dieser Vorgänge experimentiell gezeigt worden. „Gewußt“ haben das bereits die philosophischen Schulen Indiens, Ägyptens und Griechenlands, die arabischen Ärzte und die großen Mystiker des Mittelalters. In weiterer Folge über Descartes und Leibniz weiß es auch die Gnoseologie der neuen Zeit.

Aber wozu so weit! Das wußte seit Jahrtausenden schon der Urbewohner von Nordeuropa, ob Finne, Slawe oder Germane, nachdem die eingebrochene Eiszeit ihn gezwungen hat, durch die Hyperthermie den Automatismus seines vegetativen Geschehens aufrechtzuerhalten, ja noch mehr, durch die Überwärmung in der Sauna über das Hypophysenzwischenhirn-System seine seelische Verfassung auf der Höhe zu halten, die für den Kampf ums Dasein so unentbehrlich ist.

Wir sehen also, daß die Hyperthermie imstande ist, tief in das heutige „Niemandsland“ der kollektivistischen Neurikonauffassung der psycho-physischen Korrelationen“ (A. D. Speransky und F. A. Völgyesi) einzugreifen.

Dagegen eignet sich die psychosomatische Hypnose-Therapie im Sinne von F. A. Völgyesi für die Erfassung der „Psyche-Funktion“ über die verschiedenen Stufen der „Hirnleiter“. Beide Richtungen bewegen sich aber auf derselben therapeutischen Ebene; jede hat ihren besonderen Einsatzpunkt und dennoch streben sie aufeinander zu und suchen durch die Interpolierung den bestmöglichen therapeutischen Effekt herbeizuführen.

Fragt aber ein ängstlich wartender Patient oder ein wißbegieriger Student, welcher Methode dennoch der Vorzug gehöre, so ist dem „Seelischen“ stets der Vorrang einzuräumen. So war es von Anbeginn der Schöpfung, denn nicht lebensfähig ist derjenige, der „Schaden nimmt an seiner Seele". Das wußten die Priesterärzte aller Zeiten; darunter auch Hahnemann, der Bedründer der Homöopathie. Deshalb sind auch nicht die körperlichen Anzeichen, sondern die seelischen bzw. charakterologischen Symptome ausschlaggebend für die Wahl eines homöopathischen Mittels.

Daß das Wunder des Lebens sich zwischen den Zellen, zwischen der Soma-Struktur und Psyche-Funktion abspielt, wußten alle großen synthetisch denkenden Ärzte, lange bevor diese wieder aktuell gewordene Frage Anlaß zuer Prägung des Begriffes der psychosomatischen Medizin gab (V. v. Weitzäcker).

In der angelsächsischen und französischen Gelehrtenwelt mangelte es seit der Mitte des 19. Jahrhunderts nicht an Versuchen, sich kühn in das Gebiet der sogenannten „übersinnlichen" Erscheinungen vorzuwagen. In diesem Zusammenhange gewinnen an Interesse die umfangreichen Untersuchungen, die im Parapsychologischen Institut der Duke University (Durham N. C. U. S. A.) durch Prof. J. B. Rhine, an der Universität in Colorado und am Hunter College in New York durch Prof. B. F. Rieß mit erstaunlicher Gründlichkeit in den letzten Jahren durchgeführt wurden.

Die homöopathische Schule verkündet seit 150 Jahren, daß es keine Materie „ohne Eigenschaft" gibt und kein „Geistig-Seelisches" ohne „Träger", in dem es wirkt und sich verkörpert. Deshalb legt die Homöopathie bekanntlich mehr Wert auf die symptomatische Semiotik als auf die Nosologie.

Diese für alle homöopathisch denkenden Ärzte selbstverständliche Auffassung kommt jetzt auf dem Wege über eine sehr lange und umständliche Entwicklung auch in der heutigen medizinischen Forschung zur Geltung. F. A. Völgyesi faßt dies Ergebnis wie folgt zusammen:

„W. H. Sutermeister schreibt, desgleichen auch v. Bergmann in seiner „Funktionellen Pathologie", Ricker in der „Relationspathologie" und auch Speransky in seiner „Neurallehre", verlegt man den Akzent mehr und mehr von der Aetiologie auf die Reaktion". Die einen nennen somit die Auswirkung „Symptom" oder „Modalität" und die anderen „Reaktion". Wozu aber der Streit der Schulen! Im Bestreben auf die Erfassung der „Ganzheit" sollte man sich baldmöglichst einigen.

In der Zielrichtung dieses Buches lag deshalb die Aufgabe zu zeigen, daß auch die Hyperthermie eine der wirksamsten Methoden bildet, um die psychosomatische Erfassung und Durchdringung herbeizuführen.

IV. Überwärmungsbäder in der ärztlichen Praxis

„Was ist Fieber?" Ein Mittel der Natur, um die schädliche Materie auszutreiben.

Boerhave (1668—1738.)

Nur das taugt, was erkämpft wird.

Kneipp.

Der Glaube an die Wichtigkeit der Schweißabsonderung als eines der wichtigsten Geschehnisse sowohl in gesundem Zustande wie auch in Krankheit ist so alt wie der Heilgedanke selbst. Nicht nur die alten Ärzte, sondern auch die scharf beobachtenden Laien unterscheiden den Charakter des Schweißausbruches und richteten danach sowohl die Behandlung wie auch die Voraussage.

Hier lagen unfehlbare Zeichen vor, die den Arzt genau so führten, wie in der Diagnose durch den Geruchsinn. Der „alte Dr. Heim" in Berlin unterschied Masern und Scharlach am Geruch. Den letzteren erkannte er — und zwar oft lange vor dem Ausbruch einer Epidemie — an einem ganz bestimmten Geruch.

Nicht minder wichtig ist das Studium der gesunden und krankhaften Schweißabsonderung, deren Bedeutung heute unterschätzt, ja überhaupt außer Acht gelassen wird, weil wir eine ungesunde Entwicklungsphase durchmachen, die sich zu wenig auf das geübte Auge des Arztes verläßt und zuviel Bedeutung den Apparaten und den Laboratorien beimißt.

Die meisten glauben im Grippefall genug zu tun durch einen Schweißausbruch mittels einer mehr oder weniger „schweren" Tablette. Wenige wissen aber, daß solcher Schweißausbruch nur eine verzweifelte Abwehr des Körpers ist, um diesen Fremdkörper auszustoßen. Natürlich ohne jede so oft behauptete spezifische Wirkung! Also auch keine gesunde Öffnung der Schweißkanäle! Wohl schwitzt man dabei, aber um welchen Preis und mit wie viel schädlichen Nebenwirkungen!

Um die Schweißkanäle zu öffnen, gibt es eine ganze Reihe von abgestuften Maßnahmen in der Hydrotherapie.

Wenn das zu schwer ist, kann man sich an die unschädlichen und so wohltunenden Tees der heimatlichen Pflanzenkunde halten oder beide Verfahren bequem verbinden. Ein kleines Fußbad in der Küche mit heißem Lindenblütentee oder Fliedertee und nachfolgender Einpackung im Bett tut es gewöhnlich. Je rechtzeitiger um so besser! Den Vertretern der „männlichen älteren Klasse“ ist das oft nicht vornehm genug! Dann gibt man einen „steifen Grog“ mit Honig und Zitrone dazu, aber keine Tablette: sie schädigt das Herz und verwischt die Krankheitssymptome.

Nach dieser kleinen Abschweifung in die wichtige Tagespraxis geziemt es aber, die Ergebnisse heutiger exakter Forschung gebührend zu erwähnen, um die Wirkungsweise der Überwärmungsbäder inbezug auf die pathologische Physiologie der Schweißfunktion verständlich zu machen. Keine Arbeit schien mir geeigneter dazu als die von B. Karitzky. Deshalb bringe ich nachstehend das Autoreferat des Verfassers (Aus Dt. Ges. Wes. 1949, 7, S. 992).

„Während in der normalen Physiologie die Schweißfunktion noch hauptsächlich unter dem Gesichtspunkt der Wärmeregulation betrachtet wird, steht in der pathologischen Physiologie die Stoffwechselwirkung des Schwitzens im Vordergrunde. Die Beziehungen zwischen Gesamtstoffwechsel und Schwitzen können indirekt durch vergleichende Kreislauf- und Stoffwechseluntersuchungen im Schwitzbad und direkt durch Messung der Wasserstoffionenkonzentration und der Titrationsazidität im Schweiß erfaßt werden.

Die indirekte Methode hat folgendes ergeben: die Schweißdrüsen sind Stoffwechselorgane. Sie haben bei Kranken hauptsächlich die Aufgabe, bei Bedarf überschüssige Stoffe schnell und in großer Menge aus dem Blut auszuscheiden. Die Schweißfunktion erhält zusammen mit den übrigen vegetativen Funktionen das Stoffwechselgleichgewicht im Körper aufrecht, wenn diese überlastet werden. Eine wesentliche Ursache der Schweißsekretion ist die Erstickung im weitesten Sinne des Wortes, bei den chirurgisch wichtigen Schweißarten die Azidose und Alkalose des Blutes, besonders die dekompensierte Azidose. Das Schwitzen ist damit ein wichtiges klinisches Symptom, ein vegetativer Test, der stärkere Belastung des Stoffwechsels anzeigt. Die Schweißsekretion ist wie Fieber und Entzündung eine unspezifische Regulation; es ist also gleichgültig, ob die Stoffwechselstörung durch Arbeit, Gifte, Wärme, Trauma oder andere Reize, die kumulierend wirken, entstanden ist.

Mit der direkten Methode, Bestimmung des P_H und der Titrationsazidität im Schweiß, konnte nachgewiesen werden, daß stoffwechselkranke Menschen im einstündigen Schwitzbad mehr Säure durch die Schweißdrüsen ausscheiden als im 24-Stunden-Harm durch die Nieren abgegeben wird. Der Schweiß von chirurgischen Kranken ist durchschnittlich viel saurer (P_H 3,0—6,0) und seine Gesamtkonzentration höher als der Schweiß von Gesunden (P_H 6,0—7,0), das Schweiß-P_H bei Kranken wesentlich tiefer als das übliche Harn P_H. Maßgebeid für das Schweiß-P_H ist bei Gesunden — im Schwitzbad — die Dauer und Intensität des Wärmereizes, maßgebend für die Titrationsazidität, den Gehalt an sauren und alkalischen Molekülen, der Allgemeinzustand, die Stoffwechsellage der Versuchsperson. Die Schweißausbrüche der Kranken sind wie das Fieber als Heilungsvorgang aufzufassen.

Fieber und Schwitzen wirken nebeneinander an der Abwehr von allgemeinen Schäden; überschüssige Stoffwechselprodukte werden im Fieber schneller verbrannt, im Schweiß besser ausgeschieden. Die Prognose ist schlecht, wenn Schwerkranke nicht fiebern und ihre Schweißsekretion mangelhaft ist; andererseits zeigt kräftiger Schweißausbruch bei chirurgischen Kranken den Beginn der Erholung von Krankheit, Operations- und Narkoseschäden zuverlässig an. Die Schweißmenge ist bei Leicht- und Schwerkranken verschieden. Leichtkranke schwitzen am stärksten in den ersten vier Stunden nach der Belastung. Schwerkranke sechs bis acht Stunden später. Der abschließende kritische Schweiß erfolgt bei Leichtkranken, meist als Nachtschweiß, in den ersten Tagen, bei Schwerkranken wesentlich später, oft erst nach Wochen. Die Erholung verzögert sich, wenn die Schweißmenge gering ist (Blutverlust, Wasser- und Kochsalzmangel), und sie tritt schneller ein, wenn der Kranke durch Wärme und Infusion rechtzeitig zum Schwitzen gebracht wird (postoperatives Schwitzbad). Die Schweißmenge ist bei Schwerkranken wesentlich größer als bei Leichtkranken, die Harnsekretion zugleich gedrosselt. Das Schweißbild von Leichtkranken unterscheidet sich nicht wesentlich vom Wärmeschweiß bei Gesunden; nur die Titrationsazidität und die Gesamtkonzentration sind höher. Bei Schwerkranken bewegt sich die P_H-Kurve anfangs im schwachsauren Bereich, und die Gesamtkonzentration ist zunächst gering; der Patient erholt sich erst, wenn der kritische Schweiß einsetzt und viele Säure ausgeschwitzt wird.

Kritische Schweiße und Nachtschweiße sind gewöhnlich besonders sauer und enthalten oft nur Säure. Sie wiederholen sich, sobald bei Schwerkranken schweißtreibende Mengen der Stoffwechselprodukte neu gebildet werden und aus dem Gewebe in das Blut nachströmen. Bei schwersten Atemstörungen (Spontanpneumothorax), Pneumonie, Todesschweiß) finden sich stark alkalische Schweiße. Beim Vergleich der Schweiß-P_H-Kurve mit klinischem Verlauf ergeben sich bemerkenswerte Parallellen. Jeder steile Absturz und Anstieg des P_H – zeigt einen kritischen Wendepunkt im Krankheitsverlauf an. Das Schweiß-P_H hängt vom Blut-P_H ab. Man kann durch fortlaufende Prüfung des Schweiß-P_H gefährliche Stoffwechselstörungen rechtzeitig, leicht und zuverlässig nachweisen. Je stärker der Säuregehalt des Blutes, desto höher die Säurekonzentration im Schweiß; je stärker der Säuregehalt im kritischen Schweiß, desto sicherer die Genesung. Die Prognose wird ungünstig, wenn nach stark saueren kritischen Schweißen, bei anhaltend hoher Schweißmenge und Gesamtkonzentration, die Säureausscheidung im Schweiß plötzlich nachläßt, viel alkalische Substanz ausgeschwitzt wird und die P_H-Kurve aus dem stark sauren zum alkalischen Bereich hinaufschnellt. Dem entsprechen die Befunde im Todesschweiß. Dieser unterscheidet sich von allen übrigen chirurgisch wichtigen Schweißarten durch hohen Gehalt an alkalischer Substanz, geringen Säuregehalt, auffallend hohe Gesamtkonzentration und dadurch, daß die offenbar lebenswichtige Säureausscheidung im Schweiß nicht mehr in Gang kommt und infolgedessen die Erholung des Gesamtstoffwechsels ausbleibt. Aus diesen ersten Untersuchungsergebnissen auf einem neuen Gebiet der pathologischen Physiologie ergibt sich, daß in Zukunft die

Art und Zusammensetzung der Säuren und Basen, die von Kranken im Schweiß ausgschieden werden, weiter untersucht werden muß."

Wie jedermann unzählige Male an sich selbst beobachten kann, erfolgt in der nächtlichen Wärme eine größere Hautausdünstung und auch leichter Schweiß. Das steht in Verbindung mit dem Rhythmus des vegetativen Geschehens, das wohlweislich in die nächtliche Ungestörtheit verlegt wird. Das Schweißorgan ist das Notventil des autonomen Systems für die Ausscheidung. Die meisten Menschen beklagen sich darüber, weil sie nicht wissen, daß dieser nächtliche Vorgang für sie die Abwehr oder auch Rettung bedeutet. Es wurde schon darauf hingewiesen, daß der Westeuropäer die heilsame alte Sitte des regelmäßigen Schwitzens eingebüßt hat. Einen unbewußten Behelf bildet das Schlafen unter großen Daunendecken (Federbetten). Deshalb ist die Landbevölkerung gesünder, obgleich auch sie die alte „Badestube" verloren hat und sich mit schnellem Tempo dem biologischen Verfall nähert.

Das Überwiegen des Vagotonus und eine flachere Atmung durch verminderte Erregbarkeit des Atemzentrums ist Voraussetzung für den Schlaf. Durch den erhöhten CO_2-Partialdruck wird die Schlafacidose herbeigeführt, entsprechend der entspannenden Wirkung der Säure-Jonen. Viele können deshalb schnell einschlafen, wenn sie 3 bis 5 Minuten unter der Decke bleiben und auf diese Weise das Blut mit Kohlensäure sättigen. Die überschüssigen Säuren werden meistens nachts ausgeschieden. Somit bedeutet die Schweißfunktion auch die Abwehr der abnormen Acidose. Wenn die Übersäuerund des Körpers so groß ist, daß die Haut, die Lunge und die Nieren nicht mehr ausreichen, dann setzt der Körper noch die zentral gesteuerte Schweißfunktion ein. Tritt die Krankheitsacidose auf, dann kommt es zum starken Nachtschweiß, einer für die Kranken oft so lästigen und dennoch hilfreichen Erscheinung. Die alkalischen klebrigen Todesschweiße sind schon ein Zeichen des tief gestörten Verhältnisses zwischen Säuren und Alkalien und deuten auf die eingetretene Zersetzung der Zellen und Säfte hin. Doch auch hier ist noch eine Überwärmungsbehandlung möglich. Weit bessere Aussichten hat sie begreiflicherweise bei reichen sauren Schweißen. Einer entsprechenden Verordnung wird immer entgegnet: „Aber ich schwitze schon so viel, jede Nacht sind die 3—4 Mal gewechselten Nachthemden „pitschenaß!" Dieses ist meistens ein Zeichen dafür, daß die eigene Schweißabhilfe an die Grenze gelangt ist. Die Überwärmung geht noch weiter und greift dann auch durch.

Im Vorwort wurde bereits erwähnt, daß die Schlenz-Kur deshalb solchen Zuspruch fand, weil die Wärmepflege überhaupt und die

Hyperthermiebehandlung im besonderen nicht genug beachtet wurden. Man denke nur an den Anteil der Kälteeinwirkung am Entstehen der größten deutschen Volksseuche — des Rheumatismus — und an der Verbreitung der schlimmsten — der Tuberkulose.

Will der Arzt zu Dauererfolgen in seiner Praxis kommen, dann darf die Hyperthermie in seiner Behandlungsweise nicht fehlen. Er erlernt diese aber kaum auf der Universität und muß sich infolgedessen nach geeigneten Lernmöglichkeiten umsehen. Er sucht sie zunächst in den Lehrbüchern der Hydrotherapie und der Naturheilkunde. Es ist aber für jeden von uns Ärzten nicht leicht, daraus die richtigen Anwendungen für die Verhältnisse der jeweiligen Praxis zu wählen.

Indessen hört man von Patienten auch über die Schlenz-Kur sprechen und wird über sie befragt, was eine Stellungnahme zu ihr notwendig macht. Wie sieht nun die Schlenz-Kur bei näherer Betrachtung aus? Sie besteht aus einer Sammlung von Erfahrungen mit besonderer Betonung der Hyperthermie in verschiedenen Anwendungen. Unter diesen sind die Dauerüberwärmungsbäder mit Kräuterzusätzen die wichtigsten. Mit Unrecht bezeichnet man diese Bäder mit dem Worte „Schlenz-Kur". Die Patienten erzählen oft, sie hätten eine „Schlenz-Kur" gemacht. Auf Befragen erfährt man, daß es 12 ambulant genommene Bäder waren. Demgegenüber muß betont werden, daß die Bäder nur einen Teil der Schlenz-Kur bilden und daß diese, der Kneipp-Kur gleich, der sie entstammt, in natürlicher Lebensweise und Körperpflege besteht. Die Erfolge der Schlenz-Kur sind also nicht auf die Bäder allein zurückzuführen, sondern auch darauf, daß die Patienten unter dem Einflusse von Frau Schlenz ihre bisherige schädliche Lebensweise aufgaben und sich der Durchführung einer systematischen Naturheilkur unterwarfen. Diese Kur besteht in der Hauptsache aus:

1. Dauerüberwärmungsbädern mit Kräuterzusätzen, 2. Überwärmungswickeln, 3. zweckmäßiger Darmpflege, 4. Vorschläge für lebensreformerische Ernährung, 5. Kräuteranwendungen, 6. Atemgymnastik, Turnen und Massage, 7. allgemeiner Körperhygiene u.a.

Wie man hieraus ersieht, sind dies alles erprobte Kurmaßnahmen, die man als Arzt nur gutheißen kann. Für naturheilerisch denkende Ärzte bilden diese Kuranwendungen nichts Neues. Man kann begrüßen, wenn sie in recht vielen Häusern gepflegt werden.

Darüber hinaus hat aber Frau Schlenz Neuerungen eingeführt, die für die Wärmepflege von großer Bedeutung sind. Sie hat den Dauerüberwärmungsmethoden eine neue Technik gegeben, die sich als sehr praktisch erwies und sich deshalb schnell verbreitete. Über alles andere, was Frau Schlenz in ihrem Buche bringt, hat jeder Arzt sowieso seine Meinung, prüft und geht seinen eigenen Weg. Uns soll deshalb im weiteren hier nur die Methodik der Hyperthermie beschäftigen.

Frau Schlenz machte in langjährigem Umgang mit Kneippschen Anwendungen die Erfahrung, daß gerade von der ausgedehnten Dauerüberwärmung oft der Heilerfolg abhängt. Deshalb verlängerte sie das Heublumenbad, das in jedem Kneippkurort meistens 20 Minuten dauert und mit kalter Abgießung endet, bis auf 2 und sogar 3 Stunden ohne nachherige Abkühlung. Sie änderte insofern die klassischen Kneippschen Wickel, als sie diese heiß anlegen und oft wiederholen ließ, um eine größere Wärmeaufspeicherung zu erreichen. Sie wendete ferner große Aufmerksamkeit der Ganzdurchwärmung zu, indem sie hierfür das Mitbaden des Kopfes einführte. Diese Methodik der Dauerüberwärmung hat Vorteile: man kann mit dem Kopf unter Wasser die Wärmeaufspeicherung bei niedrigerer Temperatur erreichen, als das nach der Methodik von Lampert oder von Walinski im allgemeinen geschieht. Dies Mituntertauchen des Kopfes beim Dauerbade ist bei allen den Krankheiten besonders wirkungsvoll, die in der einen oder anderen Weise am Kopf lokalisiert sind, ganz gleich, ob es sich um einen etwa am Kiefer sitzenden nekrobiotischen Herd handelt oder um eine Störung in den Nervenzentren. Geradezu verblüffende Heilerfolge konnten dank dieser Methode verzeichnet werden.

Weiter führte Frau Schlenz die Verwendung der dreifachen wollenen Kopfhauben ein. Diese erleichtern sowohl das Nachschwitzen wie auch das Anlegen einzelner Teilkopfwickel. Diese Kopfhauben werden neuerdings sogar elektrisch geheizt, wodurch eine unvergleichlich stärkere Dauerdurchwärmung des Kopfes erreicht wird. Mit der auf diese Weise erzeugten Hyperthermie kann man auch dort heilen, wo andere Methoden versagen.

Gewiß ist die Bezeichnung „Schlenz-Kur" unwissenschaftlich und könnte, wie Lampert vorschlägt, durch das Wort „Überwärmungsbäder" ersetzt werden. Es ist aber in diesem Falle genau so, wie so oft in der Geschichte der Namenprägung: derjenige drückt einer Sache den Namen auf, der als erster Gebrauch davon macht.

Die Methode nach Schlenz eignet sich besonders für den praktischen Arzt; die Methodik nach Lampert und nach Walinski dagegen meines Erachtens mehr für die Klinik. Wenn man sich hier so ausdrücken kann, so ist die Methode nach Schlenz mehr für ambulanten, die anderen zwei Methoden dagegen mehr für stationären Betrieb mit den so wichtigen Voruntersuchungen und der dauernden Beobachtung geeignet. Ich arbeite mit 3 in der Schlenzmethode ausgebildeten Schwestern, die in Berlin in meinem Auftrage diese Bäder in den Häusern der Patienten durchführen, und habe damit gute Erfahrungen gemacht.

Im Zusammenhange mit den Bädern nach Schlenz wird oft das Wort „Fieberbehandlung" statt der wissenschaftlichen Bezeichnung „Überwärmungsbehandlung" oder „Hyperpyrotherapie" gebraucht. — Auch dagegen erhebt Lampert seine Stimme und fordert, daß die Überwärmungsbehandlung nicht der Fiebertherapie gleichgestellt werden darf. Dem pflichte ich vollkommen bei und habe mich deshalb in diesem Buch bemüht, dem Standpunkte von Lampert gerecht zu werden. Da aber die Bädertechnik von Lampert, Walinski und Schlenz verschieden ist, so muß wohl in jedem Falle der Verordnung der Name des Autors hinzugefügt werden. Mit anderen Worten und durch ein Beispiel ausgedrückt: die Metalues können wir sowohl durch Fiebertherapie (Impfung) oder auch durch Überwärmung behandeln, je nach dem, was als zweckmäßig für den betreffenden Fall erscheint. Fällt die Entscheidung für die Überwärmung, dann würde man den Methoden von Walinski und von Lampert den Vorzug geben, weil sie nach dieser Richtung bereits klinisch erprobt sind. Damit glaube ich, die Stellung umrissen zu haben, die wir Ärzte der Schlenz-Kur gegenüber einnehmen können.

Man kann nun zur Zeit beobachten, daß die Schlenzbäder von begeisterten Laien auch vielfach dort in Vorschlag gebracht oder angewendet werden, wo auch andere Maßnahmen dieselben Erfolge gebracht hätten. Der Glaube an den Nutzen und Segen der Kur verleitet auch hier zu Übereifer. Aber ohne diese Überzeugung und das Gefühl des Patienten, auf dem richtigen Heilpfad zu sein, geht es auch nicht. Wissen wir doch alle, was der Glaube an die Gesundung gerade bei den chronischen Kranken bedeutet. Bei den meisten chronischen Krankheiten ist der „Wille zum Leben" gelähmt. Die Kraft und Reaktionsfähigkeit des Lebensinstinktes, die Notwendigkeit des Sicherhaltens unter allen Umständen sind bei solchen Kranken tief herabgesunken. Sie haben zwar alles Mögliche „versucht", aber dabei meistens dem Arzte nicht die Möglichkeit zum Durchgreifen gegeben. Für solche verzweifelten Fälle mit der eben erwähnten Willenslähmung bedeuten die Schlenzbäder oft die letzte Erfolgsaussicht. Zeigt sich dabei auch nur ein gelinder Erfolg, dann kann man schon annehmen, daß der Erfolg nur von der Beharrlichkeit und Einsicht des Patienten abhängt. Denn die meisten Mißerfolge sind darauf zurückzuführen, daß die erreichten Teilerfolge nicht weiter ausgebaut wurden.

Auch hier muß wiederum gesagt werden, daß die Überwärmungsbehandlung nicht als das Allheilmittel betrachtet werden darf. Es wäre z. B. Unsinn, den Apparat der Ganzbäder in Bewegung zu setzen, wo auch eine Wärmeteilanwendung genügt. Aus der Tatsache des Nutzens der Schlenzbäder soll man nicht schließen, daß sie überall angebracht wären, wie es sich bei begeisterten Laien bereits zeigte. Vielmehr muß auch hier, wie überall im Leben, aus dem medizinischen Wissen und dem ärztlichen Können heraus die Entscheidung getroffen werden, ob die Überwärmungsbäder im jeweils vorliegenden Fall angebracht sind oder nicht. Sehr oft habe ich z. B. Patienten mit Krampfadern oder Geschwüren, die die Frage an mich richteten, ob sie „auch schlenzen sollten", eine andere Kur verordnet.

Die Schlenz-Kur, aus der Durchwärmungsidee geboren, mahnt uns, die Lehren der Altmeister Prießnitz und Kneipp genauer zu befolgen. Denn auch sie haben nichts anderes gewollt, als Wärme herbeizuführen, seelisch und körperlich. Daß es nicht so leicht ist, wie es sich die Laienbehandler oft denken, auf der umfangreichen Klaviatur der Kneippanwendungen zu spielen, beweist uns ein Erlebnis, das der bekannte Kneipparzt Dr. Fey erzählte. Es sollte von denjenigen besonders beachtet werden, von denen man öfters hört: „Ich kenne ja die Anwendungen: es ist immer dasselbe!"

C. Fey hatte sich eine Sepsis mit Fieber bis zu 40° C und Schüttelfrost zugezogen. Als der ihm derzeit vorstehende Chefarzt ein fiebersteigerndes Bad verordnet hatte, trat sofort Ohnmacht ein. Die daraufhin verordneten kalten Serienwaschungen, die übrigens nur am Oberkörper gemacht wurden, während der Sitz des Übels den linken Fußrücken und die beteiligten Lymphgefäße und Lymphdrüsen betraf, führten in kurzer Zeit zu einem mehrstündigen Schweißausbruch und einer obsiegenden Aktivierung der körperlichen Gegenwehr, wie sie nicht besser sein konnte. Außerdem waren die am linken Bein mehrfach hintereinander angelegten Lehmpackungen von einer deutlich wohltuenden und heilenden Wirkung. Wir ersehen daraus, sagt Fey, wie das an und für sich günstige Prinzip der künstlichen Fiebererzeugung mit heißen Bädern und Packungen nicht übersteigert werden darf. Vor allen Dingen hat der Arzt bei seiner kritischen Durchbildung eher Gelegenheit, die Grenzen eines Verfahrens neben seinen Werten zu erkennen.

Als junger Arzt habe ich vor etwa 35 Jahren in der Einführung zu einem auch heute noch maßgeblichen Handbuch gelesen: „Heute ist die innere Medizin zu einer exakten Wissenschaft geworden." Man stelle sich diese Überheblichkeit vor in der Zeit, wo die Einführung der Solidar-Pathologie durch

Bichat und Virchow die alten so bewährten Methoden der Humoralpathologie vergessen ließ und dem Arzttum dadurch einen großen Schaden anrichtete. Wahrhaftig, zur unseligen Stunde entnahm Virchow den cellularen Gedanken bei Dutrochet und Raspail und beeinflußte darauf mit deutscher Gründlichkeit die Entwicklung. Nur langsam kommen wir zu dem zurück, was uns Hippokrates vermachte: dies dank B. Aschner und seiner Schule. Ich war damals stolz auf diese „Pseudo-Wissenschaft", weil ich von der Krise in der Medizin noch nichts verstand. Jetzt verlasse ich mich nicht mehr allein auf den unsicheren deduktiven Weg der wissenschaftlichen Exaktheit, sondern gehe auch den Pfad der Eingebung und Erfahrung. Deshalb ist es auch sehr schwer, ein Schema aufzustellen, wo die Überwärmung angebracht ist und wo nicht, auch wo eine Teilüberwärmung schon genügt, um die notwendige Abwehr herbeizuführen. Alles hängt schließlich von der Konstitution des Patienten ab. Für diese muß der Arzt einen geschärften Blick haben. So, wie in der großen Politik nicht das Moralische sondern das Zweckmäßige ausschlaggebend ist und dem Meister in solchen Dingen den geschichtlichen Erfolg bringt, so darf der Arzt als Künstler in seinem Fach nicht warten, bis eine Methode von der Schule als zugelassen abgestempelt ist, sondern er muß sie dort anwenden, wo es das Wohl seiner Kranken erfordert. Die größte Anpaßbarkeit unserer einzelnen Maßnahmen am Kranken muß tunlichst erstrebt werden.

Dazu ein eigenes Beispiel: dem üblichen Schema getreu machte ich, mit Erlaubnis des Arztes, in Bad Wörishofen wochenlang das Taulaufen mit. Dabei wurden die Beine bis zum Knie kalt, konnten sich nimmer erwärmen, und die Bronchitis nahm zu. Das dauerte so lange, bis ein älterer erfahrener Kollege mir erklärte, ich sei als Leptosomer gar nicht der Mann für kalte Anwendungen. Also, Differenzierung und Indiviualisierung!

Der Mann, „der Europa kurierte", nach der Bezeichnung von Eugen Ortner, hat der ewigen Wahrheit von der naturangepaßten Behandlung in folgenden, für ihn so typischen Worten Ausdruck gegeben:*)

„Das muß jedem Hydropath ein Fingerzeig sein und jedem sagen, daß eine jede Anwendung, mag sie Wasser tropfbar oder dehnbar flüssiger Form erfordern, der Steigerung vom gelindesten bis zum höchsten Grade fähig sei, daß in jedem Einzelfalle nicht der Patient sich nach dem Wickel, dem Dampf usw., sondern jederzeit jedwelche Anwendung sich nach dem Patienten zu richten habe!"

*) Kneipp. Meine Wasserkur. S. 17. Alte Ausgabe.

Frau Schlenz sah Besserung und Heilung dort, wo möglichst viel Wärme angewendet wurde, und kam auf diesem Wege zur Methodik, die uns hier beschäftigt. Da in der notwendigen und ausreichenden Durchwärmung der Peripherie zum größten Teil der Erfolg der Kreislaufpflege liegt, so ist verständlich, daß die Neuerungen von Frau Schlenz auch eine *Steigerung der Abhärtung* hervorrufen. Hierin liegt ein weiterer großer Vorzug dieser Methode: ist doch die Abhärtung auf warmem Wege angenehmer, besonders für schwache und frierende Patienten. Da das wichtigste Ziel jeder Hydrotherapie die bessere Durchwärmung ist, so kommen wir praktischen Ärzte auf dem Wege der warmen Anwendungen eher zum Ziel. Auch ist dieser Weg verständlicher für den verkrampften und kreislaufschwachen Patienten der Großstadt, aber auch begreiflicher für den kaltwasserscheuen Landmann.

Sehr oft wird die Frage der Verwendbarkeit der Schlenzbäder für die Vorbeugung und Behandlung der Tbc. an Ärzte gerichtet. Sie ist im Kapitel der „Indikationen" eingehend besprochen, doch sei auch hier betont, daß das erste Stadium der Tuberkulose (indurativcirrhotische Prozesse), Knochentuberkulose, Hauttuberculide und lymphatische Tuberkulotoxicose für die Behandlung in Frage kommen. Das milde, leicht regulierbare Kräuterbad nach Schlenz ist hier den anderen Überwärmungsbädern vorzuziehen.

Die Überwärmungsbäder nach Schlenz gaben mir bei nunmehr zwölfjähriger Verordnung von etwa 30 000 ambulant und stationär durchgeführten Bädern fast nie Gelegenheit zur Beobachtung allzu empfindlicher Reaktionen. Vielleicht, wie schon erwähnt, ändert sich durch den Zusatz der Kräuter und des Staßfurter Salzes die Wirkungsweise der Bäder. Auch nach den umfangreichen Erfahrungen von Schlenz treten Reaktionen auf, meist nach dem 7.—9. Bad, die sich nicht nur auf die rheumatischen Stellen beziehen, sondern auch auf solche, wo früher keine Beschwerden aufgetreten waren. Man tut gut, in diesen neuschmerzenden Stellen bis dahin latent gewesene Herde zu vermuten und sie näher zu untersuchen. Im Lichte der Lehre Enderleins über die „Endobiosis" sind diese „Reaktionen" leicht zu verstehen: es sind endobiotische Herde, die den Körper an verschiedenen Stellen befallen können. Solcher „Befall" im Muskelgewebe wird auch Myogelose genannt. Diese Krisen stellen klinisch auch eine Art Versagen des Kreislaufes dar: durch endobiotische Streuungen im Kapillar-System. Es treten die üblichen Symptome auf: Schwindel, Schwächegefühl, Gefühl der Blutleere im Kopf usw., wozu sich noch Praecordialangst, Herzklopfen, Frieren, Müdigkeit, Gemütsdepressionen,

Magen-Darmstörungen, Gallenbeschwerden gesteigerte Tätigkeit der Schleimdrüsen u. a. gesellen können. Manchmal sah ich eine paradoxe Wärmereaktion: die Patienten wurden im Überwärmungsbade nicht warm. Diese Umkehrung änderte sich nur langsam, nachdem der Patient gelernt hatte zu schwitzen. Indessen führt man gewöhnlich die ersten 12 Überwärmungsbäder durch und setzt dann für einige Zeit aus. Die weitere Entwicklung zeigt dann, ob eine Fortsetzung der Kur notwendig ist und in welchen Abständen die Bäder anzuwenden sind. Im Anfangsverlaufe der ambulant durchgeführten Überwärmungskur in der Großstadt, die man ihrer Unentbehrlichkeit wegen gar nicht wegdenken kann, kommt es bei der Mehrzahl der Patienten zu dieser mehr oder minder ausgesprochenen Badereaktion, vor allem bei Werktätigen mit schwachem Kreislauf und wenig Schlaf, die sich die Bäder geradezu von der Dienstzeit „absparen" müssen. Um bei ihnen die so dringend notwendige Kur fortsetzen zu können, verordne ich öfters Sympatol bzw. Coramin am Morgen des Badetages bzw. vor Betreten der Wanne, auch Veratrum, Camphora, Digitalis (Teep oder Plantrit) und andere auf weite Sicht wirkende Kreislaufmittel. Diese Maßnahme ermöglichte stets die Fortsetzung der Kur. Man kann auch ohne Kreislaufmittel auskommen, wenn man die Kunst der Anregung des Sympaticus im Sacralgebiet beherrscht. Arany spricht sich grundsätzlich für die Verabreichung von Kreislaufmitteln beim Auftreten der Badereaktion aus. Durch die besonderen Umstände der Zeit und der Großstadt habe ich mich auch oft dazu veranlaßt gesehen, muß jedoch Dybowski recht geben, wenn er sich dagegen scharf wie folgt wendet:

> „Die Badereaktion ist für Patient und Arzt gleich wichtig. Dem Patienten bringt sie zum Bewußtsein, daß er sich in einem Heilungs- und Genesungsvorgang befindet, daß an seiner Krankheit irgendetwas vorgeht, daß er etwas erlebt, dem er sich hingeben muß. Für den Arzt ist die Badereaktion ein unübertrefflicher Indikator für die Beurteilung seiner Maßnahmen. Es ist sehr bedauerlich, daß mit einem chemotherapeutischen Erzeugnis ein Einbruch in das Gebiet der natürlichen Heilweise erfolgt, der die glückhafte Reaktion unterdrückt. Der Gedanke, daß die Badereaktion beseitigt werden müsse, ist daher vom balneologischen Standpunkt aus ein grundsätzlich falscher Weg."

Diesen Gedanken Dybowski's muß ich vollauf beipflichten. Nun beziehen sie sich aber auf in Kurorten befindliche Patienten, wo die Bäder in der Nähe sind, fern von der Großstadthetze und nicht gestört vom Gedanken: „Ich muß ja wieder in den Dienst". In Kurorten, Krankenhäusern und Heilanstalten kann und muß man das Anklingen der so heilsamen Badereaktion abwarten. Doch in der Großstadt ist es anders. In den letzten 12 Jahren habe ich an ca. 30 000 Schlenzbäder in Berlin verabreichen lassen, von denen kaum etwa 1000 auf ruhige häusliche Verhältnisse entfallen, wo die Patienten aus dem Bade heraus im eigenen Bett eingepackt werden konnten. Alle anderen sind stundenlang unterwegs gewesen und haben dazu noch lange auf das Bad warten müssen. Hier mußten einfach Kreislaufmittel verordnet werden, selbst auf Kosten der sonst so wertvollen Badereaktion. Die letztere besteht aber nicht in einer Anstrengung des Herzmuskels, wie man das leider oft behaupten hört, sondern in der Verschiebung der Kreislaufverhältnisse. Die kleinen und kleinsten Blutgefäße der Oberfläche werden auf Kosten der großen Gefäße des Innern überfüllt. Dadurch entsteht eine vorübergehende Schlappheit, die irrtümlich als eine Herzschädigung betrachtet wird. Diese falsche Beurteilung hat schon viel Unheil gestiftet. Der Tonus der Gefäße (das periphere Herz!) muß vor allem beobachtet und nötigenfalls gestärkt werden.

Im Verlaufe der Badereaktion entsteht oft auch unvermeidlich oder gar erwünscht *Fieber*. Schon die größten medizinischen Werke des Mittelalters, der *Canon* des Avicenna (980—1036) sowie „*Al-Hawi*" des Persers Rhazes (850—923), die beide alle Ärzte ihrer Zeit an Wissen überstrahlten, empfehlen, solche Mittel zu vermeiden, die besonders zu Beginn einer Erkrankung imstande sind, die Symptome zu unterdrücken. Doch auch heute noch hat man kein Verständnis für folgenden so klaren Leitsatz.

„Die therapeutische Verwechslung des Fiebers mit der Krankheit, die man durch Salizyl zu bekämpfen wähnte, erinnert lebhaft an die Exorzisten, die den Patienten hauen, um den Teufel zu treffen."

Mit diesen treffenden Worten kennzeichnete der weitbekannte Züricher Psychiater Eugen Bleuler einen Zustand, der nicht nur in der Mentalität der Laienwelt tief verankert ist, sondern auch aus der heutigen ärztlichen Verordnung leider noch nicht verschwunden ist. Statt sich zu freuen, daß der Körper mit einer Fiebererzeugung reagiert und auf diese Weise hinweist, daß die Krankheit eben durch das Fieber bekämpft wird, bemüht man sich in den meisten Fällen, das Fieber herunterzusetzen durch die Verabreichung von Spezialpräparaten, die die Industrie zu diesem Zwecke in unermeßlichen Mengen herstellt. Dadurch entsteht eine Lähmung des Fieberabwehrapparates und folglich eine Verschlimmerung der Krankheit. Eine Ausnahme macht die Homöopathie. Der richtige Weg ist, zu dem vom Organismus erzeugten Fieber noch ein um etwa 1° C höheres darauf zu setzen, um so den Abwehrapparat zu steigern. Die ganze Entwicklung der Hydrotherapie zeigt uns, daß die Hyperthermie das nach dieser Richtung Erwünschte leistet.

Die Arbeiten Speranskys brachten den endgültigen Beweis dafür, daß die Entstehung der Infektionskrankheiten von der Steuerung der zuständigen Zwischenhirnzentren abhängig ist und daß den Bakterien nur die Rolle eines spezifischen Auslösers beim Zustandekommen der Krankheit zufällt. So genial wie seine Versuchsanordnungen auch waren, so ist es ihnen nicht vergönnt gewesen, die kausalen Zusammenhänge zu ergründen. Dieses gelang Enderlein durch die 40jährige Arbeit am Ausbau der Lehre von der Endobiosis und der Cyclogenie der Bakterien. Im Lichte der Endobiosis gewinnen die bahnbrechenden Versuche von Speransky die Antwort darauf, „warum" die zentralen Dinge so liegen. Eine gemeinsame Aufhellung ist dringend erforderlich. Der Ausbruch der Krankheit, ganz gleich ob durch Erschöpfung, Ermüdung, Erkältung, Vergiftung oder Infektion bedingt, ist nur dann möglich, wenn die zentrale Nervenregulierung versagt. Mit anderen Worten: im Kopfe befindet sich ein Hebel, der richtig oder falsch angesetzt werden kann und von dessen Steuerung das Krank- oder Gesundsein abhängt. Folglich muß bei jeder Erkrankung des ganzen Organismus in erster Linie der Kopf therapeutisch angegangen werden.

Speransky hat hierfür feinsinnige Methoden ersonnen, die jedoch nur der Klinik vorbehalten sind. Empirisch und intuitiv, ohne von diesen Vorgängen und Ergebnissen etwas zu wissen, hat Frau Schlenz eine neuartige Kopfbehandlung durch ihre Kopfwickel und das Unterwasserhalten des Kopfes während des Bades eingeführt. Wie schon so oft, hat hier der seherische Praktiker das Richtige getan, was später erst wissenschaftlich gut geheißen wurde.

Anderen Ortes wurde schon hervorgehoben, daß das heiße japanische Bad (3—10 Minuten) mit einer heißen Kopfübergießung beginnt im Gegensatz zu Europa, wo man den Kopf abzukühlen sucht. Die tausendjährige Erfahrung der Japaner besagt, daß vor dem Bade die Kopfgefäße erweitert und die Nervenzentren angeregt werden müssen. Durch diese anfängliche Teilhyperthermie wird später auch das ganze heiße Bad besser vertragen.

Von der modernen Pathologie führt somit zur Überwärmungstherapie ein direkter Weg. Deshalb kann die Hyperthermie des Kopfes den Ärzten nicht warm genug empfohlen werden. Die Erfolge sind erstaunlich, auch wenn die Symptome peripher liegen und scheinbar örtlich bedingt sind. Die Zentralstation ist für alles verantwortlich und somit an allem Geschehen im Körper beteiligt.

V. Die Technik der Überwärmungsbäder

A. Die Methode nach Walinski

„Es hat lange Zeit gedauert, bis die Wissenschaft die Bedeutung einzelner Krankheitserscheinungen als Schutz- oder Abwehrbestrebungen des erkrankten Körpers anerkannt hat. So faßt man das früher so gefürchtete Fieber, die Erhöhung der Eigenwärme des Körpers, zum größten Teile als eine Kampfesmaßregel des infizierten Körpers auf."

Adolf von Strümpell.

Walinski ist der verdienstvolle Inaugurator der klinischen Hyperthermiebehandlung, deren erste Ergebnisse aus der Klinik von Goldscheider stammen. Seine vieljährigen Erfahrungen sind in dem seinem Gedächtnis gewidmeten Kapitel niedergelegt. Über die Wirkungsweise und die Technik seiner Methode schreibt er wie folgt:

„Die physikalische Wärmeregulierung im Körper erfolgt erstens durch Strahlung von der freien Körperoberfläche, zweitens durch Leitung an die die Körperoberfläche berührenden Gegenstände und drittens durch Verdunstung von den feuchten Schleimhäuten und der äußeren Haut. Bei Störung einer der genannten Funktionen treten kompensatorisch die anderen Regulationsmittel in erhöhte Tätigkeit und sorgen so für Erhaltung der konstanten Körpertemperatur. Falls nun mehrere, die Wärmeabgabe überwachende Einrichtungen im Organismus eine länger dauernde intensive Behinderung erleiden, so schwindet die Stabilität der Körpertemperatur. Eine solche Wirkung üben heiße Bäder auf den menschlichen Organismus aus. Um die durch die heißen Bäder erzeugte Körpertemperatursteigerung auf der Höhe zu halten, umhüllte ich die Patienten nach dem Bade mit Decken. Dadurch gelang es, die durch Strahlung und Leitung erfolgende Wärmeabgabe zu behindern; die Schweißsekretion jedoch, welche gerade bei äußeren, die Körpertemperatur übertreffenden Temperaturen in um so ausgedehnterem Maße die Wärmeabgabe fördert, wurde nicht verringert. Zu diesem Zwecke injizierte ich 20prozentige Kochsalzlösung intravenös und erreichte dadurch in vielen Fällen eine Verminderung der Schweißabsonderungen und dadurch höhere und länger anhaltende Körpertemperaturen. Die Zugabe von Kochsalz zu dieser Hyperthermie ist von einer Wiener Klinik als überflüssig bezeichnet worden. Ich habe daraufhin noch ausgedehnte Nachuntersuchungen angestellt und meine ersten Resultate bestätigt gefunden. Ich möchte aber ausdrücklich nochmals hervorheben, daß die Schweißsekretion lediglich herabgesetzt, aber nicht etwa aufgehoben wird. Es gibt selbstverständlich eine Anzahl von Kranken, die diese Kochsalzwirkung vermissen lassen. Trotzdem ist es zweckmäßig, das Kochsalz bei dieser Hyperthermie zu verabreichen, es wirkt stets auch als Herztonikum."

Technik

„Die Technik meiner Fieberbäder ist folgende: dem Patienten wird zunächst eine intravenöse Injektion von 10 ccm einer 20prozentigen Kochsalzlösung appliziert. Etwa fünf Minuten nach der Injektion bringt man den Kranken in ein Bad von 37—38° C und steigert die Wasserwärme im Verlauf von 12 bis 30 Minuten auf ungefähr 41—42° C, je nachdem es der Patient verträgt. In dieser Zeit hat die Körpertemperatur fast ausnahmslos die gewünschte Höhe erreicht. Die Körperwärmemessung erfolgt sowohl während des Bades wie auch in der unmittelbar an das Bad sich anschließenden Packung im Munde. Diese Packung besteht aus 1 Flanellaken und 5 darübergelegten Wolldecken. Die Zahl der Überhitzungen sowie die Dauer der Temperatursteigerungen richten sich nach dem zu behandelnden Leiden. Bei Erkrankungen des Zentralnervensystems soll die Hyperthermie 3—7 Std. betragen, bei Arthritiden und sonstigen behandelten Fällen genügte im allgemeinen eine Hyperthermiedauer von 1 bis 3 Stunden. Die Zahl der Überhitzungen wurde je nach den beobachteten Erfolgen sehr verschieden bemessen. Zweckmäßig ist es, bei der ersten Hyperthermie die Körpertemperatur nicht gleich zu hoch ansteigen zu lassen, um die Reaktion des Kranken auf die Wärmestauung kennenzulernen. Es empfiehlt sich, bei der ersten Behandlung 39,5° nicht zu überschreiten. Während der Packung gebe ich den Patienten eine 5—10° C über der Körpertemperatur befindliche Flüssigkeit zu trinken (Tee oder Kaffee). Bei Beklemmungsgefühlen reibt man die Herzgegend mit einem kühlfeuchten Tuch kurz ab. Herzmittel brauchte ich nur in seltenen Fällen anzuwenden. Einen Todesfall habe ich unter meinen 739 Patienten nicht erlebt, während bei der Malariabehandlung über 8—14% Todesfälle, auch bei Pyrifer vereinzelte Todesfälle berichtet werden. Wie bereits erwähnt, gelingt es fast ausnahmslos, in etwa 12—30 Minuten die gewünschte Körperwärme zu erreichen und auch zu halten. Scholz macht einen Vergleich zwischen meinen Fieberbädern und der Elektropyrexie mit

Kurzwellen. Er kommt dabei zu dem Schluß, daß die Kurzwellenhyperthermie nach Aufhören der Wärmezufuhr die Körpertemperatur während der darauffolgenden Stunde fast stets etwa auf der gleichen Höhe hält, während es bei meiner Hyperthermie auch bei sehr schneller und fester Einpackung nicht gelingt. Scholz führt zum Beweis hierfür 2 Kurven an. Nach seiner Ansicht scheine daher die Kurzwellenhypertermie meinen Fieberbädern überlegen zu sein. Im Verlauf von 13 Jahren sind zunächst in der Goldscheiderschen Klinik und später an meiner Krankenhausabteilung etwa 13000 Fieberbäder verabreicht worden. Ich hatte also reichlichst Gelegenheit, die Wirkung meiner Fieberbäder zu studieren. Ich muß der Ansicht von Scholz widersprechen. Die Körperwärme sinkt wohl bei einem Teil der Fälle in der ersten Stunde vielleicht um 1 Grad. Bei manchen Kranken sah ich aber nach einer Stunde und noch viel später sogar noch eine höhere Temperatur. Bei meinen Versuchen, inoperable Uteruskarzinome durch die Hyperthermie zu beeinflussen, konnte ich die Körpertemperatur sogar bis zu 24 Stunden auf der Höhe halten. Betont sei, daß auch hierdurch eine Schädigung des Organismus nicht eintrat. Ich kann mir die Beobachtungen von Scholz nur so erklären, daß die Fieberbäder von ihm nicht streng nach meinen Vorschriften ausgeführt worden sind. Zugunsten meiner Fieberbäder spricht auch sicherlich der minimale Kostenaufwand, während zur Kurzwellentherapie stets eine kostspielige Apparatur gehört."

B. Die Methode nach Lampert

„Liegt da nicht die Frage nahe: Sollte der Körper, in dessen Lebenserscheinungen wir bei gesunden Zeiten die erstaunlichste Zweckmäßigkeit zu beobachten gewohnt sind, in der Krankheit unzweckmäßig arbeiten? Wer wüßte nicht, daß man seit uralten Zeiten das Fieber als ein natürliches, den Körper reinigendes Heilmittel angesehen hatte? Und was für eine Mühe hat es gekostet, dieser Anschauung in einer unseren heutigen Begriffen angepaßten Form wieder Anhänger zu erwerben."

August Bier.

Auch Lampert hat sich viele Jahre eingehend mit den Überwärmungsmethoden befaßt. Er hat in verschiedenen Punkten die Methode von Walinski abgeändert und ergänzt.

Zuerst vergleicht Lampert den Wert der einzelnen Hyperthermieverfahren. Mit Diathermie und Kurzwellen hat Lampert ebenfalls günstige Resultate erzielt; aber der Nachteil dabei ist, daß es sich erstens um kostspielige Apparate handelt, die nur durch ein gut eingearbeitetes Personal bedient werden können, zweitens mit Verbrennungen gerechnet werden muß, und man drittens gezwungen ist, gegen die auftretenden Empfindungsstörungen Alkaloide zu geben. Immerhin hält Lampert diese Nachteile im Vergleich zu den Gefahren der Fiebertherapie für weit unbedeutender. Um auch diese Nachteile zu beseitigen, arbeitete er eine Methode aus, die lediglich in der Verwendung heißen Wassers besteht. Die Methode von Lampert unterscheidet sich von der von Walinski durch die vergrößerte Zeitdauer des Bades und die verkürzte Zeitdauer der Packung. Walinski benutzt das Bad nur, um die Höhe der gewünschten Temperatur zu erzielen, was in einer halben Stunde geschieht. Daran schließt Walinski die einige Stunden dauernde Packung an. Lampert beobachtete, daß die Patienten sich in der enganschließenden Packung sehr oft nicht wohl fühlen, während dies beim Bade weniger der Fall ist. Deshalb verlängerte er die Bäder häufig bis auf 3 Stunden und verkürzte dementsprechend die Packung. Das Überwärmungsbad, sagt Lampert, ist für uns die Methode der Wahl; denn es ist einfach, gut kontrollierbar und gleichfalls gut berechenbar.

Die Technik des Bades beschreibt Lampert wie folgt: „Man beginnt mit einem ³/₄-Bad von 36—38° C und steigt innerhalb kürzerer oder längerer Zeit (30 Minuten), je nach dem Befinden des Kranken, bis zur Wassertemperatur von 42° C, evtl. auch je nach dem Befinden bis 43—45° C, ja 46° C. Wenn irgend möglich, soll der Patient versuchen, zum Teil noch mit dem Hinterkopf unter Wasser zu tauchen, damit die physikalische Wärmeregulation der Haut fast völlig ausgeschaltet ist. Durch das Wasserbad ist die starke Absonderung des Schweißes unwirksam, so daß die Körpertemperatur steigen muß, da es nicht zu einer Abkühlung des Körpers kommen kann. Je nach Kräftezustand und Befinden hält der Körper diese hohen Temperaturen im Bade bis 180 Minuten und mehr aus. Der Puls sollte längere Zeit nicht über 140—150 Schläge in der Minute steigen. Wir messen alle 10 Minuten Temperatur und Puls evtl. auch Blutdruck. Klagt der Patient bei einer Körpertemperaturerhöhung von mehr als 39 bis 40° C oder bei einer Pulsbeschleunigung von mehr als 120—130 Schlägen über Beklemmungsgefühl oder sonstige unangenehme Empfindungen, so geht man sofort mit der Wassertemperatur bis auf 38° C zurück. Die Angstgefühle verschwinden dann, der Puls geht zurück, so daß man schon nach einigen Minuten auf die frühere Wassertemperatur steigen kann. Dieser Wechsel in der Höhe der Wassertemperatur kann je nach Befinden des Patienten öfter wiederholt werden, ohne daß hierbei die erhöhte Körpertemperatur heruntergeht. Noch besser ist es, alle 5—10 Minuten besonders den Kopf, vor allem aber die Gegend unter und hinter den Ohren, das Gesicht und beide Unterarme kalt abzubrausen. Manche Patienten ziehen es vor, ständig eine Eisblase, Kühlkappe oder einen Kühlschlauch auf dem Kopf zu haben. Ist bei starken Patienten die Brust über der Wasserfläche, so bringt man zeitweise eine Eisblase auf die Brust. Sollte zufällig einmal der Puls schlechter werden, so läßt man das Badewasser abfließen. Zufuhr kalten Wassers sorgt für sofortige Erholung. In der Möglichkeit solcher Nuancierungen liegen die geringere Gefahr des Überwärmungsbades und der Vorteil gegenüber der Malaria-, der Pyriferkur und der Kurzwellenhyperthermie.

Nach dem Bade steigt der Patient, unterstützt vom Pflegepersonal, aus dem Bad oder wird herausgehoben und sofort noch im Badezimmer auf der bereitstehenden Bahre in eine Packung mit mehrfacher Lage (evtl. noch mit wasserdichtem Verbandstoff) eingepackt und so ins Bett gebracht. Die Temperatur kann daraufhin ½—1° C absinken. Solange die Packung dauert, soll, wenn möglich, die Temperatur nicht unter 39,5° C abfallen. Geht sie trotzdem sehr bald unter 39° C, so wird versucht, diese Temperatur durch erneute Wärmezufuhr zu erhalten (Wärmflaschen, Glühlichtbogen über der Packung). Meist wird allerdings diese Prozedur als unangenehm empfunden, so daß ich in der letzten Zeit von ihr Abstand genommen habe. Hat man durch das erste Überwärmungsbad den Eindruck gewonnen, daß bei dem betreffenden Kranken die Temperatur sehr bald wieder abfällt, so kann versucht werden, durch Chemotherapie (Injektion von 20prozentiger Kochsalzlösung, evtl. Atropin, Agaricin) die Temperatur zu erhalten. Die damit beabsichtigte Wirkung ist meist jedoch unsicher. Wir benötigen sie nicht mehr. Während des Bades und der Packung läßt man Zitronenwasser, Kaffee, Baldriantee oder sonst eine Flüssigkeit trinken. Die Temperatur dieser Flüssigkeit sollte etwa der jeweiligen Körpertemperatur entsprechen. Sehr unruhigen Patienten gibt man vor dem Bade Mixt. nervin. und während des Bades Baldrian. Morphium, das bei der Kurzwellenhyperthermie gegeben wird, verwerfe ich, da es evtl. auftretende Komplikationen verschleiert. Kurz vor dem Einsteigen in das Bad soll der Kranke Urin lassen. Auf keinen Fall darf er während des Bades zum Urinlassen aufstehen. Auch beim Umbetten in die Packung soll aufrechtes Sitzen vermieden werden. Auf diese Weise kann man meist auftretende Ohnmachten vermeiden.

Zu einem solchen Bade benötigen wir außer intelligentem Pflegepersonal mit guter Beobachtungsgabe, das sich seiner Verantwortung bewußt ist und bei einem drohenden Kollaps rechtzeitig die nötigen

Maßnahmen ergreifen kann, nur heißes Wasser und eine gewöhnliche Badewanne. Es muß jedoch stets betont werden, daß man nicht immer so schnell, oft sogar erst nach einigen Bädern zu solchen hohen Temperaturen gelangt: ja bei manchen Patienten wurden auch Erfolge erzielt, wenn die Temperaturen nicht so hoch waren. Wahrscheinlich ist die zur Erzielung des Effektes notwendige Temperaturhöhe von der Konstitution des Menschen und der Krankheit des Betreffenden abhängig. Auf keinen Fall aber soll man die Bemühungen bei einem Überwärmungsbad aufgeben, wenn nach den ersten 2—3 Bädern noch nicht eine Körpertemperatur von über 40° C erzielt wurde. Im allgemeinen erreichen wir nach dem zweiten bis vierten Bad fast immer einen Temperaturanstieg bis zu der gewünschten Höhe von 39, 40 oder 41° C und darüber. Nach unseren klinischen Erfahrungen werden die besten Erfolge bei 4 Stunden lang anhaltenden Körpertemperaturen von 39—40° C erzielt. Höhere Temperaturen sind nur bei Gonorrhöe und Lues nötig. Im allgemeinen (mit Ausnahme der Nervenerkrankungen) ist es besser, Temperaturen von 39—40° C und 3—4 Stunden Dauer zu nehmen, als eine solche von 41—42° C und nur einer Dauer von etwa 10 Minuten, d. h. eine flache Temperaturkurve erscheint günstiger als eine steile. Am Schlusse der gesamten Anwendung (Bad, Packung, Bettruhe), wenn die Körpertemperatur nicht normal ist, läßt man zur Erfrischung eine kalte Ganzwaschung oder ein absteigendes kühles Bad folgen.

Neuerdings habe ich öfter auf die Packung verzichten können und doch denselben Erfolg erzielt. Herpes labialis ist keine Gegenanzeige für die Behandlung, man kann ihn häufig verhüten, wenn man vor jedem Bad die Lippen mit Vaseline einreibt.

Im allgemeinen versuchen wir, je nach dem Zustand des Kreislaufes und des Gesamtbefindens als Kur 5—7, höchstens 9—10 Temperaturanstiege hintereinander durchzuführen. Wir richten uns dabei nach der Blutkörperchensenkungsgeschwindigkeit und dem subjektiven Befinden des Erkrankten. Jede Verschlimmerung, aber auch jede Besserung läßt uns sofort zu Bädern von 35—37° C Wassertemperatur übergehen. Neuerdings führen wir bei hartnäckigen Gelenkleiden einen zweiten Turnus durch, d. h. langanhaltende täglich gegebene Bäder mit nicht zu hohen Körpertemperaturen (38—39° C).

Nach dieser ersten Kur machen wir eine Pause von 2—3 Wochen, um dann eine ebenso lange zweite Kur anzuschließen. Diese Zahl von Bädern genügt meist zu erfolgreicher Heilbehandlung. Als Richtlinie für unser Handeln benutzen wir jetzt, wie eben schon gesagt, den Blut- und Liquorbefund und die Blutkörperchensenkungsgeschwindigkeit mit und ohne Zitratzusatz (s. Petzold). Wir hoffen jedoch, durch neue serologische Methoden weiteren Aufschluß über die jeweilige Reaktionslage und die Größe der Abwehrkräfte zu erhalten. Kontraindiziert ist das Überwärmungsbad bei Fastenkuren und selbst nach kleinem Aderlaß (s. Richet fils). Schädigungen treten, soweit vorstellbar, ähnlich dem Hitzschlag, erst bei Körpertemperaturen von 45° C und mehr auf."

C. Die Methode nach Schlenz

In memoriam Frau Maria Schlenz († 1946)

„Das Fieber ist ein Heilbestreben des Organismus gegen die Krankheit, es reinigt den Körper wie ein Feuer." Hippokrates.

Die Schlenz-Kur besteht nicht nur, wie viele annehmen, aus heißen Bädern, sondern auch aus verschiedenen heißen Ganz- und Teilpackungen und anderen naturheilerischen Maßnahmen. Da das vorliegende Buch vorwiegend für Ärzte bestimmt ist, kann hier alles fortgelassen werden, was dem Ermessen des Arztes und seiner eigenen Eingebung und Schulung vorbehalten bleiben muß. Wenn Frau Schlenz z. B. mit Recht der Darmpflege große Aufmerksamkeit zuwendet und hierfür verschiedene Mittel empfiehlt, besonders Kohle, Bittersalz, Aloepulver, Darmspülungen u. a., so möchte ich diese an sich auch wichtigen Hilfsmaßnahmen der Schlenz-Kur hier nur kurz erwähnen. Der Zweck dieses Kapitels ist deshalb vornehmlich die Beschreibung der heißen Wasseranwendungen, die bislang immer noch zu wenig bekannt sind und zu selten verordnet werden. Gerade deshalb soll ihre Anwendungsweise hier ausführlich beschrieben werden. Die Methode besteht aus:

I. Überwärmungsbädern.

II. Überwärmungswickeln:

1. Ganzwickel:
2. Teilwickel:
   a) Kopfwickel
   b) Rumpfwickel
   c) Lendenwickel
   d) Beinwickel
   e) Halswickel.

Der Schwerpunkt der Schlenz-Kur liegt im heißen Dauerbad, einem der besten Mittel zur Pflege der in Deutschland noch so vernachlässigten Wärmekultur. Aber auch die Wickel in praktischer Anordnung und richtiger Ausführung sind ein sehr wirksames Überwärmungsmittel. In den meisten Fällen wird jedoch das Überwärmungsbad verordnet. Seine Durchführung sei deshalb zunächst hier eingehend geschildert.

1. Das Überwärmungsbad

Frau Schlenz wird von Lampert „Pionierin der Überwärmungsbäder" genannt. So wie ihr das Verdienst zukommt, die Aufgabe der Dauerüberwärmung neuerdings in den Vordergrund des hydrotherapeutischen Handelns gestellt zu haben, so hat sie auch wertvolle ergänzende Vorschläge zur Badetechnik selbst gegeben.

Ein Überwärmungsbad kann mit Erfolg und Nutzen nur dann ausgeführt werden, wenn der Patient sich in der Badewanne gut ausstrecken kann. Die modernen Emaillewannen, besonders in den Neubauten, scheinen immer kürzer gebaut zu werden. Je mehr die Verbreitung der Badewanne, besonders in den Siedlungen, zunimmt, muß trotz dieser erfreulichen Tatsache einschränkend festgestellt werden, daß die dort eingebauten Badewannen wohl für Reinlichkeits- oder Halbbäder ausreichen, aber nicht für Überwärmungsbäder in der von uns gewünschten Form. Beim Schlenzbad kommt es ja besonders darauf an, daß die ganze Hautoberfläche vom Wasser umgeben ist. Da die Schlenz-Kur sich besonders für die Behandlung chronisch Kranker eignet, wozu auch Gelähmte, Halbgelähmte, Verkrümmte und Adipöse zu rechnen sind, ist ohne weiteres ersichtlich, daß eine genügend große Badewanne (etwa 1,80 bis 2 m lang) Vorbedingung ist. Darum beginnt auch der Arzt bei der ambulanten Verordnung der Schlenz-Kur immer mit ein und derselben Frage: „Haben Sie eine Badewanne, in der Sie sich ausstrecken können?"

Stellt man sich vor, in welche Schwierigkeiten gerade Rheumatiker und Arthritiker beim Baden geraten, dann ist die Notwendigkeit einer genügend großen Badewanne leicht einzusehen. Die Glieder eines Badenden müssen frei und unter Vermeidung jeder Muskelspannung in der Wanne unter Wasser liegen, besonders dann, wenn ärztlicherseits die so wichtige manuelle Unterwassermassage im Schlenzbade verordnet wird. Die Erkenntnis, daß der Patient im Dauerbade sich entspannen soll, damit das Bad nicht nur die bereits beschriebene thermische und chemische Wirkung hat, sondern auch die rein mechanische Muskelentspannung und Gewebelockerung auslöst, stellt eine Erfahrung dar, die auch Frau Schlenz betont. Man braucht deshalb keine weiteren Beweise dafür, daß die erwünschte Gesamtwirkung des Dauerüberwärmungsbades nur bei Benutzung einer genügend großen Badewanne eintreten kann, in der der ganze Körper einschließlich des Kopfes umspült wird. Die Wichtigkeit dieser Vorbedingung hat der Verfasser in ihrer ganzen Bedeutung erst auf Grund eigener Erfahrung erkannt, als er auf Anregung von Frau Schlenz zur Durchführung von Selbstversuchen eine aus Lärchenholz gebaute Badewanne mit einer Innenlänge von 1,90 m aus Tirol hatte kommen lassen. Damit soll aber nicht gesagt sein, daß die Schlenzbäder nicht in anderen Badewannen durchführbar sind. Ganz im Gegenteil müssen bei der ambulanten Anwendung der Bäder sehr oft kurze und schmale Badewannen benutzt werden, wenn der

Badewanne nach Schlenz.

(Zeichnung von Hanns Bastanier)

Arzt seinen Patienten die Vorteile dieser Kur auf jeden Fall zukommen lassen will. Eine lange Badewanne bildet jedoch stets die Voraussetzung einer einwandfreien Anwendung des Überwärmungsbades. Deshalb bespreche ich mit Absicht diese Frage hier etwas eingehender.

Frau Schlenz äußert sich über ihre diesbezüglichen Erfahrungen wie folgt: „Ein Küfer in Tirol verfertigt Lärchenholzwannen, die genau nach meiner Angabe gebaut werden. Diese Badewannen haben vorzügliche Eigenschaften. Das Lärchenholz ist hart, hält die Wärme gut an und duftet waldig. Die Wanne kann entsprechend der Körperlänge angefertigt werden. Baden darin kleinere Personen, läßt sich ein Querbrett (zur Stütze der Füße) einfügen. Ein Holzdeckel hält die Wärme an, und ein Gurt dient als Kopfkissen. In einer nicht zu kurzen Wanne lassen sich durch häufigen Lagewechsel Erleichterungen verschaffen, z. B. durch Hochstellen der Beine, durch Strecken der Beine und Herausnehmen des Kopfes aus dem Wasser, durch Aufsetzen und Übergießung des Oberkörpers mit dem Badewasser, durch Tauchen des Körpers mit Kopf ins Wasser, durch Strecken der Beine aus dem Wasser. Das Übergießen hat dabei noch eine ganz besonders gute Wirkung. Im Baderaum muß frische Luft sein. Der Sauerstoff trägt zur guten Wirkung außerordentlich bei, frische Luft gehört überdies zu den besten Hilfsmitteln gegen Badebeschwerden."

Die Dauerüberwärmungsbäder werden mit oder ohne Badezusätze verordnet. Kneipp hat uns gelehrt, daß Zusätze die Wirkung der Bäder erhöhen. Dies gilt in verstärktem Maße für die Dauerüberwärmungsbäder, bei denen die Badezusätze auf dem Wege über die Haut ihre bewährten Reizwirkungen auf die inneren Organe ausüben können. Als Zusatz können alle erhältlichen Heilpflanzen, auch solche, die für den jeweiligen Fall eine besondere Wirksamkeit versprechen, verordnet werden. Pfarrer Kneipp bediente sich mit Vorliebe der Heilwirkung, die die Heublumen (Heusamen) entfalten. Die Heublumen hat auch Frau Schlenz für die nach ihr benannten Bäder übernommen. Zerschnittenes Heu, feingehackte Fichten-, Föhren-, Latschen-, Zwergkiefern- oder Wachholderzweige, Blätter von Birken und Walnußbäumen, Haferstroh u. a. eignen sich ebenfalls als Träger von Heilstoffen für die Bäder.

Man denke nur daran, daß die Koniferen an C-Vitamin und an balsamischen Stoffen sehr reich sind. Bei der veränderten Hautpermeabilität im heißen Dauerbade wird ein erhöhtes Eindringen von Vitaminen, Harzen und Terpenen ermöglicht und dadurch eine Reihe chemischer Vorgänge ausgelöst, die mit dem Redoxpotential in Verbindung stehen. In den Großstädten sind die meisten Menschen auf die fertigen Heublumenextrakte angewiesen, während sich auf dem Lande auch der Ärmste die heilsamen Badezusätze im Garten oder in Feld und Wald selbst holen kann.

Es braucht kaum erwähnt zu werden, daß die frischen Abkochungen der Heublumen und anderer Zusätze vor den im Vakuumapparat eingedickten Extrakten viele Vorteile haben. Frau Schlenz, die sehr oft das von den Alpenwiesen frisch gemähte Gras als Badezusatz benützte, begnügte sich aber nicht damit allein. Die in den Pflanzen aufgespeicherte Sonnenenergie wollte sie noch um die Energie des Erdinnern vermehren. So ergänzte sie die Pflanzenwirkung durch

Beigabe von Salzen, meistens durch Zugabe von Staßfurter Salz, Steinsalz oder Sole. Für ein starkes Bad sind 2 kg Kräuter erforderlich, die in einem Sack aus porösem Stoff in einem Kessel mit kaltem Wasser angesetzt und bis kurz vor dem Siedepunkt eine Stunde lang zugedeckt ziehen gelassen werden. Dieser Aufguß enthält nun die durch die Erhitzung freigewordenen flüchtigen Stoffe. Den Aufguß gibt man abgeseiht in die Wanne. Um die Kräuter noch besser zu extrahieren, bringt man den Sack nochmals in den Kessel und kocht ihn diesmal eine halbe Stunde, um die Holzfasern zu spalten und dessen Inhalt freizumachen. Steht kein Kessel zur Verfügung, läßt man die Kräuter in kleineren Säckchen auf die gleiche Weise in einem Topf zubereiten. Ist kein Sack vorhanden, kommen die Kräuter einfach so in den Topf, und der Absud wird jedesmals durch ein Sieb in die Wanne geseiht. Verwendet man aber einen Sack, wird sein Inhalt nach dem Abguß nicht weggeschüttet, sondern der Heublumensack nach Zufließen des Badewassers in die Wanne gelegt und dort mehrmals ausgedrückt. Außerdem kann dieser Heublumensack noch als Auflage Verwendung finden. Während der Vorbereitungen der Badezusätze läßt man in die Wanne Wasser zulaufen, bis eine Temperatur von etwa 36° C erreicht ist. Dann kann das Bad, dessen Temperatur dann langsam zu steigern ist, beginnen.

Mit einem fertigen Heublumenextrakt ist die Zubereitung des Bades bei städtischen Verhältnissen am einfachsten. Auf dem Etikett der Packung stehen auch Angaben über die Menge der dickflüssigen Extraktmasse, die gerade ein dunkelbraunes bis schwarzes, wohlriechendes Bad ergibt. Dazu fügt man noch, je nach der Größe der Badewanne, 1—3 kg Staßfurter Salz hinzu.

Es sei nochmals zusammengefaßt: als Zusätze für die Dauerüberwärmungsbäder kommen die meisten in unserer Umgebung erreichbaren Pflanzen und Erden, organische und unorganische Gebilde und Verbindungen in Frage. Als die bewährteste und einfachste Verordnung für den praktischen Arzt sei jedoch die Verbindung von Heublumenextrakt mit Staßfurter oder Kreuznacher Salz empfohlen.

Wenn vom behandelnden Arzt ein angesäuertes Bad verordnet worden ist, setzt man ihm bis 50 g Acid. sulfur. dil. D.A.B.6 zu. Diese Menge würde etwa einem P_H 5 entsprechen. Eine genaue Säuredosierung wird auch mit der durch v. K a p f f angegebenen Badesäure erreicht, die aus einem stabilen Säuregemisch besteht. Sie wird in einer Menge von 150—200 ccm dem Bade zugegeben und verbürgt eine gleichmäßige Säurewirkung. Frau S c h l e n z erzielte damit ausgezeichnete Erfolge.

Hier muß noch erwähnt werden, daß der reine Schwefel als überaus wirksames Mittel für den Zwischenstoffwechsel auch hervorragende Dienste auf dem Wege über das Schlenzbad leistet. Er wird am besten in der Form von Hepar sulfuris pro balneo in etwa ein bis zwei Teelöffeln pro Bad verordnet, auch Sulfur dep. bzw. Flor. sulf. eignen sich dazu, doch nimmt man davon weniger.

Dem Dauerüberwärmungsbade muß unbedingt ein Einlauf vorausgehen. Gewöhnlich genügt ein Ausräumeinlauf von 1 bis 2 Liter Kamillenaufguß (Farbstärke: Moselwein). Bei großen Stauungen in der Flexura lienalis, bei Koprostase, bei starker Blähsucht, bei Zwerchfellhochstand, überhaupt bei geblähtem Bauch, ist ein hoher Einlauf erforderlich. In solchen Fällen tut es not, den ganzen absteigenden Ast des Dickdarmes mit Hilfe einer starken Klysopumpe, die an ein dickes 30 cm langes Darmrohr fest angeschlossen ist, auszuräumen. Zugleich mit dem Einlauf entleert sich natürlich auch die Blase. Sollte während des Badens nochmals Harndrang entstehen, ist es nicht immer ratsam, die sorgfältig eingeleitete Kur zu unterbrechen. In diesen Fällen, besonders bei gebrechlichen Patienten, kann die Blase in die Wanne entleert werden. Das Dauerbad wird dabei nicht unterbrochen, und die Eigenharntherapie erhöht eher den Erfolg. Bei den meisten chronischen Leiden, z. B. auch Ekzemkranken, ist die Eigenharntherapie ohnehin angezeigt. Hat man ein Darmbad (wie etwa Gymnacolon) zur Verfügung, dann ist es sehr vorteilhaft, der Kur ein Darmbad vorausgehen zu lassen. Es genügen hier etwa 5 Liter Spülflüssigkeit. Ganz besonders ist darauf zu achten, daß Patienten mit gastrocardialem Symptomenkomplex (Roemheld), vorwiegend Männer zwischen 50 bis 65 Jahren, vor Beginn des Bades in obiger Weise entlastet werden sollen. Noch zweckmäßiger ist es, solche Patienten einen Tag zuvor ein ganzes Darmbad, in diesem Falle auch ein subaquales, nehmen zu lassen. Dagegen machte ich die Erfahrung, daß ein Dauerüberwärmungsbad, unmittelbar auf ein Ganzdarmbad folgend, von den meisten Patienten nicht vertragen wird. Die plötzliche Veränderung der Druckverhältnisse im Bauch, so gut diese auch für die Beleibten ist, wird subjektiv nicht immer als angenehm empfunden und läßt von vornherein eine Abneigung gegen den noch so wohlüberlegten Kurplan entstehen. Von einem unmittelbar dem Dauerüberwärmungsbad vorangehenden Ganzdarmbad ist daher abzuraten.

Mit größter Vorsicht ist das Dauerüberwärmungsbad auch bei Männern mit pektanginösem Symptomenkomplex zu verwenden. Bei solchen Patienten bewährt sich am besten eine anfängliche Reinigung des Körpers durch eine vorangehende Fastenkur. Regeln sich so die

Funktionen und hat der Patient die Wohltaten einer Fastenkur, auch in seelischer und erzieherischer Hinsicht, erlebt, kann ihm mit Vorteil als nächste Kur das Dauerüberwärmungsbad empfohlen werden. Die Wahl der Frist zwischen diesen beiden Kuren bleibt dabei dem geübten Blick des Arztes überlassen.

Nachdem auf die eine oder andere Weise der Dickdarm des Patienten entleert ist, werden die Temperatur und die Pulszahl des Patienten festgestellt, worauf man ihn dann langsam in das vorbereitete Bad von etwa 36° C einsteigen läßt. Zuerst soll er sich setzen und dann hinlegen, wobei der Hinterkopf auf den breiten, an den Rändern der Badewanne befestigten Kopfgurt gelegt wird. Der Kopfgurt wird so angebracht, daß der ganze Kopf mit Ausnahme der Nase und des Mundes, aber einschließlich der Augen und

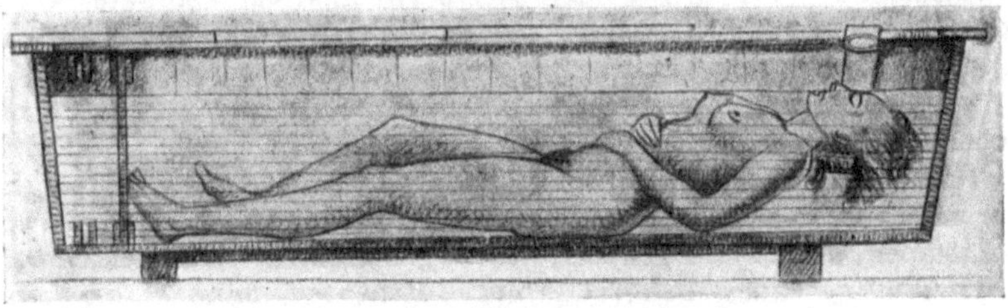

Patientin im Schlenzbade.
(Zeichnung von Hanns Bastanier)

Ohren vom Wasser bedeckt wird. Der eingetauchte Kopf wird unter Wasser ein paar Mal so gedreht, daß die Luft aus dem äußeren Gehörgang entweicht und dadurch der Badeflüssigkeit den unmittelbaren Zugang an das Trommelfell ermöglicht. Vor dieser Maßnahme braucht man sich nicht zu scheuen, denn sie hat sich bei fast allen Erkrankungen des äußeren und inneren Ohres bewährt. Vorbeugend gewährleistet sie die bessere Erhaltung des Gehörganges nicht zuletzt dadurch, daß eine stärkere Durchblutung erzielt und der Hörapparat durch Ionenaustausch vor frühzeitiger Verkaltung geschützt wird.

Die von Frau Schlenz ausgearbeitete Methode berücksichtigt Einzelheiten, die für das Gelingen der Überwärmung von großer Bedeutung sind. Dazu gehört vor allem das Miteintauchen des Kopfes in das Wasser. Auf diese Weise ist für die Heißwasserüberwärmung des Kopfes in den Schlenzanwendungen besonders gesorgt. Wohl sind auch andere heiße Anwendungen wie Andampfung, Russisch-Römisches Bad usw. für die Überwärmung des Kopfes bestimmt. Aber bei der Schlenzkur erreicht die Wasserdauerhyperthermie des Kopfes mit allen ihren Vorteilen nicht zuletzt dadurch den höchsten Grad, daß der Kopf in gleichmäßiger Weise mit dem übrigen Körper erwärmt wird. Dies erleichtert die Entfernung der Krankheitsstoffe. Wenn man bedenkt, daß die gesamte Abwehr in erster Linie von der Zentrale im Kopfe abhängig ist, wird verständlich, wie richtig der Gedanke war, den therapeutischen Angriffspunkt auch auf das regulierende Zentrum zu richten und nicht nur auf die peripheren Körperteile allein, wie es bei den meisten anderen Anwendungen geschieht.

Der Rheumatismus ist in Deutschland eine Volksseuche. Es ist kaum übertrieben zu behaupten, daß etwa 3/4 aller Leiden, die in der Sprechstunde beobachtet werden, als Bilder des rheumatischen Formenkreises zu betrachten sind; jeder zweite Rheumatiker hat einen steifen Nacken und jeder dritte oder vierte rheumatisch bedingte Kopfschmerzen. Gerade für diese Leiden ist das Miteinbeziehen des Kopfes in das Überwärmungsbad von größter Bedeutung.

Bei der Badetemperatur ist folgendes zu beachten. Nur zu oft beteuern Patienten, daß sie überhaupt nicht schwitzen. Dies trifft jedoch in Wirklichkeit nicht zu; denn jeder Mensch schwitzt. Es kommt zwar vor, daß Menschen nicht den kräftigen Schweißausbruch bekommen, der zu den gewünschten Begleiterscheinungen des Dauerüberwärmungsbades gehört. Solche Patienten müssen oft zum Schwitzen systematisch gebracht werden, was bei genügender Erfahrung, Vorsichtig und folgerichtiger Behandlungsweise auch gelingt. Wenn sich dadurch keine Krankheit zeigt, wird bei hartnäckigem „Nichtschwitzen“ oft eine Änderung der Technik erforderlich.

Letztere beginnt dabei mit einem hoch ansteigenden Halbbade (bis zum Nabel) bis etwa 40—45° C. Nach Schweißausbruch kühlt man das Wasser auf etwa 37—38° C ab und setzt das Bad wie üblich weiter fort. Wenn der Schweißausbruch dennoch unterbleibt, wird das nächste Mal (bei kräftigen Personen sofort!) das Schlenzbad, auch noch ansteigend, in Knie-Ellenbogenlage eingeleitet, um nach Schweißausbruch abzukühlen und fortzusetzen. Auch ein kräftiges Durchbürsten erleichtert den Schweißausbruch. Mißerfolge habe ich dabei noch nicht erlebt. Demgegenüber kann man beobachten, wie Menschen, die nie an sich einen Schweißausbruch beobachtet haben, diesen durch das Dauerüberwärmungsbad erleben und wohltuend empfinden.

In der Regel beginnt das Bad bei einer Temperatur von 36° C. Bei Patienten, die von vornherein erklären, nicht heiß baden zu können, oder auch bei solchen Kranken, bei denen aus besonderen Gründen Vorsicht und ein sehr langsames Ansteigen der Temperatur geboten sind, beginnt man bei etwa 35° C als Anfangspunkt. Langsam wird bei den ersten Bädern bis zur Höchsttemperatur von 38—39° C, in Ausnahmefällen auch bis 40° gegangen. Der Schweißausbruch ist dabei meistens maßgebend. Wenn besondere Vorsicht geboten ist, soll man beim ersten Bade nicht über 38° C hinausgehen. Dem Wärmeempfinden des Patienten entsprechend steigert man in der ersten halben Stunde langsam die Temperatur zur gewünschten Höhe. Inzwischen hat sich der Patient schon einige Male aus dem Badewasser erhoben, um die Stellung zu ändern oder sich für einige Zeit in einer anderen Lage zu erholen. Beim Wiedereintauchen muß der Patient die erwähnte Bewegung mit dem Kopf wiederholen, um die Badeflüssigkeit in die Ohren eindringen und die Luft entweichen zu lassen. Von manchen Ärzten werden gegen diese Methode Bedenken geäußert. Auch ich hegte sie anfangs. Meine eigene Mittelohrentzündung, die mit Kopf unter Wasser so behandelt wurde, bewies mir von neuem, welch sicherer Instinkt und welche Einfühlungsgabe Frau Schlenz hier geleitet hatte.

Rüdiger ist der Ansicht, daß das Bad mit einer niedrigeren Temperatur, etwa mit 35° C, beginnen soll, um so jeden Wärmereiz zu vermeiden. Wenn auch die Innentemperatur des Körpers meist höher ist, so liegt doch die Temperatur der Haut meist darunter, bei etwa 34° C. Langsam und gleichmäßig soll die Badewärme bis zum gewünschten Grad gesteigert werden, so daß die Steigerung vom Badenden möglichst wenig empfunden wird. Diese Ansicht birgt vieles Gutes in sich. Zett warnt eindringlich vor zu heißem und auch vor verschieden temperiertem Badebeginn. Er nennt den regelmäßigen Badebeginn bei 36° den *„Trick“* der Schlenzbäder. Frau Schlenz wählt als Anfangstemperatur 36,5°. Die endgültige Entscheidung hängt aber von der Konstitution und der Wärmereaktionsfähigkeit des Patienten ab.

Die Badewanne aus Lärchenholz ist mit einem Holzdeckel versehen, der am Kopfende eine Öffnung von etwa 50 cm Durchmesser frei läßt. Der Deckel staut die Wärme bzw. die Dämpfe. Der Raum zwischen Wasser und Deckel kann an der Öffnung abgedichtet werden, indem ein Tuch, das ins Wasser hängt, darüber gespannt wird, wodurch sich die Abkühlung des Wassers verlangsamt. Wird der Patient zu müde, um dauernd in der Ruhestellung zu verharren, hebt er die Hände, stützt sie an den Rand des Deckels, hebt den Kopf, tut ein paar kräftige Atemzüge und taucht erneut unter. Dabei darf das oben beschriebene kleine Manöver mit den Ohren nie vergessen werden.

Für den ständigen Zutritt von frischer Luft muß fortwährend Sorge getragen werden. Für den Badenden entsteht dadurch keine

Erkältungsgefahr; ihn schützt das Bad durch die von ihm erzeugte erhöhte Abwehrlage. Es ist auch von der Kneippschen Schule her bekannt, daß Heublumen als Ausdruck einer Abwehrreaktion eine Leukocytose hervorrufen. Ein Dauerüberwärmungsbad wird immer besser vertragen, wenn der Patient frische, ja sogar kalte Luft einatmet. Ich sehe es gern, wenn die frische Luft aus einem geöffneten Oberfenster auf den Badenden herunterflutet. Dies gilt ganz besonders für die warme Jahreszeit. Die Aufmerksamkeit des Badenden wird wiederholt gelenkt auf seine Atmung, die in ruhigen rhythmischen Tiefenzügen (auch durch den Mund sehr gut!) zu erfolgen hat.

Das Badepersonal hat bei jeder Temperaturerhöhung des Badewassers den Puls des Patienten laufend zu kontrollieren und ihm gut zuzureden. Darauf ist großes Gewicht zu legen. Wenn alles in Ordnung und man nach einer halben Stunde bei 39° C angelangt ist, wird der Deckel abgenommen und der Patient mit einer breiten Leibbürste sorgfältig abgebürstet. Das Bürsten der Fußsohlen, der Waden und des Rückens ist im Hinblick auf die dadurch erzielte Stärkung des Herzens besonders empfehlenswert. Durch das Bürsten wird die Hyperaemie der gesamten Hautoberfläche erhöht und der Wärmeaustausch zwischen Körper und Badeflüssigkeit wesentlich gesteigert. Das Bürsten erfolgt gewöhnlich nach dem ersten Schweißausbruch.

Dieser Vorgang bewirkt meistens beim Patienten ein Gefühl des Wohlbehagens. Sollte es aber umgekehrt sein, muß eine kräftigende Maßnahme verabreicht werden. Bei Kollaps wirkt ein schneller kalter Reiz auf die Haut, ein kalter Schlauchstrahl belebend. An der Hautoberfläche des noch im Wasser liegenden Patienten führt man den kalten Strahl rings herum. Der Patient erholt sich dabei schnell. Ein kalter Herzschlauch kann auch im Bade angewendet werden. Auf diese Methode machte mich Schlütz (Bremen) aufmerksam. Ich wende sie besonders gern bei Hypotonie an. Frau Schlenz begnügte sich mit der Abkühlung des Badewassers bis auf etwa 37° und sah dabei stets baldige Erholung des Badenden. Diese langsame Schwächung des überschüssigen Wärmereizes ist bestimmt nützlich.

Man kann dem Patienten auch anders helfen, wenn er Neigung zum Kollaps zeigt oder wenn er im Verlaufe des Bades das Gefühl hat, daß es ihm „zuviel" wird. Dann nehme man den Wannendeckel ab und lasse den Patienten die Füsse auf den Rand der Badewanne legen. Der Rumpf, gleichviel ob der Kopf auch untergetaucht ist oder nicht, bleibt dabei unter Wasser. Eine Erleichterung tritt sofort ein, so daß das Bad nicht unterbrochen zu werden braucht. Ich selbst mache es oft so, wenn es mir „zuviel" wird. Ein beklemmendes Gefühl macht sich manchmal schon bei 38° C bemerkbar, wenn der Kopf unter Wasser liegt. Ein Heben der Füsse reguliert den Kreislauf im Bade wesentlich und ermöglicht eine angenehme Verlängerung des Bades, die doch für die Ausschwemmung so wichtig ist. Wenn die Notwendigkeit eintritt, die obigen Erleichterungen vorzunehmen, muß dies unter Berücksichtigung der jeweils vorliegenden Krankheit geschehen. Sitzt diese im Unterkörper, soll sich der Patient aufrichten, sitzt sie dagegen im Oberkörper oder Kopf, soll er die Beine heben und mit dem Kopf unter dem Wasser bleiben.

In wenigen Fällen muß auch zu Beginn des Bades, z. B. aus psychologischen Gründen, an Cardiaca gedacht werden. Der Arzt wird in diesem Falle zu Analeptica greifen. Der homöopathische Arzt wird dabei an Aconit, Veratrum, Strophantus, Campher und Arsen denken. Für gewöhnlich halte man sich an Campher D 3, bei weiterer Schwäche an das schnellwirkende Veratrum D 3. Die Kollapsgefahr entsteht meist nicht durch Herzmuskelbeeinträchtigung, sondern durch Änderung der gesamten Kreislauffunktion. Wie bei den meisten Ohnmachtsfällen ist die Ursache in einer vorübergehenden Blutleere der Gehirnrinde zu suchen. Sowohl der Arzt als auch das Badepersonal müssen deshalb zuerst an die Kreislaufmittel denken. Geschieht dies, dann ist den Befürchtungen der Patienten und auch den Klagen über angebliche Herzschädigung von vornherein vorgebeugt. Es wurde die Erfahrung gemacht, daß durch eine am Morgen des Badetages oder unmittelbar vor dem Bade verabreichte Sympatol- bzw. Coramin-Gabe von 25 Tropfen die Bäderreaktion verhindert werden kann. Diese Gabe kann nötigenfalls im Bade selbst oder im Verlauf des Badetages wiederholt werden. Bei der ambulanten Durchführung der Überwärmungsbäder in der Großstadt hat sich diese Maßnahme oft als unentbehrlich herausgestellt. In vielen Fällen genügt auch die Verabreichung einer ausgepreßten frischen Zitrone mit Honig oder Zucker in einer Tasse heißen Wassers. Sind diese nicht vorhanden, so genügt oft auch eine Messerspitze Kochsalz in heißem Wasser, wie überhaupt bei Patienten mit Hypotonie einem Kochsalzmangel des Körpers als Folge dieser Bäder vorgebeugt werden soll. Die Flüssigkeitsmenge ist individuell nach Bedarf des einzelnen zu bemessen. Im allgemeinen ist eine Flüssigkeitszufuhr erwünscht, weil dadurch der Austausch angeregt wird. Sie erfolgt am besten nach Schweißausbruch, wenn sich ein Durstgefühl einstellt. Die dabei entstehende schwache Blutdruckerhöhung erleichtert dem Patienten die Gewöhnung an die Überwärmung. Selbstverständlich sind schweißtreibende Tees zu bevorzugen; kalte Getränke dagegen dürfen nicht verabreicht werden. Ich persönlich pflege mindestens

1 Liter Flieder-, Pfefferminz- oder Lindenblütentee im Überwärmungsbad zu mir zu nehmen. In letzter Zeit verordne ich sehr oft anstatt dieser Tees oder auch zusätzlich ein Glas Henkenhagener Meerwasser, zur Hälfte mit Wasser verdünnt, manchmal auch ein bis zwei Teelöffel auf ein Glas verdünntes konzentriertes Nordseewasser „Dangasal". Dies geschieht, um die wichtigsten Salze zuzuführen und den Tonus des Gefäßsystems zu heben. Bei Hypotonie ist diese Maßnahme besonders empfehlenswert. Bei kräftigem Schwitzen kann sie nach dem Bade wiederholt werden. Dadurch wird der Körper vor Verlust an Nährsalzen geschützt.

Nach der Flüssigkeitszufuhr legt sich der Patient von neuem unter Wasser, die Wanne wird wieder mit dem Deckel bedeckt, aber eine weitere Erhöhung der Wassertemperatur wird beim erstmalig Badenden nicht mehr vorgenommen. Man läßt den Patienten in der allmählich sich abkühlenden Badewanne noch eine halbe Stunde liegen, so daß nach einer Stunde das erste Dauerüberwärmungsbad zum Abschluß kommt. Dann nimmt man den Deckel wieder ab und hilft dem Patienten in sitzende Stellung, um so eine allmähliche Umstellung des Kreislaufs zu bewirken. Darauf legt der Patient die Hände auf den Kopf, um einigemal tief zu atmen, am besten durch den Mund, dann läßt man ihn langsam aus dem Bad steigen. Auf den Kopf bekommt er die doppelte Kopfhaube nach Schlenz, wird mit einem angewärmten Badetuch umhüllt und ins Bett gebracht, wo er so eingepackt wird, daß vom Gesicht nur noch die Nase zu sehen ist. Diese erste Einpackung dauert 1 Stunde. Es wird dafür gesorgt, daß während dieser Zeit eine dauernde kräftige Schweißabsonderung stattfindet. Diese wird nötigenfalls durch weiteres Trinken schweißtreibender Tees während der Einpackung kräftig gefördert.

Der inzwischen eingeschlafene Patient wird nun der Ruhe überlassen. Hinterher spült man ihn im kurzen, etwa 3 Minuten dauernden warmen Bade ab. Auch eine lauwarme Abwaschung oder eine warme Abgießung genügt. Wo das nicht möglich war, empfiehlt sich am folgenden Morgen ein sogen. „laues Bad" (nach Schlenz), um die inzwischen in der Nacht angehäuften Hautausscheidungen abzuwaschen. Das laue Bad soll nicht lange dauern und eine Temperatur von etwa 37,5° C haben. Diese Reinigung der Haut empfiehlt Frau Schlenz im Gegensatz zu den sonst üblichen kalten Abgießungen nach heißen Bädern. Die kalten Anwendungen unterbrechen nach ihrer Ansicht den Ausscheidungsvorgang. Sehr oft kann sich mit großem Vorteil (bes. bei Rheuma und Arthritis deformans) nach einem heißen Bade von 39—41° nach etwa einer Stunde eine 1½stündige Packung anschließen, worauf dann erneut ein Bad von 37—38°, auch etwa 1 Stunde lang, folgt. Dadurch wird ein hoher Ausschwemmungsgrad erzielt.

Die Beschreibung des ersten Dauerüberwärmungsbades wäre somit beendet. Sie gibt dem Arzt auch gleichzeitig Hinweise, in welcher Form weitere Bäder zu erfolgen haben. Am Anfang werden die Bäder in dieser Weise ausgeführt. Es ist kaum vorgekommen, daß bei Innehaltung der empfohlenen Technik irgendwelche Komplikationen aufgetreten sind. Bestehen keine Bedenken, erhöht man die Temperatur der nächsten Bäder auf 39—40° C und achtet darauf, daß wieder ein kräftiger Schweißausbruch eintritt. In Fällen, wo mehr die Hyperthermie als Schwitzen angestrebt wird, geht man auch bis 41° C. Dies gilt besonders für Tabes und andere in den Schriften von W a l i n s k i und L a m p e r t angegebenen Krankheiten, wo es auf eine Staffelung der Fiebererzeugung ankommt. Hat der Kranke z. B. 40° Fieber, muß auch das Bad mindestens 40° haben, am besten aber um etwa 1° höher temperiert sein. Erfahrungsgemäß wurde festgestellt, daß es zur Entfachung einer guten Abwehr der ganz hohen Temperaturen gar nicht bedarf. Es genügt die Grenze um 38—39° C. Die Dauer eines solchen Bades bei akuten Krankheiten dürfte sich in der Regel auf 1 Stunde belaufen. Dagegen wird bei chronischen Krankheiten, wenn nichts dagegen spricht, die Dauer des zweiten Bades um eine weitere halbe Stunde verlängert. Bewährt sich bei dem Patienten das Bad von 1½ Stunden, so kann eine weitere halbe Stunde zugegeben werden. Dadurch gelangt man also zu einem Dauerüberwärmungsbad von 2 Stunden Dauer. Es ist nicht notwendig, die Temperatur dieses Dauerbades auch bei guter Verträglichkeit dauernd auf 39—40° C zu halten. Am zweckmäßigsten ist es, innerhalb einer Stunde auf 39—40° zu gehen, den Schweißausbruch zu beobachten, zu bürsten und langsam auf etwa 38° wieder abkühlen zu lassen. Erstaunlich ist, wie warm ein solches Bad, das doch nur etwa Bluttemperatur besitzt, empfunden wird, wenn der Kopf unter Wasser liegt. Dies sollte jeder Arzt selbst nachprüfen. Um so mehr wird er dann die hervorragende Wirkung der Kopfdurchwärmung schätzen lernen. Nachdem der Patient etwa eine halbe Stunde in dem allmählich sich abkühlenden Bade gelegen hat, gibt man ihm einen schweißtreibenden Tee zu trinken und erhöht die Temperatur erneut auf 39 bzw. 40°, um sie dann wieder bis zur Beendigung des Bades langsam absinken zu lassen.

Die Erfahrung hat gezeigt, daß viele Patienten bis zu 3 Stunden im Bade belassen werden können. Der Vorteil dieses Dauerbades ist leicht ersichtlich. Die desensibilisierenden und ausleitenden Vorgänge sind an eine bestimmte Zeitdauer gebunden. Man unterbricht also das Baden nicht zu dem Zeitpunkt, wo die Ausscheidung beginnt, d. h. etwa nach 15 bis 20 Minuten, sondern führt es innerhalb einer längeren Zeit nachhaltend durch. Dann stellt sich ein neues chemisches Gleichgewicht ein. Ohne daß es bis jetzt möglich war, diese Umstellung physikalisch-chemisch zu erfassen, zeigte doch die Erfahrung, daß diese Vorgänge etwa im Verlaufe von 2 Stunden abgeschlossen sind. Verordnet man nun dem Patienten das weitere Verbleiben im Bade für die dritte Stunde bei etwa 37—38° C, dem Behaglichkeitsgefühl des Patienten entsprechend, so verlängert man den sehr nützlichen Vorgang der Ausleitung bis zur neuen Umstellung. Ein Nachschwitzen im Bett ist in diesem Falle nicht notwendig. Der Patient kann warm abgespült, abgetrocknet und ins warme Bett gebracht werden.

Beim Verabreichen von Dauerüberwärmungsbädern müssen zweierlei Dinge im Auge behalten werden: die wärmeerzeugende und die ausleitende Wirkung. An Hand der obigen Beschreibung hat der Arzt die Möglichkeit, die eine oder die andere Indikation besonders zu berücksichtigen, d. h. entweder ein mehr wärmeerzeugendes oder ein mehr ausleitendes Bad zu verordnen. Diese beiden Wirkungen laufen nebeneinander her, können aber je nach der Beurteilung des Falles verstärkt werden. Es ist wichtig, auf diese Weise den therapeutischen Hebel des Dauerüberwärmungsbades nach Wunsch ansetzen zu können. Auf die während oder nach der Kur auftretenden sog. „Reaktionen" sei hier noch hingewiesen. Aus Angst vor ihnen wird die Kur oft voreilig unterbrochen und dadurch der Erfolg vereitelt. Frau Schlenz hat aus ihren großen Erfahrungen heraus die Beobachtung gemacht, daß die Organe zu verschiedenen Zeitpunkten der Kur zu „reagieren" imstande sind. Bald sind es starke Muskelschmerzen, bald ein Gefühl des Zerschlagenseins, bald Herzbleklemmungen. Hier den Ausweg zu finden, ohne die Erfolgsmöglichkeit zu gefährden, ist die Aufgabe des Arztes. Besonders wichtig ist dabei die Reihenfolge der Bäder. Nicht zu oft und nicht zu selten. Frau Schlenz legt deshalb gern zwischen die Volldauerbäder ansteigende Teilbäder ein, besonders dann, wenn der Krankheitsherd sich in der unteren Körperhälfte befindet. Angesichts der schwierigen Technik der unten beschriebenen Wickel sind die Teilbäder als Ergänzung der Überwärmungsbäder sehr zweckmäßig. Ihre Dauer und Wärmelage kann vom Arzte beliebig verordnet werden. Der große Vorzug eines solchen ansteigenden Teilbades liegt darin, daß eine Temperaturhöhe von 42—45° ohne Bedenken angewendet werden kann.

2. Die Überwärmungswickel

So wie das von Schlenz eingeführte Dauerüberwärmungsbad als Vorbild das Heublumenbad von Pfarrer Kneipp hatte, sind auch die Wickelanwendungen der Schlenzkur aus den Kneipp'schen Wickeln hervorgegangen. Der Unterschied besteht darin, daß bei den Anwendungen der Schlenz-Kur — bei den Bädern und bei den Wickeln — das Schwergewicht auf die Überwärmung gelegt und die Technik entsprechend geändert wurde. Infolgedessen ist die Durchführung der Anwendung zur Überwärmung für diejenigen bedeutend leicht und verständlicher, die mit den Anwendungen der Kneipp'schen Schule vertraut sind. Es besteht also kein großer Unterschied in der Technik; aber alles, was daran der Überwärmung dient, wird bejaht, geprüft und ausgebaut.

Die Ganz- und Teilwickel nach Schlenz bilden das Gegenstück zu den heißen Wickeln nach der Schwester Elisabeth Kenny, die in den angelsächsischen Ländern bekanntgeworden sind.

Als junge Schwester mußte E. Kenny, im australischen Busch von jeglicher Verbindung abgeschnitten, bei einer eben ausgebrochenen Kinderepidemie helfen. Rein intuitiv machte sie heiße Wickel. Heilungen von fast aussichtslos erscheinenden Fällen waren das Ergebnis ihres verantwortungsfreudigen Handelns. Sie traf instinktiv das Richtige.

Auch mit den Wickeln von Schlenz läßt sich ganz nach Wunsch eine Überwärmung erzielen. Die Auswirkungen dieser Therapie sind verschieden. Durch die richtig durchgeführten Ganzwickel kann die Temperatur des Körpers beliebig bis auf etwa 40° C erhöht werden. Den Ganzwickeln muß ein kräftiger Schweißausbruch folgen, um den Heileffekt zu steigern. Die Teilwickel sind dagegen nicht imstande, einen solchen Schweißausbruch zu bewirken, sie bilden aber in sinngemäßer Ausführung auch einen sehr wichtigen therapeutischen Faktor, der in seiner Hauptwirkung auf die lokale Hyperämie zurückzuführen ist.

Was die Technik der Wickel anbelangt, so ist es schon aus geschichtlichen Erwägungen heraus zweckmäßig vorauszuschicken, daß man in der Naturheilkunde bisher die Kneippschen von den Prießnitzschen Wickeln unterscheidet. Bekanntlich besteht ein „Prießnitz" aus zwei Schichten: aus der inneren feuchten (Leinen oder spezielle Rohseide) und der äußeren (Wolle). Zum Unterschied davon besitzt der Kneippsche Wickel 3 Schichten: die innere feuchte Leinenschicht, die mittlere trockene Leinenschicht und die äußere Wollschicht. Frau Schlenz hat nach langen Versuchen herausgefunden, daß der dicke Frotteestoff sich am besten für die Durchführung der Überwärmungswickel eignet. Die von ihr eingeführten Wickel bestehen, auch wie beim „Prießnitz“, aus zwei Schichten: der inneren heißfeuchten Frotteeschicht und einer besonders starken äußeren Schicht aus dicken wollenen Decken. Damit werden sowohl die Ganzwickel als auch die verschiedenen Teilwickel gemacht.

A. Ganzwickel

Als die einfachste und praktischste Überwärmungsmethode kann immer das Dauerbad angesehen werden. Die Ganzwickel dagegen bilden entweder eine Ergänzung der Bäder, um den therapeutischen Angriffspunkt zu ändern, oder sie werden dort ausgeführt, wo man keine Badewanne zur Verfügung hat. Der Verfasser hat wiederholt zu den Ganzwickeln greifen müssen. In den von ihm geleiteten Kurheimen geht die Überwärmungskur gewöhnlich so von statten, daß man Bad und Ganzwickel umschichtig anwendet. Dieser Wechsel wird von den Patienten oft sehr angenehm empfunden. Es gibt aber auch Fälle (Asthma, Stenokardie u. a.), die im Wickel Herzangst, ein bekanntes Symptom, empfinden und sich deshalb nicht wickeln lassen wollen. In solchen Fällen muß man den Wickel „verkleinern“, d. h. man macht an Stelle des Ganzwickels einen Teilwickel, meistens einen sog. $^{3}/_{4}$ Wickel, bei dem die Hände nicht mit in den heißen Wickel kommen, sondern nur eingeschlagen werden. Meistens genügt diese Abschwächung des Ganzwickels. Aber auch andere Kombinationen der Teilwickel können, wie später folgt, gemacht werden. Oft genug kommen in der Praxis auch Fälle vor, wo die ununterbrochene Verabreichung von Bädern mehr angezeigt ist und sich leichter durchführen läßt.

Der Ganzwickel soll den Körper so vollständig wie möglich umhüllen, damit die Wärmeanreicherung und die damit verbundene Schweißbildung und Ausscheidung der Krankheitsstoffe aus dem ganzen Körper erfolgen können. Der Überwärmungsganzwickel kann aus einem Tuch bestehen. Da das Auswinden aber umständlich ist, zerlegt man den Ganzwickel besser in 3 Teile, also Kopfwickel, Oberwickel und Beinwickel. Diese Teilung hat sich als sehr praktisch schon aus dem Grunde erwiesen, weil die Patienten öfters nur im Besitz kleiner Frottéehandtücher sind. Auch kann bei dieser Teilung besser kombiniert werden. Z. B. kann bei Kehlkopfentzündung gleichzeitig ein Überwärmungshals- und -Beinwickel angelegt werden. Zu dieser Kombination kann bei Anzeige auch noch ein Kopfwickel hinzugefügt werden, so daß die in der Praxis sehr bewährte Verbindung — „Kopf-Hals-Beinwickel“ — entsteht. Bei dieser Anwendung sind der Rumpf und die Hände nicht mit dem feuchtheißen Frotteetuch bedeckt, aber dennoch in das Überwärmungssystem eingeschlossen. Solche Teilwickel können in verschiedener Verbindung, je nach der Anzeige, ausgeführt werden.

Man überzeuge sich vor der Ausführung des Ganzwickels, ob der Patient warme Füße hat. Mit kalten Füßen heiß zu wickeln, bedeutet einen Kunstfehler. Am zweckmäßigsten ist es, dem Ganzwickel jedesmal ein ansteigendes Fußbad voranzuschicken. *Schönenberger*, der erste Inhaber des Lehrstuhles für Naturheilkunde in Berlin, wurde nicht müde, auf diesen ganz wichtigen Umstand immer wieder hinzuweisen. Noch heute erinnern sich seine Mitarbeiter daran, wie entsetzt er war, wenn in der Klinik bei den im Ganzwickel eingepackten Patienten bei näherer Untersuchung kalte Füße festgestellt wurden. Es kann tatsächlich nicht oft und dringend genug darauf hingewiesen werden, bei den Patienten in erster Linie für warme Füße zu sorgen. Die Fußsohle ist der Empfänger für Kältestrahlen. Da sie reflektorisch und trophisch mit dem ganzen vegetativen Geschehen verbunden ist, so ist es klar, daß Kälte an dieser so wichtigen Rezeptorplatte auch eine Hemmung der Abwehrvorgänge bedeutet.

Die Überwärmungsganzwickel werden mit Hilfe eines Wickelwassers von etwa 60—70° C ausgeführt. Dieses Wickelwasser wird in derselben Weise hergestellt wie das für das Denkmal verwendete. Für ein großes Wickeltuch benötigt man etwa 6 bis 7 Liter Wickelwasser. Etwa 100 g Kräuter werden mit 3 Liter Wasser beinahe zum Sieden gebracht, dann läßt man sie einige Zeit ziehen und seiht sie ab, wenn sie nicht in ein Säckchen gefüllt sind. Darauf kommt nochmals Wasser in den Topf, worin man die Kräuter dann 1/2 Stunde kocht. Die beiden Absude werden vereinigt; diesem Wickelwasser fügt man etwa 100 g Staßfurter Salz oder auch Steinsalz bzw. Meersalz hinzu. Auch die Zutat von Weinessig oder Sauerkrautwasser kann empfohlen werden, nicht zuletzt auch deshalb, weil dadurch das Wickelwasser für einige Tage haltbar gemacht wird, so daß also nicht zu jeder Wickelanwendung eine neue Abkochung notwendig ist. Kühl aufbewahrt bleibt das Wickelwasser einige Tage auch ohne diese Zutaten brauchbar. In der Hauptsache kommt es beim Ganzwickel auf die Temperatur und auf eine lückenlose und schnelle Einpackung an.

Nach diesen Vorbereitungen werden 2 wollene Decken, eine über die andere gelegt, auf dem Bett ausgebreitet. Der Patient mit den nachweislich erwärmten Füßen sitzt warm eingehüllt auf dem Bett, in dem die Wickelanwendung vorgenommen werden soll. Schon während des Fußbades kann der Patient seinen ersten schweißtreibenden Tee von Holunder- oder Lindenblüten austrinken. Jetzt wird der Eimer mit dem heißen Wickelwasser, in dem sich das Wickeltuch bzw. die einzelnen Teilwickeltücher befinden, neben das Bett gestellt. Man nimmt das Wickeltuch heraus, packt es an den Enden und wringt es sorgfältig aus, damit kein Wasser mehr abträufelt. Dies ist wichtig, damit die Wolltücher nicht auch durchnäßt werden. Das Auswringen geht rascher vor sich, wenn man das Wickeltuch oder die einzelnen Tücher trocken einzeln zusammenrollt und sie so in das Wickelwasser eintaucht, daß sie an den Enden ein kleines Stück trocken bleiben. Sobald das Tuch gut durchfeuchtet ist, zieht man es heraus und wringt es kräftig in drehender Bewegung aus, erst auf der einen und dann auf der anderen Seite. Das Tuch dreht sich dabei wie eine Spirale, und das Wasser fließt in den Eimer zurück. Diese Methode hat noch den Vorzug, daß durch die trockenen Enden die Hände nicht mit dem heißen Wasser in Berührung kommen, was bei empfindlicher Haut bei 60—70° C sehr unangenehm sein kann. Man achte aber darauf, daß die trockenen Enden nicht zu groß sind. Durch die Kapillarität des Tuches werden auch diese Enden des Tuches in kurzer Zeit feucht.

Hat man das Tuch ausgewrungen, so breitet man es rasch und ohne Faltenbildung über den auf dem Bett liegenden zwei wollenen Decken aus. Mit sicheren und raschen Bewegungen, die die Pflegeperson durch Üben mit trockenen Tüchern erst erlernen muß, wird der Patient erst in das nasse Tuch und dann in die beiden Decken einzeln fest eingewickelt. Das feuchtheiße Frotteetuch muß dem Körper fest anliegen. Desgleichen müssen auch die wollenen Decken so fest wie möglich an dem Körper anliegen und mit Sicherheitsnadeln befestigt werden. So ist also nun der Rumpf eingepackt. Der noch unbedeckt gebliebene Kopf bekommt nun eine Haube aufgesetzt, am besten in der praktischen Ausführung von Frau S c h l e n z. Wiederholt wurde schon betont, wie wichtig die Durchwärmung des Kopfes ist. Dazu eignet sich aber die nach den Angaben von Frau S c h l e n z hergestellte dreifache Kopfhaube am besten, die später noch genauer beschrieben wird. Liegt keine Notwendigkeit für eine besondere Durchwärmung des Kopfes vor, so genügt bei dem Ganzwickel für die Kopfüberwärmung auch eine einfache Haube aus Baumwollgarn oder Frotteestoff, die mit dem Wickelabsud getränkt ist und über die dann eine trockene dicke wollene Haube gestülpt wird.

Der Patient tut gut daran, die einzelnen zu den Wickeln benötigten Stücke immer vorrätig zu halten, um nicht suchen zu müssen, wenn sie benötigt werden. Jede Hausfrau sollte diese Anschaffung beizeiten machen, besonders wenn sie Kinder hat, die bekanntlich öfters plötzlich erkranken. Auch sollte die Frau als Hüterin der Gesundheit der Familie die Technik der Wickel beherrschen. Sie erweist damit ihren Angehörigen die besten Liebes- und Heildienste.

Kehren wir nun zu unserem im Ganzwickel liegenden Patienten zurück. Hat sich die Pflegeperson nach einigen Minuten überzeugt, daß die Einpackung nicht genügt, das gewünschte Nachschwitzen herbeizuführen, so legt sie dem Patienten Wärmekruken oder Gummiwärmeflaschen seitwärts an die Beine, evtl. auch ein Heizkissen auf den Bauch, und deckt ihn noch mit einer weiteren Wolldecke zu. Auch die Kopfhaube kann noch mit einem Kissen umhüllt werden. Wo Wärmekruken, Gummiwärmeflaschen und Heizkissen fehlen, können auch erhitzte Ziegel, an die Beine gelegt, oder eine Flasche mit heißem Wasser auf dem Bauch und eine weitere Daunendecke denselben Dienst tun, besonders auf dem Lande. Die beschriebenen Wärmespender können auch mit eingepackt, d. h. an die feuchtheißen Frottee-tücher gelegt werden. Sie werden dann mit der Wolldecke eingehüllt, dürfen aber nicht zu heiß sein, um keine Verbrennung hervorzurufen. Besser jedoch ist es, die Wärmespender über die wollene Einpackung zu legen, sie dafür aber stärker zu erhitzen. Frau Schlenz empfiehlt, das Heizkissen zuerst bis zur vollständigen Erwärmung auf 3 (stark), dann auf 2 (mäßig), später auf 1 einzustellen oder evtl. auch ganz auszuschalten, um dann, je nach Bedarf, wieder auf 2 und zum Schluß längere Zeit auf 1 zu stellen oder wieder ganz auszuschalten. Die starke Wärmezufuhr gleich beim Anlegen und Wechseln der Wickel hält Frau Schlenz für ganz besonders wichtig und wirksam.

Hat man sich davon überzeugt, daß dem Patienten genügend Wärme zugeführt wird, so beobachtet man den Ausbruch des Schweißes und die Rötung des Gesichts. Daraufhin pflegt sich bei dem Patienten auch bald ein steigendes Wohlbehagen einzustellen, mit Ausnahme der erwähnten Fälle, wo der Ganzwickel Angst und Beklemmungsgefühle auslöst und deshalb gelockert werden muß. Nach etwa einer halben Stunde reicht man dem Patienten nochmals einen schweißtreibenden Tee, wodurch der Schweißausbruch gefördert wird. Auch muß jetzt erwogen werden, ob man den Patienten unter entsprechender Wärmeregulierung weiterhin in seinem Wickel beläßt oder diesen erneuert. In den meisten Fällen genügt ein gut angelegter Wickel, in dem man den Patienten 1 bis $1^1/_2$, ja bis 2 Stunden liegen läßt. Dies dürfte besonders bei akuten Erkrankungen wie Grippe, Bronchitis oder Schnupfen u. a. angezeigt sein. Bei chronischen Erkrankungen, wo ein Höchstmaß der Überwärmung anzustreben ist, muß der Patient von neuem gewickelt werden. Die erneute Anlegung des Wickels hat den Zweck, den Grad der Überwärmung zu steigern und die Tiefenwirkung der Prozedur zu erhöhen.

Wie schon an anderer Stelle betont worden ist, sind die ausleitenden Eigenschaften der Überwärmungsanwendungen nicht minder wichtig als die überwärmenden. Die Krankheitsstoffe und Körperschlacken werden im Dauerbade sehr stark ausgeschieden, verteilen sich aber auf so viel Wasser, daß es der Hautoberfläche durch die ständige Osmose trotzdem immer noch möglich ist, dem Körper frische Heilstoffe aus dem Badewasser zuzuführen. Beim Überwärmungswickel liegen die Verhältnisse anders. Hier saugt sich der Frotteestoff derartig mit Schweiß voll, daß die Flüssigkeit auch in die anliegende wollene Decke übertritt. Dadurch wird natürlich die Heilkraft des Wickelwassers, das sich nicht erneuern kann, beträchtlich abgeschwächt. Um diesen Nachteil zu beseitigen, ist es besser, dem Patienten nochmals einen neuen Wickel anzulegen. Dabei ist von Vorteil, wenn für den zweiten Wickel ein frisches neugetränktes Frotteetuch verwendet wird. Dadurch beschleunigt man den Wickelwechsel, weil man nicht warten muß, bis das vollgeschwitzte Frotteetuch erst ausgewaschen ist. Auch käme der Patient dabei zu einer unerwünschten Abkühlung, die die Wirkung der Kur beeinträchtigen würde. Beabsichtigt man, nach einer weiteren $^1/_2$ bis $^3/_4$ Stunde nochmals einen Wickelwechsel vorzunehmen, so spült man das zuerst benützte Frotteetuch inzwischen in warmem Wasser und legt es wieder verwendungsbereit ins heiße Wickelwasser. Der unangenehme Geruch, der dem abgenommenen Wickeltuch entströmt, belehrt die Pflegeperson über die Stärke der Ausscheidung und zeigt auch dem Patienten die Wirkung der Kur.

Die Anlegung eines dritten Wickels hängt also von der Stärke der Ausscheidung und von dem Zustande des Patienten ab. Die Gesamtdauer der Wickelprozedur beträgt 1 bis 2 Stunden. Will man einen von der Krankheit betroffenen Körperteil besonders stark beeinflussen, so kann man beim Wickelwechsel anstatt des Ganzwickels nur einen Teilwickel anlegen. Hat man z. B. bei Unterschenkelphlegmonen zweimal ganz gewickelt, so kann man das dritte und vierte Mal nur einen Beinwickel oder in einem anderen Falle nur noch einen Halswickel usw. machen.

Die Zeitdauer und den Wärmegrad bestimmt der Arzt unter Berücksichtigung der jeweiligen Beobachtungen der Pflegeperson, die den Wickel ausführt. Die Dauer eines Ganzwickels beträgt gewöhnlich 2 Stunden. Kurz vor Ablauf der vorgeschriebenen Zeit legt die Pflegeperson ein angewärmtes Frotteetuch oder ein Laken zurecht; auch ein Bademantel kann benutzt werden. Der Patient wird ausgewickelt, steigt aus dem Bett und wird in das angewärmte Tuch bzw. den Bademantel eingehüllt. Nun entfernt die Pflegeperson rasch die feuchten Wickeltücher, und der Patient wird dann in das warme neue Wickeltuch im Bett eingehüllt und mit wollenen Decken bedeckt, diesmal aber leicht und lose. Zu dieser Bedeckung können die beiden Wolldecken vom Ganzwickel benutzt werden, wenn sie nicht naß geworden sind. Es versteht sich von selbst, daß beim Aussteigen aus dem Bett auch die Kopfhaube abgelegt wird. Jetzt legt man dem Patienten nur noch eine leichte Kopfhaube an oder hüllt ihm den Kopf lose in ein Handtuch ein. So dünstet der Patient weiter und erholt sich ungefähr 1 Stunde. Schwitzt er dabei noch weiter, so ist das ein Zeichen, daß der Körper immer noch Krankheitsstoffe ausscheidet. Nach Ablauf einer Stunde wird der Patient mit lauwarmem Wasser abgewaschen, abgerieben und in ein vorgewärmtes Nachthemd gebettet. Schläft der Patient aber vor dem Umbetten, das die letzte Maßnahme des Ganzwickels darstellt, ein, so läßt man ihn warm zugedeckt schlafen und verzichtet auf die letzte Umbettung. Das Abwaschen des Körpers und der Hemdwechsel werden dann eben nach dem Erwachen oder am nächsten Morgen vorgenommen.

B. Teilwickel

Bei der Beschreibung des Ganzwickels wurde dieser in 3 Teile eingeteilt: Kopfwickel, Oberwickel und Beinwickel. Es versteht sich von selbst, daß jeder dieser Teilwickel auch für sich allein verordnet werden kann. Aber es soll nochmals nachdrücklichst darauf hingewiesen werden, daß vom naturheilerischen Standpunkt aus die Behandlung einer lokalen Erkrankung nicht nur an der Stelle erfolgen soll, an der die Krankheit ausgebrochen ist. So würde z. B. bei Kehlkopfentzündung das Anlegen nur eines Halswickels allein ohne gleichzeitigen Bein- und Wadenwickel mit möglichst vorangegangenem Fußbad nicht gerade ein Kunstfehler sein, aber dennoch eine Nichtbenützung der zur erhöhten Wirkung notwendigen Möglichkeiten bedeuten. In der Kombination der Teilwickel besteht nicht zuletzt die Kunstfertigkeit der hydrotherapeutischen Behandlung. Vor allem beachte man das Anlegen der sogenannten „Brücke", die die Enden des Körpers überbrückt und verbindet. Es gibt eben keine wirksame Durchwärmung des Kopfes ohne gleichzeitige Durchwärmung der Beine und auch umgekehrt. Auf diesen wichtigen Punkt des hydrotherapeutischen Vorgehens hat Schönenberger immer wieder hingewiesen. Diese scheinbar so einfache, aber ausschlaggebende Maßnahme hat Schönenberger aus dem reichen Schatz der naturheilerischen Erfahrungen übernommen und sie uns übermittelt. Die Kombination der verschiedenen Teilwickel ist somit eine wissenschaftlich erprobte, erfolgreiche Methode. Frau Schlenz als Laie mit besonderer Begabung und mit Scharfblick hat die großen Vorteile dieser Methode ebenfalls erkannt und an ihrem weiteren praktischen Ausbau gearbeitet. Ihre Versuche mit der Einführung des Kopfwickels mit Hauben haben einen besonderen Erfolg zu verzeichnen.

Die Wichtigkeit der Kopfdurchwärmung bei verschiedenen Krankheiten wurde schon an anderer Stelle besprochen. Man kann sagen, daß auf die Durchwärmung des Kopfes bisher zu wenig Wert gelegt worden ist. Diese Behauptung wird jeder bestätigen, der einmal die Wirkung eines Schlenzbades oder eines kombinierten Teilwickels mit Kopfwickel an sich selbst beobachtet hat. Der Kopfwickel ist zwar ein einfaches, aber wichtiges Instrument in der Hand des Arztes.

a) Kopfwickel

Frau Schlenz schreibt: „Der Kopfwickel ist bei meiner Kur eine der wichtigsten Anwendungen. Er besteht aus zwei ineinandergelegten doppelten Kopfhauben." Die innere Kopfhaube, die in den Wickelabsud getaucht wird, aus Baumwollgarn gestrickt oder aus Frotteestoff genäht, ist doppelschichtig und reicht bis über die Augen, umschließt den Kopf, bedeckt auch weitmöglichst die Wangen, so daß nur die Nase und der Mund hervorsehen. Der untere Teil umschließt den Hals. Die äußere Haube, die als trockene Hülle mit Einschluß der Nase angelegt wird, besteht aus dicker Wolle und ist etwas größer als die erste. Um den Juckreiz zu verhindern, ist eine weiche Wolle zu verwenden. Ihr Halsrand geht in ein 20 bis 30 cm langes Band über. Nach dem Aufstülpen der äußeren trockenen wollenen Haube auf die innere nasse baumwollene wird das Band als abdichtender Schluß um den Hals gewickelt. Die innere nasse Haube muß so unter der äußeren liegen, daß die äußere um 20 cm übersteht. Am besten stülpt man sie am Rande ein wenig um. Auf diese Weise entsteht ein fester Kopfwickel, der mit Ausnahme von Nase und Mund die ganze Kopfoberfläche bedeckt. Dieser Kopfwickel aus den beschriebenen 2 Hauben genügt für den üblichen Gebrauch. Seine Wirkung kann aber, wenn nötig, durch Anlegen einer dritten wollenen Schicht noch erhöht werden. In letzter Zeit wurde nach Angaben von Frau Schlenz eine elektrisch geheizte Kopfhaube, in der Art des Heizkissens, angefertigt. Sie trägt zur noch besseren Durchwärmung des Kopfes wesentlich bei und eignet sich ganz besonders für die Behandlung der mit dem Kopfe zusammenhängenden Krankheiten.

Die Dauer und Ausführung des Kopfwickels allein oder in Verbindung mit anderen Teilwickeln bleiben dem ärztlichen Ermessen anheimgestellt. Es sei nur nochmals betont, daß der Kopfwickel stets in Verbindung mit anderen Wickeln die beste Wirkung entfaltet. Die weiblichen Patienten weigern sich oft, den Kopfwickel anzulegen, weil sie um ihre Haarfrisur besorgt sind. In solchen Fällen muß die Patientin auf die Notwendigkeit der Maßnahme besonders hingewiesen werden. Die gesundheitlichen Vorteile des Kopfwickels sind zu groß, als daß wegen des Nachteils einer kleinen Unordnung der Haare darauf verzichtet werden könnte. Wenn der Patientin an der Wiederherstellung ihres Gesundheitszustandes wirklich gelegen ist, wird sie das auch einsehen. Außerdem kann der Haarwuchs durch die Maßnahme nur gewinnen, ein Punkt, den man ruhig ins Feld führen kann.

b) Rumpfwickel

Wenn der Ganzwickel aus irgendeinem Grunde nicht angebracht ist, so ersetzt ihn der Rumpfwickel, der an den Füßen beginnt und bis unter die Arme reicht. Die Arme bleiben also draußen. Er geht rund um den Körper, so daß die Enden des Wickels seitwärts zusammentreffen oder übereinandergehen wie beim Oberwickel. Der Rumpfwickel — dies ist die Benennung von Frau Schlenz — ist in der Naturheilkunde als 3/4 Wickel oder Unterwickel bekannt. Wer ein Buch der Naturheilkunde mit Zeichnungen besitzt, kann die Technik auch dort nachlesen. Sie ist immer die gleiche. Die ganze Körperoberfläche muß von den Füßen bis unter die Arme bedeckt sein. Der Wickel muß fest anliegen, darf keine Lücken und keine Falten bilden. Die Wolldecken reichen beim Rumpfwickel auch bis unter die Arme. Der freibleibende Oberkörper wird mit dem Hemd, mit einem Frotteetuch und, wenn besondere Durchwärmung angezeigt ist, mit Wollsachen umhüllt.

c) Lendenwickel

Der Lendenwickel wird in derselben Weise ausgeführt und zwischen Hüften und Rippenbogen angelegt. Der Lendenwickel ist eine besonders zweckmäßige Durchwärmungsmaßnahme für das gesamte Pfortadersystem. Seine Wirkung kann durch Auflage von Wärmeflaschen oder Heizkissen erhöht werden. Die Verbindung des Lendenwickels mit einem Wadenwickel schafft auch die Überbrückung von zwei gleichzeitigen Anwendungen, an deren therapeutischem Wert nach allen bisherigen Erfahrungen nicht zu zweifeln ist. Ein ununterbrochener Wickel von der Wade bis zur Achselhöhle ist bei Kneipp als Kurzwickel bekannt. Er ist die sogenannte Schlankheitspackung der Kneippschen Schule, ein bewährtes Mittel bei Fettleibigkeit. Es braucht wohl nicht nochmals besonders betont zu werden, daß auch bei diesem Wickel auf gleichzeitige Durchwärmung der Füße zu achten ist, am besten durch vorausgeschicktes Fußbad oder durch Anlegen von Wärmeflaschen.

d) Beinwickel

Als Abhilfe gegen Erkältungsschäden eignet sich der Beinwickel besonders gut, obgleich er wegen seiner komplizierteren Handhabung dem ansteigenden Fußbade und dem Wechselfußbade nachsteht. Am besten wird man den Beinwickel in Verbindung mit einem andern Teilwickel, z. B. Hals- oder Kopf-Wickel, ausführen.

Was seine Handhabung selbst betrifft, so gibt es hier zwei Wege: entweder benützt man für den Beinwickel die eigens dazu zurechtgeschnittenen Frotteetücher, oder man nimmt einfach bis zu den Knien reichende gestrickte Strümpfe. Im ersten Falle wäre nicht viel zu sagen. Man beachte nur das bei anderen Wickeln Erwähnte. Der Klarheit wegen sei aber noch betont, daß man unter „Beinen" den Körperteil von den Zehen bis zu den Leisten und unter „Füßen" von der Zehe bis über den Knöchel versteht. So kann auch der Beinwickel eine beliebige Länge bekommen, oder er wird nur auf den Fußwickel beschränkt. Will man den Beinwickel nicht mit Hilfe des Frotteetuches, sondern mit Strümpfen durchführen, so braucht man dazu 2 Paar Strümpfe: 1 Paar für innen aus Baumwollgarn und 1 Paar für außen aus Wolle. Auch für diese Anwendung ist die Innehaltung der Regel über die Vorbereitung eines Wickels zu befolgen. Liegt der Patient zu Bett und hat nachweislich warme Füße, so kann ihm das warme Fußbad erspart bleiben. Beim geringsten Zweifel über die genügende Tätigkeit der Kapillargefäße aber bestehe man auf der Durchführung eines ansteigenden Fußbades, wobei es erwünscht ist, daß die Gefäßreaktion, d. h. die Rötung, möglichst hoch die Wade hinauf reicht. So wichtig dies ist, so selten kann es eingehalten werden, weil nur in den wenigsten Häusern eine bis an die Knie heraufreichende Fußbadewanne, wie sie die Kneippsche Schule vorschreibt, vorhanden ist. Die gewöhnlichen Eimer reichen nur bis zur Hälfte der Wade, was ungenügend ist. Zumindest sollte aber in keiner Anstalt eine hohe Fußbadewanne fehlen, wie sie aus Wörishofen oder Berggießhübel leicht bezogen werden kann.

Auf die derart gut durchwärmten Füße werden nun die im heißen Heublumenabsud getränkten baumwollenen Strümpfe rasch gezogen, darüber die Außenstrümpfe aus Wolle. Die Wirksamkeit des Wickels erhöht sich durch Verdoppelung der Strümpfe. Der Wickel kann also auch mit Vorteil aus zwei Paar getränkten baumwollenen und zwei Paar wollenen Strümpfen zum Überziehen bestehen. Außerdem tut man gut, die Beinwickel möglichst hoch, also über die Strümpfe hinauf, mit Wolle zu umwickeln und an die Fußsohlen noch eine Wärmeflasche zu legen. Der Patient wird mit seinen üblichen Decken oder Daunen zugedeckt und ruht, bis nach etwa

1 bis 2 Stunden der Wickel ausgetrocknet ist und abgenommen wird. Dieser Beinwickel ist auch ein vorzügliches Einschläferungsmittel. Man legt ihn zu diesem Zwecke abends an und nimmt ihn erst am anderen Morgen ab. Liegt die Notwendigkeit vor, die Beine ganz besonders stark zu durchwärmen, so wird der Wickel 1/2- bis 1-stündlich von neuem heiß wiederholt. Es kann dabei versucht werden, den Patienten durch Verabreichung von Tees und durch weitere Umhüllungen zum Schwitzen oder zumindest zu starkem Dunsten zu bringen. Gelingt das, so ist es für den Patienten sicher von Vorteil. Diese Methode empfiehlt sich bei Abszessen, Phlegmonen, veralteten Unterschenkelgeschwüren, Fußrheuma, bei Unfällen, Verletzungen usw.

e) Halswickel

So klein der Halswickel an Umfang ist, so groß kann sein therapeutischer Einfluß sein und, bei richtiger Anwendung, auch sein Indikationsgebiet. Man denke nur an Kehlkopfentzündung, Kropf, Basedow, Lymphdrüsenentzündung, Mandelentzüdung und nicht zuletzt an die rheumatischen Beschwerden. Auch als ein vorzügliches Ableitungsmittel für verschiedene Krankheiten des Kopfes eignet sich der Überwärmungshalswickel vorzüglich. Seine Nützlichkeit in Verbindung mit dem Beinwickel muß auch an dieser Stelle erwähnt werden. Will man den Halswickel nicht in der üblichen klassischen dreischichtigen Form nach Kneipp ausführen, so verwendet man den von Frau Schlenz empfohlenen Frotteestoff mit nochmaliger Umhüllung mit Wolle. Das Frotteetuch wird in derselben Weise wie bei anderen Wickeln in das heiße Wickelwasser getaucht, ausgewrungen und dicht um den Hals gelegt. Darüber kommt die Umhüllung aus einem nichtjuckenden Wolltuch. Über die Gesamtdauer und die Häufigkeit des Wechsels, auch über die zusätzlichen Anwendungen wird jeweils der behandelnde Arzt entscheiden. Wird eine Dauerhyperämie gewünscht, so genügt der dreischichtige, einmal anzulegende Halswickel nach Kneipp. Oder man macht den einmaligen Wickel nach Schlenz mit Frottiertuch und Wollschal. Sind jedoch Ableitung vom Kopfe und starke Durchwärmung des Halses erforderlich, so macht man den Überwärmungshalswickel nach Schlenz und wechselt jede halbe Stunde am besten immer in Verbindung mit einem anderen Wickel oder zumindest einer starken Durchwärmung der Fußenden.

Damit wurde die Technik des Schlenzbades und die der Teilanwendungen so dargestellt, wie sie sich mir in der Praxis bewährt haben. Ganz nach den Umständen wird man da oder dort zu Änderungen gezwungen sein oder man wird seine eigenen Erfahrungen in der

Kneippmethode stärker berücksichtigen. Wo damit eine Vereinfachung oder Verbesserung erzielt wird, kann es nur begrüßt werden.

Im Verlaufe der Kur wird man oft von den Patienten gefragt, ob eine Diät notwendig sei. Eine solche im üblichen Sinne ist nicht geboten. Hingegen ist zu bedenken, daß die Überwärmungsbäder unter anderem die Ausleitung von Schlacken bewirken sollen: deshalb ist im allgemeinen eine Einschränkung des Essens erwünscht, um den Reinigungsvorgang nicht zu erschweren. Frau Schlenz erlaubte das Essen gern, wenn der Patient im Stadium der Genesung einen gesunden Hunger entwickelte. Bei vielen ist es aber nicht der berechtigte Hunger, sondern ein vermeintlicher Appetit oder einfach eine üble Eßgewohnheit. Langes und sorgfältiges Kauen ist stets zu empfehlen, damit der Magen nicht überlastet wird.

Demjenigen, der der Ernährungsweise Bircher-Benner's und Waerland's zu folgen imstande ist, wird dadurch die Überwärmungskur abgekürzt, auch wird ihm schneller Genesung gebracht werden. Eine spezifizierte Diät, d. h. eine Teilung in Erlaubtes und Unerlaubtes, halte ich z. Z. nicht für notwendig. Dagegen ist es wichtig, daß der Körper in erster Linie mit Nährsalzen gespeist wird. Winsch nennt sie „Elektrolyte". Seiner eingangs dargelegten Meinung von der Wichtigkeit dieser Art von Nahrungszufuhr schließe ich mich vollauf an. Die Einzelheiten habe ich in einem Artikel über die Therapie der Tuberkulose (Hippokrates H. 5. 1948) ausgeführt.

VI. Das Anzeigengebiet der Überwärmungsbäder

„Das Fieber bereitet sich selbst die Heilmittel im Körper.“ Asklepiades (128—57 v. Chr.)

„Quod alia non sanant febris sanat.“
(Consiliiumsspruch alter Ärzte.)

1. Einleitung

Die zentrale Regulation und der vegetative Tonus sind für das Gesundsein verantwortlich. Entsteht eine Krankheit als Ausdruck einer Störung derselben, so kann diese nur dadurch behoben werden, daß richtig gewählte Reizmittel in geeigneter Stärke und geeigneten Abständen eingesetzt werden.

Am erfolgversprechendsten sind die Methoden, die auf dem kürzesten Wege das Vegetativum beeinflussen. Hier sind neben der Pharmakotherapie, insbesondere der alten humoralen Schule, die Überwärmungsbäder und das Fasten zu erwähnen. Die Wahl der jeweils notwendigen Mittel bildet eine der größten Aufgaben der ärztlichen Kunst, denn es gilt nicht nur, die Materia medica zu beherrschen, sondern auch die ganze Persönlichkeit des Patienten, seine Lebensbedingungen, seine Umwelt usw. genau zu beachten.

Um eine Übersicht über das große Anzeigenfeld für eine Behandlung durch die Überwärmungsbäder zu gewinnen, ist es zweckmäßig, die Indikationen für die Fastenkuren zum Vergleich heranzuziehen. Die Verfechter der Wärmekultur haben schon immer verlangt, daß jedem die Gelegenheit zu vorbeugender Wärmebehandlung (Sauna) geboten werden sollte. Darüber hinaus sollte aber auch periodisch „von innen gereinigt“ werden. Deshalb sollten in Zukunft die Fastenkuren eine größere Verbreitung finden, wie das Buchinger fordert. Wir würden dann nicht so viele Patienten zwischen 45—55 Jahren mit Schlaganfällen zu sehen bekommen.

Die Gegenüberstellung und gegenseitige Absteckung dieser beiden Kurarten ist notwendig, weil die Indikationen sich in vielem überschneiden. Sehr oft schwankt man bei der Entscheidung, welche der beiden Kuren vorzuziehen ist. Bei gleichen Erfolgsmöglichkeiten muß man sich oft für diejenige entschließen, deren Durchführung praktisch am besten möglich ist. Meine Einstellung ist so, daß ich, obwohl ich oft die Fastenkuren vorziehen würde, dennoch die Überwärmungsbäder verordne. Will man dem altbewährten Grundsatz „Qui bene purgat, bene curat“ folgen, so entscheide man sich für die Fastenkur, denn sie stellt die beste Purgiermethode dar. Wohl läßt sie sich mit gut disziplinierten Patienten, vor allem solchen, die schon früher gefastet haben, auch ambulant durchführen, wie das Bottenberg vorschlägt, doch habe ich in Berlin wenig Freude mit dem Zuhausefasten erlebt und verordne es nur in Ausnahmefällen. Infolgedessen ergibt sich schon von selbst die Bevorzugung einer Überwärmungskur, die man sowohl ambulant als auch im Hause des Patienten durchführen kann.

„Es gibt kaum Rheuma ohne Streuherde in den Mandeln, den Zähnen, den Nasennebenhöhlen und manchmal den Ohren“, sagt uns der über große Erfahrungen verfügende Slauck. Doch sollte man sich hüten, diese Herde auf die Infektion allein zurückzuführen: meistens sind es, wie schon gesagt, endobiotische „Befalle“ oder einfache Ablagerungen. Ich möchte noch hinzufügen, daß neben einer etwaigen Prostatitis oder Adnexitis oder auch einer entzündeten Gallenblase eine schädliche Darmflora, ja, schon chronische Verstopfung allein zur rheumatischen Erkrankung führen kann. Bewiesen wird dies durch die Erfolge des Fastens nach Guelpa, wobei die Beseitigung des Rheumatismus durch die Reinigung des Darms und somit des ganzen Körpers gelingt. Für die Großstadt geeigneter ist aber eine Überwärmungskur, gegebenenfalls verbunden mit Darmreinigung mittels eines Darmbades (Gymnacolon oder Sudabad), außer den üblichen Einläufen unmittelbar vor dem Überwärmungsbade. Sehr überzeugend ist die Ansicht B. Aschners, daß auf die Infektion etwa 10 % des Rheumatismus entfällt: das Übrige kommt von Stoffwechselschlacken. Deshalb ist auch der Erfolg denjenigen Ärzten vorbehalten, die im Sinne des hippokratischen Arzttums wirken, ohne „zuviel“ nach Herden zu suchen und die kostbare Zeit dabei zu verlieren.

Obgleich die Hyperthermie, wie Lampert und Walinski betonen, auch bei Hypertension gute Dienste leistet, vermeide ich diese Kur bei Plethorikern und Pyknikern, besonders bei älteren Männern. Diese kommen sonst infolge von Schäden an ihren Herzkranzgefäßen in Reaktionen (meist stenokardischer Natur), verlieren die Geduld und bringen nur die schöne Methode in Mißkredit. Solchen Patienten verordne ich zuerst eine Fastenkur, um so „die inneren Kanäle“ zu säubern. Wenn dann diese Patienten ohne ihren früheren Binnendruck und durch die Fastenkur biologisch umgestellt wiederkommen, können sie, falls notwendig, nach einer gewissen Zeit mit Überwärmungsbädern behandelt werden. Daß aber die Überwärmung bei Hypertonie und deren Folgen Gutes leistet, beweist anschaulich die Mitteilung Halphens und Auclairs, die damit bei 86 Fällen von Hemiplegie einen großen Teil der Funktionstüchtigkeit, selbst in alten Fällen, wiederherstellen konnten. Ortloff geht gerne, aber nur mit vorsichtig abgestimmten Überwärmungsreizen an die Hypertonie heran, weil bei den Pyknikern das Gefäßsystem besonders stark auf rasche und intensive exogene Erwärmung reagiert und zu Kollapsneigung führt. Dagegen kann beim Leptosomen mit seiner langsamen Reaktion auf Außenreize, leicht cyanotischen Extremitäten und oft katatonieartig krampfhaft geschlossenen Hautgefäßen robuster vorgegangen werden.

Die Herzkrankheiten bilden an sich keine Indikation für die Überwärmungsbäder. Sie stellen aber auch keine Gegenindikation dar, wenn es darum geht, ein anderes, für die Behandlung angezeigtes Krankheitsbild zu beeinflussen. Es sei denn, daß ein Verdacht auf Dekompensation vorliegt. So berichtet Ortloff von einem beträchtlichen Aortenaneurysma mit einem Diastolicum und einer großen Blutdruckamplitude (150/50 mm Hg). Der Kranke, ein alter Luetiker, hatte keine Herzerscheinungen und vertrug die Überwärmung gut. Es steht überdies auch fest, daß die Ableitung auf die Oberfläche den Herzmuskel entlastet und im weiteren Verlaufe dadurch stärkt.

Allgemein ist die Meinung verbreitet, daß die Überwärmungsbäder den Herzmuskel schädigen können. Die Patienten fürchten gewöhnlich, daß „das Herz angegriffen wird". Demgegenüber muß hier betont werden, daß eine solche Schädigung noch von keinem der Forscher beobachtet wurde. Im Gegenteil, durch diese Bäder kommt es zur Stärkung des Herzmuskels. Dabei zeigen sich allerdings im Verlaufe der Bäderkur Reaktionen im Kreislauf, die subjektiv als Schwächezustände empfunden und von dem Patienten als „Herzschädigung" aufgefaßt werden. Es lassen sich aber objektiv keine Schädigungen feststellen. Diese Reaktionen bedeuten im Gegenteil die sich anbahnende Stärkung des Herzmuskels als Folge der Bäderkur; sie sind als heilsame Krisen aufzufassen. Es wäre verkehrt, wie das leider oft geschieht, die Kur bei Auftreten solcher Reaktionen abzubrechen.

Wirkliche Schäden kommen nur bei einer zu hastigen und vor allem unkontrollierten ambulanten Kur vor. Solche Schäden werden dann gewöhnlich ungerechtfertigter Weise auf die Kur selbst bezogen. Herzpflege durch Ruhe und genaue ärztliche Überwachung bilden die Voraussetzung für die Überwärmungskur.

Für *Rheumatismus* und die *gewöhnlichen Infektionen* eignet sich im allgemeinen die Überwärmungskur besser als einleitende Behandlungsmethode. Dagegen verdient das Fasten meistens die Bevorzugung bei der Erkrankung innerer Organe. Ergibt sich dann noch die Notwendigkeit einer Behandlung durch Überwärmungsbäder, so hat man nach einer Fastenkur mit der ihr folgenden Entlastung des Binnendruckes oft größeren Erfolg. Die Fastenkuren greifen dann von Anfang an schneller und tiefer durch. So würde man z. B. bei Hochdruck oder Glaukom am besten mit dem Fasten beginnen, um später mit der Überwärmung fortzufahren. Nicht angezeigt ist das Fasten dagegen bei Hypotension, sondern bei ihr ist Überwärmungs- und Mechanotherapie am Platze, wie das mit großem Erfolg von Kienle in der Medizinischen Klinik in Dresden auf Vorschlag von Grote geprüft worden ist. Man könnte sich doch nur schwer entschließen, z. B. eines Herdes in der Nasennebenhöhle wegen, fasten zu lassen. Hier kann man Überwärmungsbäder mit nachfolgender Kopfpackung nach Schlenz verordnen. Das Fasten ist eine tiefeingreifende Selbststeuerung, die man nicht so leicht regulieren kann wie die Überwärmung. Beim Fasten geht es auf einmal aufs Ganze, man fastet eben „durch". Dagegen kann die Überwärmung, je nach Lage des Falles, inbezug auf Stärke und Häufigkeit genau eingestellt werden. Auch fällt das Ausschwitzen von schädlichen Abbauprodukten im Bade den Patienten leichter als die schwer erzwungene selbststeuernde Reinigung im Verlauf des Fastens. Diese Betrachtungen deuten an, wie vieles bei der Wahl zwischen Baden und Fasten zu erwägen ist.

Bei der Aufzählung der umfangreichen Indikationen muß dem Leser die Frage auftauchen, inwieweit die Überwärmungsbäder auch beim Gesunden angebracht sind. Aus der Anlage dieses Buches heraus wird ihm jedoch ersichtlich werden, daß die Überwärmungsbäder als Bestandteil der Wärmekultur noch mehr der Vorbeugung als der eigentlichen Behandlung dienen sollen. Dies gilt besonders im Hinblick auf die Eugenik.

Höchstes Ziel ist und bleibt immer die Arbeit für die kommenden Generationen. Je gesünder die Eltern, um so gesünder die Kinder. Die systematische Durchführung der Überwärmungsbäder erhält auch diejenigen, die sich noch als gesund betrachten, bei wahrer Gesundheit, indem bei ihnen die Lebenskraft angefacht wird. Wie Kienle zeigt, wird in der Tat der Mesenchym- und Diencephalonschwächling mit der Diagnose „Magersucht" durch die Überwärmungsbäder erstaunlich gebessert, das Ekg. weist eine erhebliche Besserung auf, und aus dem vegetativen Dystoniker wird ein spannungserfüllter Mensch mit normalem Blutdruck.

Wie tief und segensreich die Wärmekultur in alle Lebensvorgänge eingreift, zeigt uns auch deutlich ihre Wirkung bei den werdenden

Müttern. Deshalb gehört zur Besprechung der Anzeigen auch die Frage, ob die Überwärmungsbäder in der *Schwangerschaft* zulässig sind.

Hinsichtlich der Schlenzbäder kann auf Grund unserer Erfahrungen diese Frage nur bejaht werden. Was die Methoden von Lampert und Walinski anbetrifft, so müßte darüber von Fall zu Fall entschieden werden. Auf diesen ganzen Fragenkomplex muß aber näher eingegangen werden, weil die in der Geburtshilfe führende Richtung bis jetzt gegen Vollbäder bei Gebärenden eingestellt ist.

Lüttge, Direktor der Frauenklinik in Bamberg, faßte neuerdings die einschlägige Literatur zusammen und trat für das Vollbad unter der Geburt ein. Im Schrifttum und in der Praxis wird das Vollbad meist mit der Begründung abgelehnt, es könne zu Keimaszension kommen. Großes Aufsehen erregten zwei von Bumm 1903 veröffentlichte Fälle aus der Hallenser Klinik. Die führenden Frauenärzte wie Zweifel, Seitz, Zangemeister, Stöckel findet man unter den Gegnern des Vollbades.

Winternitz veröffentlichte 1902 in schroffem Gegensatz zu Stroganoff, dem damaligen führenden Gegner des Vollbades, seine klassischen Arbeiten, die nachweisen konnten, daß kein Badewasser in die Scheide eindringt. Dessen ungeachtet verlangt natürlich auch er beim Baden von Kreissenden die selbstverständlichen hygienischen Maßnahmen, besonders die sehr gründliche Reinigung der Badewanne und, wenn möglich, auch die Desinfektion der äußeren Genitalien ante partum. Die Naturheilkunde, hauptsächlich vertreten durch Winsch, hat sich immer für das Vollbad eingesetzt.

Bevor wir nun die verschiedenen Indikationen im einzelnen durchsprechen, möge hier noch eine kurze allgemein wichtige Betrachtung folgen. In der Glanzzeit der Wiener Schule unter Skoda und Rokitansky verfiel die innere Medizin dem Nihilismus. Man vergaß, wie es heute noch mehr der Fall ist, die großen unbestrittenen Erfolge der alten Ärzte und suchte das Heil in Laboratorien, wo nicht die ärztliche Begabung, sondern die Apparate und Reagenzgläser die Diagnose zu stellen hatten. Die Folge waren Enttäuschung und ein weitverbreitetes Mißtrauen gegen die Schulmedizin. So geschah es schließlich, daß Erzherzog Anton durch den Bauer Prießnitz mit heißen Wickeln geheilt werden konnte, nachdem mehrere medizinische Kapazitäten versagt hatten. Etwas später erregte großes Aufsehen in Europa, daß Pfarrer Kneipp den Erzherzog Josef, Palatin von Ungarn, von seinem Ischias befreite und nicht die großen Kliniker Europas, die zuvor besucht wurden. Heute verfügen wir über einen größeren medizinischen Erfahrungsschatz; wir sind in der Lage, den meisten Krankheiten wirkungsvoll entgegenzutreten. Dennoch begnügen wir uns in vielen Fällen lediglich mit Schmerzlinderung. Durch zentrallähmende Mittel erreichen wir in solchen Fällen einen kurzen Aufschub, um ihn dann durch weitere Gaben von Frist zu Frist zu verlängern. Nur zu selten machen wir von der uns durchaus zu Gebote stehenden kausalen Therapie Gebrauch, von der die Überwärmungsbäder einen nicht unwesentlichen Anteil darstellen.

Das wird insofern verständlich, als der Patient oft beim Mitkämpfen versagt. Oft will er dies auch gar nicht mehr; sein Lebenswille ist schon gelähmt. Schließlich wurde er auch dazu erzogen, sich mit der Schmerzlinderung zu begnügen, anstatt die endgültige Beseitigung des Übels zu verlangen, auch wenn sie mit Mühe, großem Zeitaufwand und Schmerzen verbunden ist. Hierzu sei noch gesagt, daß z. B. in Japan die Ärzte nicht gleich mit Tabletten oder Spritzen bereitstehen. Ein Volk, das leben will, darf nicht verlernen, Schmerzen zu ertragen! Bei uns kommen heute die meisten Patienten nicht mit dem Ersuchen, geheilt zu werden, sondern mit der Bitte, sie von den Schmerzen zu befreien. Wir Ärzte dürfen die Verweichlichung der menschlichen Natur nicht noch fördern.

Dies wird sich jedoch erst dann ändern, wenn der Wille zur Gesundheit wesentlich stärker als bisher den Patienten eingeprägt und uns möglich wird, die öffentliche Gesundheitspflege anders aufzubauen. *Eine Methode, die Großartiges sowohl bei der Prophylaxe wie bei der Therapie leistet, besitzen wir in den Überwärmungsbädern.*

2. Krankheitsbereiche

a) Rheumatismus

Die verschiedenen Erscheinungsformen des Rheumatismus sind so alt, wie die geschichtlichen Überlieferungen reichen. Sowohl die Ausbreitung wie Formenfülle und Gefährlichkeit dieser besonders jetzt immer weiter um sich greifenden Krankheit wird leider noch immer stark unterschätzt. Deshalb ist es nicht mehr als richtig, wenn man die sich hinter dem seit Galenos (131—200 n. Chr) bekannten Worte „Rheumatismos" verbergenden Übel an die erste Stelle der Indikationen stellt.

Schon vor 2400 Jahren hat Hippokrates die akute Polyarthritis und ihren klinischen Verlauf meisterhaft geschildert. Ja, mehr als das, er hat sie mit Halsentzündungen in Beziehung gebracht und vom akuten Gichtanfalle zu unterscheiden gewußt.

Er selbst erbohrte eine heiße Schwefelquelle auf der Insel Kos, um seinen Patienten zu helfen. Beim rheumatischen Hüftübel gab er Dampfbäder und nur bei ganz hartnäckigen Hüftgelenkleiden, die nicht reagieren wollten, griff er mit Erfolg zum Glüheisen. Alles dieses sind Mittel der Hyperthermie. Man geht wirklich nie fehl, wenn man bei den Alten lernt. Der Sinn der Therapie bleibt immer derselbe: Anfachung der Lebenskraft durch geeignete Reizmittel. Diese allerdings werden entsprechend der Entwicklung der menschlichen Kultur äußerlich verschieden gestaltet sein.

Die Geschichte der Heilkunde zeigt uns, daß sich seit diesen Anfängen die Ärzteschaft ständig im Kampfe gegen dieses Hauptleiden der Menschheit befindet. Das im 16. Jahrhundert verfaßte Rheumabuch des Ballonius umfaßt dann schon bereits, wie Veil betont, die Grundlagen unserer heutigen Rheumatismuslehre.

Wir wählen die Formulierung von Tichy, um das Wesen der rheumatischen Erkrankung in der Sprache der modernen Klinik zu umreißen. Wir dürfen demnach unter Rheumatismus die durch verschiedenartige Infektionen bedingten, durch Erbanlage, Konstitution, Disposition und Exposition gegenüber den Umweltfaktoren geprägten und über das autonome und zentrale Nervensystem ausgelösten (Ricker, Speransky), weitgreifenden Krankheitszustände am Mesenchym begreifen, die auf der einen Seite von rein örtlichen Prozessen an einzelnen Organen und Körperteilen, auf der anderen von allgemein septischen Prozessen begrenzt sind.

Besonders durch die Forschungen von Ascoli, Veil, Klinge, Berger, Gerlach, Hansen, Rößle und Slauck wissen wir, wie sich das Rheuma auf dem Wege über vom Herdinfektionskomplex (Proell) ausgelöste allergische Vorgänge im Körper verbreitet und daß es keine Grenzen für die Ausbreitung der Gifte an alle Körperstellen gibt.

Die Lehre von der Fokalinfektion, besonders gefördert durch die Arbeiten von Päßler und Rosenow, nimmt in der Mentalität des amerikanischen Arztes einen größeren Raum als in der des europäischen ein. Während der Letztere aus den älteren Lehren heraus bei der Analyse eines Falles vor allem an die entzündliche, degenerative oder neoplasmatische Natur des Prozesses denkt, sucht der amerikanische Arzt in jedem Falle den „feeding focus", den nährenden Herd. Das ist auch verständlich, weil es nunmehr in das klinische Denken mehr und mehr einzugehen pflegt, daß bei vielen chronischen Krankheiten die Streptokokken eine wichtige Rolle spielen, wie das durch Rosenow, Veil, Edstroem und zahlreiche andere Forscher einwandfrei festgestellt wurde. Und dennoch sagt Lichtwitz resigniert: „Es ist unmöglich, den Teufel des Rheumatismus durch Hekatomben von Tonsillen und Zähnen zu versöhnen!" Das kam, weil seine Schulung ihm den Weg zu den alten Meistern versperrte. Das Glück wurde einem anderen großen Kliniker —

B. Aschner — zuteil: die von ihm ergriffene Fackel schützt ihn vor solchem Pessimismus und leuchtet voran!

Zahllose klinische Beobachtungen haben die Verbindung und Abhängigkeit festgestellt zwischen Herden in den chronisch entzündeten Tonsillen, wurzeltoten Zähnen, Schleimhautentzündungen in der Halsregion, entzündlichen Prozessen der Nasennebenhöhlen, der Vorsteherdrüse des Blinddarmfortsatzes, der Gallenblase, der Frauenorgane und noch anderen Körperstellen einerseits und einer Reihe von Krankheitsbildern wie Polyarthritis, perniciöser Anaemie, Magengeschwür, Erythema multiforme und noch vielen weiteren Krankheitsbildern andererseits. Und dennoch liegt hier nur ein Teil des Problems vor: das Gesamtkausale kann ich heute nur im Lichte der Endobiosis (Enderlein) erblicken. Seine „Cyklogenie der Bakterien" lehrt uns, daß nicht die Anwesenheit eines Bazillus ausschlaggebend ist, sondern die Dynamovalenz seines jeweiligen Entwicklungsstadiums. Dadurch gewinnt die Überwärmungsbehandlung gewaltig an Bedeutung, ist sie doch imstande, die sich höher entwickelnden stark virulenten Formen einzudämmen. Mit der herabgesetzten Pathogenität wird dann der Körper fertig.

Bedenkt man, daß die meisten Rheumakranken den Arzt erst mit bereits weit verstreuten Krankheitserscheinungen aufsuchen, so wird es verständlich, daß es nicht immer gelingt, sämtliche Streuherde aufzufinden oder aber auch diese gänzlich zu sanieren. Oft können daher kleine Herde im Organismus zurückbleiben und so das Leiden aufrechterhalten. In solch einem Falle bieten die Überwärmungsbäder den großen Vorteil, alle diese verzweigten Herde auf einmal zu bekämpfen. Wir haben so die Möglichkeit, durch die Überwärmung des Körpers — einschließlich des Kopfes! — die sonst nicht erreichbaren Herde zur Resorption sowie die überall angehäuften Toxine zur gleichzeitigen Ausschwemmung (Slauck) zu bringen.

Es bricht sich jetzt immer die Ansicht Bahn, daß die Ursache vieler Krankheiten auf das Versagen der „inneren Barriere" zurückzuführen ist. Sonst könnte man nicht, wie Slauck das mit Recht tut, Krankheitsbilder wie Chorea minor, hyperpyretische Zustände, Iritis und Iridocyklitis, Episkleritis und Chorioiditis, Erythema nodosum, Erythema exsudativum multiforme, Erythema annulare und Psoriasis mit der rheumatischen Infektion in Verbindung bringen. Folgt man der Behauptung Slauck's, daß das Phänomen des Muskelfibrillierens — als Folge des Einstroms infektbedingter Giftstoffe in den Liquor — bereits als Übergang des Toxins auf einzelne Vorderhornganglienzellen anzusehen ist, dann erfüllt einen die Häufigkeit der Feststellung dieses Anzeichens in der Praxis mit Besorgnis.

Die Patienten wollen es gar nicht glauben, wenn man sie auf diese Gefahr hinweist, und geben vor, sie hätten ja nur „ein Reißen". Nur ganz wenigen kann man begreiflich machen, daß die Infektion bereits ins Rückenmark eingedrungen ist und von dort aus das Muskelzucken auslöst. Vielleicht schützt den einen oder anderen seine „Barriere", in diesem Falle wohl das Endothel der Kapillare bzw. das ganze reticulo-endotheliale System, vor schwerer Schädigung. Die meisten aber fallen früher oder später der Infektion doch zum Opfer, indem der „locus minoris resistentiae" als das eine oder andere klinische Syndrom in den Vordergrund rückt und so der Krankheit zu einem der vielen „Rheumanamen" verhilft.

Jede Krankheitsgeschichte einer rheumatischen Erkrankung bringt immer wieder dieselben Beschwerden: Morgenmüdigkeit, Morgensteifigkeit, kalte Hände und Füße, Wetterfühligkeit, „Neuralgien", „Reißen", Hexenschuß sowie Schmerzen verschiedenster Lokalisation, besonders in der Kopf- und Rückengegend. Nach Enderlein sind es klinische Auswirkungen eines „Befall durch den Endobionten", dessen Auftreten vielgestaltig ist und ins Uferlose gehen kann.

Von allen diesen wenig charakteristischen Erscheinungen als Zeichen einer Fokalinfektion über das Stadium des akuten Rheumatismus, den Wirbelsäulenrheumatismus mit visceralen und peripheren Folgen, die Polyarthritis bis zu den chronischen arthritisch versteifenden Form in allen ihren Stadien sowie nicht minder die zahlreichen Rheumatoide, also ausnahmslos über den gesamten rheumatischen Formenkreis, erstreckt sich ohne Unterbrechung das Anzeigenfeld der Überwärmungsbäder.

Die heute allgemein verbreitete Auffassung des Rheumatismus als *allergisches Phänomen* wird die Überwärmungsbäder als eine summarisch umstimmende Maßnahme zu betrachten haben. Diese macht dann auch das Suchen der spezifischen Allergene oft überflüssig. Jedoch darf die Behandlung nicht etwa immer nach dem gleichen starren Schema durchgeführt werden. Es gilt, in einem jeden einzelnen Falle eine genaue Analyse und Synthese durchzuführen. Diese wird Vorgeschichte, Beruf des Patienten, seinen Lebenskreis, seine Lebensweise sowie vor allem seine Konstitution (Klare, Lampert, Gruner, Belart) und Reaktionslage in Rechnung zu setzen haben. Weiter erfordert sie eine exakte Stellung der Diagnose, die sich aller bislang erworbener Erkenntnisse auf dem Gebiete der Rheumatologie bedienen sollte (Fokalinfekt — Lage, Stadium — akut, chronisch, Schub, latent — Verlaufsform — septiform — Arthritis, Übergang zur Arthrose — viscerale Beteiligung — Herz, Gefäße, andere Organe). Das Gleiche gilt für eine genaue Abstimmung im

Verlauf der gesamten Kur, bei der es unerläßlich ist, den Patienten laufend zu kontrollieren (Temperatur, Herz, BSG., Blutbild, Urin).

Daß nicht wahllos vorgegangen werden kann, zeigen manche trüben Erfahrungen. So erwähnt Lampert solche Fälle, wo die Blutkörperchen-Senkungsgeschwindigkeit von 48/80 schon nach 2—3 Bädern auf normale Werte zurückging und der Patient nach kaum 2 Wochen schmerzfrei war. Gab man in solchen Fällen die Bäder — womöglich noch heißer — weiter, dann kam es zu hochgradiger Schmerzhaftigkeit, die erst nach 1—2 Jahren mit einer leidlich erträglichen irreparablen Versteifung ausheilte. Es wären hier eben niedrigere Temperaturen von 38—39° C (und auch weniger, je nach Reaktionslage des Patienten) angebracht gewesen.

Solche Fälle habe ich in meiner umfangreichen „Schlenzpraxis" nie erlebt, wahrscheinlich, weil ich gewohnt bin, bei Anwendung abgestimmter Temperaturen es nie zu einer Ruhigstellung kommen zu lassen. Die völlige Ruhigstellung führt oft zu Versteifung, die dann mit und ohne Überwärmungstherapie eintritt. Wenn ich Patienten übernehme, die anderwärts „stillgelegt" und „ruhiggestellt" waren, (oftmals in der Tortur des Gipsverbandes dazu!) so ist es meine erste Aufgabe, sie zunächst im Sinne der Bewegung umzuerziehen. Es hat sich bislang stets gelohnt, und ich habe es nie bereut. Diese meine Erfahrungen decken sich mit denen von Edstroem, der in jedem Falle für eine abgestimmte Bewegungstherapie eintritt. Wohlverstanden handelt es sich hier um chronische bzw. degenerative Fälle. In acuten ist meistens das Entgegengesetzte angezeigt: d. h. Ruhe bis die Entzündung abklingt. Die „statische" Ruhigstellung ist aber nicht gleichbedeutend mit der Ausschaltung der Überwärmungsbäder.

Das gleiche gilt auch für das große Gebiet der *Neuralgien*, insbesondere der Ischialgie, vorausgesetzt, daß deren rheumatische Ätiologie differentialdiagnostisch sichergestellt ist (Nucleus pulp.-prolaps, Tumoren, orthopädische Deformitäten usw.).

Genau so wie die Neuralgien reagieren die Myalgien öfters mit Schmerzen auf die Hyperthermie, was kolloidchemisch durch den sich bildenden Quellzustand erklärlich ist und auch die Nachtschmerzen der Rheumatiker erklärt. Die Schmerzreaktion war für mich nie ein Grund zum Absetzen der Kur, wohl aber zur zusätzlichen Verordnung der Mechanotherapie in Form von Tiefen- und Unterwassermassage. Wichtig ist dabei die Lockerung des meist über viele Segmente verteilten Muskelhartspanns. Wer mit Enderlein der Meinung ist, daß diesen Gewebsveränderungen endobiotische Vorgänge zugrunde liegen, wird zusätzlich die Mutalin-Vaccine anwenden. Die so erzeugte Muskelentspannung beseitigt dann auch meist bald die Schmerzen.

Alle diese Beispiele zeigen immer wieder, wie wichtig es ist, daß die Überwärmungsbäder unter ärztlicher Leitung dem einzelnen Fall angepaßt werden müssen. Deshalb stellte L a m p e r t eine Reaktionstypenlehre (A-Typ und B-Typ) auf und gab für das Gebiet des Rheumatismus Behandlungsregeln.

Da diese den Ärzten noch wenig bekannt ist, bringe ich sie mit dem Wunsche, daß sie weitgehende Beachtung finden möge.

Behandlungsregeln nach Lampert

I.

Gibt der schon jahrelang kranke Patient während der Behandlung langsam beginnende und langsam zunehmende Schmerzlosigkeit an, und nimmt die Blutkörperchen-Senkungsgeschwindigkeit langsam ab, so verordne man wöchentlich 2—3 Bäder von 38—39° C bis Schmerzlosigkeit eintritt.

II.

Bei Kranken mit in kurzen Abständen häufig rezidivierenden rheumatischen Beschwerden werden täglich Temperaturen bis 40° Körpertemperatur erzeugt. Tritt jedoch eine stärkere Schmerzreaktion auf, dann werden sofort nur noch Bäder von 35—36° C Wassertemperatur gegeben. In allen Fällen wird die subjektive Schmerzangabe durch 5—6tägige Blutkörperchen-Senkungsbestimmungen mit und ohne Zitratzusatz kontrolliert.

III.

Bei Kranken mit röntgenologisch nachgewiesener Arthritis deformans mit rheumatischer Komponente (Wetterfühligkeit, beschleunigter BSG.) gehe man wie bei II vor. Man höre mit der Überwärmungskur nicht nur bei auftretender starker Schmerzreaktion sofort auf, sondern auch bei schnell auftretendem Wohlbefinden. Oft kommt es vor, daß Kranke mit schwerer Arthritis deformans schon nach zwei Wochen schmerzfrei werden und es auch bleiben, wenn man anschließend nur noch Bäder von 35—36° C Wassertemperatur gibt.

b) Tuberkulose

In den ersten 3 Auflagen dieses Buches habe ich wohl auf die guten Aussichten bei der Behandlung der Tuberkulose mit Hyperthermie hingewiesen, besaß aber noch zu wenig Erfahrung, um mich entschiedener auszusprechen. Jetzt fühle ich mich berechtigt, dieser Behandlung vollauf das Wort zu reden; ich kann sie jetzt aus meiner Großstadtpraxis gar nicht mehr wegdenken.

Nachdem W e s e l k o über Erfolge mit Malariatherapie bei Lungentuberkulose berichtete, liegt kein Grund vor, die noch mehr leistende Überwärmung von der Behandlung dieser Krankheit auszuschließen. Man kann nicht alle Kranken jetzt in die Berge schicken oder für längere Zeit in Anstalten unterbringen. Vieles, sehr vieles wäre schon geschehen, wenn eine ganze Reihe von speziellen Badeanstalten den Verdächtigen und Erkrankten Gelegenheit zur ambulanten Überwärmungsbehandlung bieten würde.

Die Arbeiten Speransky's und Veil-Sturms über die zentrale nervliche Regulierung sowie diejenigen Enderleins über die Bakteriencyklogenie und den Krankheitskomplex der Endobiosis zeigen, daß der Überwärmung als Heilfaktor auch bei der Tuberkulose eine große Bedeutung zukommt. Zum einen, weil durch die Überwärmungsmethoden die zentrale Regulation entscheidend beeinflußt wird, zum anderen, weil die Überwärmung imstande ist, die Abstoßung der abgebauten Endobiontenformen beschleunigt in Gang zu setzen und durchzuführen.

Natürlich ist durch Liegekur, besseres Essen, Milieuwechsel, Fernhalten von häuslichen Sorgen und dergleichen viel zu erreichen. Doch weit bessere Resultate lassen sich durch die Vereinigung der bislang geübten Methoden mit der Überwärmungsbehandlung erreichen. Daß die letztere durch Säure- und Homöotherapie, Vitaminzufuhr, Atemgymnastik, Mechano- und Physiotherapie weiter unterstützt wird, bedarf keiner weiteren Erwähnung.

Seit den klassischen Arbeiten Kochs über die Behandlung der Tuberkulose und Immunisierung mit Tuberkulin und durch die darauffolgende Entwicklung nach dieser Richtung zeigt uns der Fortgang dieses Problems beständig, wie fein empfindlich der menschliche Körper unter gewissen Umständen schon auf geringste Reize zu reagieren vermag. Infolgedessen liegt es klar auf der Hand, daß ein so eingreifendes Mittel, wie es das Überwärmungsbad darstellt, bei unkritischer Anwendung imstande ist, ein plötzliches Aufflackern eines Herdes zu bewirken, der bislang verborgen war. Aus diesem Grunde wird jeder Verordnung eines Überwärmungsbades eine genaue Analyse des tuberkulösen Befundes unter Berücksichtigung der Anamnese, des Alters (tuberkulosegefährdetes Entwicklungsalter), der gegenwärtigen Reaktionslage, vor allem aber des jeweiligen Krankheitsstadiums vorauszugehen haben. Die Anzeige der Überwärmungsbäder bei den Formen der Tuberkulose wird sich auf solche Fälle zu beschränken haben, bei denen eine plötzliche Streuung mit an Sicherheit grenzender Wahrscheinlichkeit nicht zu erwarten ist. Wiederum obliegt es hier der ärztlichen Kunst, nach genauer Diagnosestellung und unter Berücksichtigung der übrigen erwähnten Tatsachen abgestuft therapeutisch vorzugehen.

Das tuberkulöse Geschehen hängt vor allem von folgenden drei Faktoren ab: 1. massiges Auftreten der Infektion, 2. Giftigkeit und

Lebensfähigkeit des betreffenden Bazillenstadiums (Probaenogenese und Dynamovalenz), 3. Grad der Widerstandsfähigkeit der Befallenen. Bei der letzteren wirken als conditionelle Faktoren Lebensweise, Lebensbedingungen, Nährschaden, Infekte usw. mit.

Zwischen den extremen Verlaufsformen einer Miliartuberkulose oder auch einer Organ- (Lungen-, Knochen-) Tbc. einerseits und einer im Verlaufe des Lebens nach einem Primärinfekt erworbenen Immunität andererseits steht nach den Forschungen französischer, schweizer und deutscher Forscher der unermeßlich große Formenkreis der lymphatischen Tuberkulotoxikose. Diese wurde früher auch gar nicht als Einheit gewertet, wie es nach den modernen Forschungen (Hollos, Ponndorf, Starlinger, Poncet, Leriche, W. Bircher) gefolgert werden muß.

Wie weit dieses Übel verbreitet ist, beweisen uns die eingehenden Monographien von W. Bircher und Patronikolas. Man findet dort u. a. das große Verzeichnis der vorgetäuschten Infektionskrankheiten, hinter welchen sich eine Tuberkulose verbirgt. Schlägt man diese Bücher auf, so findet man in ihnen ein unübersehbares Gebiet, das im einzelnen aufzuführen hier gar nicht möglich ist. Man kann sagen, daß es wohl kaum einen Menschen gibt, der sich nicht im Verlaufe seines Lebens mit einer seiner Formen hat auseinandersetzen müssen.

Das Bild ist eigentlich immer dasselbe: der Mensch fühlt sich elend und krank, man glaubt es ihm aber nicht, weil ja „nichts gefunden wird und weil die Röntgenuntersuchung nichts zeigt". Solche Zustände müssen aber möglichst früh erkannt und behandelt werden. Nur die ärztliche Erfahrung, verbunden mit der Einsicht des Patienten, bringen hier Abhilfe. Hier sei noch gesagt, daß die Homöopathie seit ihrer Gründung vor 150 Jahren eifrig bemüht ist, solchen Kranken zu helfen, die viele, sicher gerechtfertigte Klagen hervorbringen, dabei aber einen geringen objektiven Befund aufweisen. Gerade solche Kranke veranlaßten auch die Schöpfung der konstitutionell bedingten Typenlehre.

Wenn wir die alte Hahnemann'sche „Psora" heute mit den Worten „Dyskrasie" oder „Diathese" übersetzen, so hat sich an ihrem Wesen nichts geändert. Nach Vannier ist eben das, was die alten Ärzte „Scrophulose" nannten, nichts anderes als eine Art latenter Tuberkulose, man kann wohl sagen „Unter- oder Paratuberkulose" Die damit behafteten Kinder und Erwachsenen sind die Phosphor- und Calciumkonstitutionen der Homöopathie. Hierher gehören alle Drüsenschwellungen einer lymphatischen Veranlagung.

Neben den Allgemeinerscheinungen, die Ausdruck von Störungen im Lebensbetrieb der Kranken sind, wie allgemeine Mattigkeit, Unaufmerksamkeit, Reizbarkeit, Ängstlichkeit, Schwermut, Verstopfung, reichlichem Schwitzen usw. zeigt sich die lymphatische Tuberkulotoxikose in einer Fülle von Krankheitsbildern. Poncet und Leriche gaben von diesem Formenkreis folgende Übersicht:

Knochenwuchsstörungen, tuberkulöser Rheumatismus (Poncet, Leriche), *Bindegewebsschäden* wie Dupuytren'sche Kontraktur, *Eingeweidesenkungen* aller Art, mannigfache oder verschiedenartige *Sehnenscheidenentzündungen, Überbeinbildungen, Muskel*schmerzen und -härten mit entzündlichen Krampfbildungen, verschiedene *Erkrankungen des Nervensystems,* manche Arten von *Kopfschmerz,* Epilepsie, Facialislähmungen, Herpes zoster, disseminierte Myelitiden, *Hauterkrankungen* wie Psoriasis, Erythema nodosum, Sklerodermie. Erkrankungen der *exkretorischen* und *sekretorischen* Drüsen, ihre Hyper-, Hypo- und Dysfunktionen, Mitbeteiligung an der *Geschwulst*bildung (in Form des chronischen Reizes), Schäden des *Respirationstraktes,* Rhinitus chronica, Epistaxis, chronische Pharyngitis, Asthma, Bronchiektasien, *Kreislaufschädigungen* wie Endocarditiden, varicöser Symptomenkomplex, Lymphgefäßstauungen (Elefantiasis), Schäden des *lymphatischen Systems* wie adenoide Vegetation, Hypertrophie der Gaumenmandeln, Lymphknotenschwellungen, Schäden am *Verdauungstrakt* wie Formen der Gastritis, Pylorospasmen, Colitis mucosa, Hepatitiden, Schäden an der *Bauchspeicheldrüse* und den anderen Speicheldrüsen, Erkrankungen des *Harnapparates* wie Formen der akuten und chronischen Nephritis, orthostatische Albuminurie, Störungen an den *Sinnesorganen* wie Otosklerose, mannigfache entzündliche Augenstörungen u. v. a.

Die allgemeine schlechte Abwehrlage, in der sich der Organismus bei der lymphatischen Tuberkulotoxikose befindet, macht es leicht verständlich, daß sich im Verlauf der tuberkulösen Infektion zu dieser noch mannigfache andere Infektionen gesellen können und so bei vielen der vorgenannten Erkrankungen nicht ein reines, sondern das Bild einer Mischinfektion (Streptokokken, auch Staphylokokken, Pneumokokken, Influenzabazillen usw.) vorliegt.

Die bei manchen der vorgenannten „Erkrankungen" beobachteten Avitaminosen, Störungen im Mineralhaushalt usw. sind unter den hier entwickelten Gesichtspunkten als Sekundär, also Folgeerscheinungen, aufzufassen. So wird es verständlich, daß man besondere Erfolge erzielen wird, wenn man neben der Therapie mit Überwärmungsbädern noch Ordnungstherapie im Sinne Bircher-Benners (Regelung des Rhythmus der Lebensfunktionen, genügende

Vitamin- und Mineralzufuhr) sowie Bekämpfung der Mischinfektion (Herdsanierung) durchführt.

Zusammenfassend kann man sagen, daß sich die Anzeigen für die Überwärmungsbehandlung auf die *indurativ-cirrhotischen Lungenprozesse, das Gebiet der Knochentuberkulose, der Hauttuberkulide und vor allem das unübersehbare und verschiedenartige Gebiet der lymphatischen Tuberkulotoxikose (Scrophulose)* zu beschränken haben. Kinder eignen sich für die Überwärmungsbehandlung noch besser als Erwachsene und reagieren besonders gut auf das milde und vorsichtig abgestufte Kräuterbad nach Schlenz.

Die Hyperthermie in Form der Überwärmungsbäder bildet einen Stoß- und Regulierfaktor für das gesamte sympathische System, der bei kunstgerechter Anwendung das natürliche Heilbestreben zu voller Kraft entfachen kann.

c) Regulations- und Stoffwechselkrankheiten

Unter Regulationskrankheiten verstehen wir Störungen der übergeordneten vegetativen Zentren, die eine krankhafte Funktionsveränderung im Körper herbeiführen. Als die Rolle des autonomen Nervensystems und des Diencephalon noch nicht erforscht war, hat man die sich an der Peripherie abspielenden Vorgänge als von den zentralen Veränderungen getrennt gedeutet. Diese Trennung wird immer unhaltbarer, nachdem Veil-Sturm, Speransky und andere in umfangreichen Arbeiten gezeigt haben, daß krankhafte Veränderungen der zentralen Regulation Einfluß auf die „peripheren“ Vorgänge eines jeden Organsystems nehmen können.

Nach Speransky kann sich eine solche Störung bald zentral, bald peripher einstellen, einmal in Form einer schweren akuten Erkrankung, das andere Mal dagegen als ein subakuter, unterschwelliger Prozeß. Dabei kann z. B. ein verschiedener Zustand der Zentralregulation bald einen Typhus, bald eine Karies herbeiführen.

Durch diese ätiologische Vereinheitlichung verwischen sich die Bilder der Organpathologie, es verschwindet der enggezogene Krankheitsbegriff. Am Ende bleibt nur der kranke Mensch, wie das die Homöopathie bereits seit 150 Jahren lehrt. Deshalb richtet sich ihr Vorgehen eben auch nicht nach der speziellen Krankheit, sondern nach den jeweiligen Ausdrucks- und Ausbruchsformen des Krankseins, den Symptomen.

Diese ätiologische Vereinheitlichung bringt auch den Gedanken nahe, daß es auch eine einheitliche Beeinflussungsmöglichkeit der autonomen Zentren geben muß. Dieses hat Speransky bewiesen, indem er in gewissen Fällen den falschgeschalteten Hebel der Zentralstation richtigstellte und so erstaunliche Heilungen herbeiführen konnte. Bis diese Erkenntnisse zu uns in der Form von gesicherten und erprobten therapeutischen Maßnahmen gelangen, bildet die Überwärmung mit die sicherste Behandlungsmöglichkeit der Regulationskrankheiten.

Nach Speransky sind unsere bislang unerklärten Zustände, unsere Typenleiden, die täglichen Wiederkehrer, nervengesteuerte Prozesse. Ob Zahnfäule oder Mittelohr- und Kieferhöhleneiterung, Augengeschwüre, Zahnfleischblutungen, Lungenentzündungen in großen und kleinen Herden, das Magen- und Zwölffingerdarmgeschwür, die Blinddarmentzündung, die Ruhr, der Typhus, alle sind sie Standardtypen der zentralen Nervenreaktion, diktiert, geformt im Zwischenhirn.

Aus der Fülle dieser Krankheitsprozesse seien solche herausgehoben, die auf den ersten Blick wohl kaum zentralbedingt erscheinen. So werden die Erythrocyten auch infolge der Veränderung des Blutbildungszentrums entweder abnorm vermehrt oder vermindert. Feuchtinger konnte experimentell zeigen, daß die Reizung der Blutbildungszentren zur Bildung bestimmter Hormone führt, welche ihrerseits die Blutbildungsstätten im Knochenmark beeinflussen. In den Überwärmungsbädern mit ihrem Einfluß auf die zentrale Regulation besitzen wir also auch in unserer so sonnen- und rohkostarmen Zone eine wertvolle Methode der Anaemiebekämpfung. In einer Zeit, in der das Haemoglobin eines Großstädters im allgemeinen Werte von 70—80 % aufweist, sind besonders die mit Kräutern angereicherten Bäder angezeigt.

W. Bircher weist darauf hin, daß auch die Vorgänge der Blutgerinnung vom Zwischenhirn abhängig zu sein scheinen. Man bedenke, welche große Bedeutung die Bäder für die Behandlung von zentralbedingten Blutungen haben können. Weiterhin gibt es Metrorrhagien, die durch nichts zu stillen sind, so stark, daß man sogar zur Uterusexstirpation schreiten mußte. Solche Blutungen, aber auch die Fülle der stets sich wiederholenden Metropathien innerhalb der lymphatischen Tuberkulotoxikose gehören in das Gebiet der zentralen Regulationsstörungen und sollten durch eine kombinierte Therapie einschließlich der Überwärmung angegangen werden.

Bei übermäßigen Blutungen geht die Japanerin gerade in das heiße Bad, wohlverstanden, sie geht in ein heißes japanisches Bad für die Dauer von 5—10 Minuten und nicht etwa in ein Fußbad, das auf dem Wege über die reflektorische Fernwirkung (Dastre-Morat) auf die Beckendurchblutung weiter fördernd wirken könnte. Dies steht im völligen Gegensatz zur Gepflogenheit in Europa, wo in einem solchen Falle jede Hydrotherapie ängstlich gemieden wird.

Hier sind auch die Erkrankungen des Zentralnervensystems zu nennen. Das, was L a m p e r t über die Behandlung der Kinderlähmung in Aussicht stellt, bezieht sich nicht minder auch auf andere Krankheiten des Gehirns und des Rückenmarks, vor allem auf die in letzter Zeit vielleicht häufiger denn je beobachteten disseminierten Myelitiden und besonders die multiple Sklerose. Diejenigen, die sich der Hypothese anschließen, daß diese Krankheit durch einen grippalen Infekt ausgelöst wird, der auf einen rheumatisch-tuberkulös oder luetisch vorbereiteten Boden fällt und dadurch das Vordringen des Endobionten (E n d e r l e i n) ermöglicht, dem wird im besonderen Maße die Berechtigung der Überwärmungsbehandlung bei dieser Erkrankung einleuchten.

Die von W a l i n s k i und L a m p e r t bei den Erkrankungen des zentralen Nervensystems erzielten Resultate bestätigen die Notwendigkeit, jeden Fall einer zentral-nervösen Störung der Überwärmungsbehandlung zuzuführen. Wenn man sich vergegenwärtigt, welche Aussichten die in diesem Buche aufgezeichnete Wärmekultur für die Prophylaxe bietet, wird man meine Hoffnung verstehen, daß in der Zukunft die Anzahl der zentralnervlichen Erkrankungen im umgekehrten Verhältnis zum Ausmaße der öffentlichen Prophylaxe mittels der Wärmekultur stehen wird.

Von den Regulationskrankheiten ist das Gebiet der *Stoffwechselerkrankungen* unter den hier entwickelten Gesichtspunkten nicht zu trennen.

Die *uratische Diathese* bildet ein nicht zu unterschätzendes Anzeigengebiet für die Überwärmungsbäder. So alt wie die Medizin selbst ist auch die Auffassung, daß die Ursache der Leiden meistens eine und dieselbe ist. Man kann sie nennen, wie man will, aber es ist fast immer eine Vergiftung des Körpers, die unter den verschiedensten Formen auftritt. Bei der uratischen Diathese ist es bekanntlich die Harnsäure. Wir sollten öfter auf die klassischen Arbeiten von H a i g zurückgreifen, um die Mannigfaltigkeit der Gichterscheinungen stets vor Augen zu haben. S i m n i t z k y faßte vor etwa 40 Jahren die gesamte Literatur über die Gicht zusammen. Darüber stand das nette Motto: „Plus ça change, plus ça reste la même chose". Doch heute schon liegen die Verhältnisse anders, bringt doch die gewichtige Stimme B. A s c h n e r s zur erneuten Geltung die alten bewährten Methoden der humoralen Medizin. Neben anderen wirksamen Waffen gegen die Gicht sind wir über die Naturheilkunde auch wieder zur Überwärmungsbehandlung gekommen, an der wir nunmehr festhalten wollen.

S c h ä p p i suchte eine Erklärung für die guten Erfolge mit der Säuretherapie bei Gicht darin, daß er sagte, das schwerlösliche harnsaure Natrium werde durch das H-Ionenspiel aus dem Gewebe in die leichtlösliche Harnsäure übergeführt. Da die Überwärmungsbäder, besonders mit Zusätzen, ansäuern und darüber hinaus noch ausschwemmen wie kaum ein anderes Verfahren, so wird damit ein Eingriff in das große Gebiet der gichtischen Erkrankungen möglich. Schmidt (1939) rechnet in ihren Kreis nicht nur *Arthropathien* und *Nierensteine*, sondern auch zahlreiche andere Krankheiten wie: *Zahnsteinbildung*, *Alveolarpyorrhoe*, *Zahnfleischblutungen*, hartnäckige *Furunkulosen*, häufige *Urticariaanfälle*, *Psoriasis*, *Nagelveränderungen*, *Scheidenjucken*, *Herpes zoster*, erhöhte *Entzündungsbereitschaft*, chronische *Rachenkatarrhe* und *Asthma*, *Facialislähmungen* und *Dupuytren*'sche *Kontraktur*, *Sodbrennen* und *Darmentzündungen*, *Myome*, *Leberschäden*, asthenischen *Diabetes* und *Polycythaemie*, ja er spricht noch von einer *Herz- und Aortengicht*.

Schmidt hält dabei als maßgebend für die Diagnose nicht so sehr den Harnsäurespiegel, den man oft bei Vegetariern und sogar bei Rohköstlern erhöht findet, sondern die Gesamtheit der klinischen Symptome. Ich kann ihm nur recht geben. Darüber, ob einer die gichtische Veranlagung hat oder nicht, entscheidet nicht das Laboratorium, sondern das Gesamtbild und die Klagen des Patienten.

Ich bin mir im klaren, daß die meisten der oben erwähnten Symptomenbilder auch in andere Kapitel (Streptomykotische Symbiose, Neuralpathologie) einzuordnen sind, wie die neuen klinischen Forschungen (Speransky, Slauck, Veil u. a.) dies befürworten. So wird dem aufmerksamen Beobachter bei der Aufzählung von Schmidt nicht entgehen, daß vielen Krankheiten Störungen der zentralen Regulation zugrunde liegen, wie sie auch die Arbeiten von Veil-Sturm, Speransky, Wischnewsky und anderer Forscher veranschaulichen. Kolloidchemisch gedacht, würde es sich jedoch in dem einen (Rheumatismus) wie in dem anderen Falle (uratische Diathese) um den Vorgang der Mizellenbildung bzw. die Überführung vom Sol- in einen Gelzustand handeln. Eine sehr viel verheißende morpho-biologische Erklärung dafür gibt Enderlein, indem er diese Ablagerungen als endobiotische Herde betrachtet. Bis zur endgültigen Klärung möchte ich die Erwähnung des Begriffes der uratischen Diathese nicht unterlassen. Ohne in die Einseitigkeit zu verfallen, in den Überwärmungsbädern ein Allheilmittel sehen zu wollen, kann man doch das ganze oben aufgeführte „*Gichtgebiet*" für diese Therapie in Anspruch nehmen.

Sonderbarerweise finden wir bei der Aufzählung von Schmidt nicht den uns gut bekannten Namen „*Grauer Star*", der doch bestimmt verdient, in der ersten Reihe des obigen Verzeichnisses genannt zu werden. Dies um so mehr, als gerade in letzter Zeit die Frage seiner Behandlung mit Überwärmung durch Ostmann aufgerollt wurde. Er berichtet im „Hippokrates" über die Heilung des eigenen grauen Stars durch langwährende überwärmte Bäder in Neuenahr. Der alte Bademeister bediente sich nur seiner knochigen Hand, um die Temperatur des heißen Sprudels festzustellen. Da er wenig hitzeempfindlich war, so war die Temperatur des Bades stets sehr hoch. Auf diese Weise kam es zu dauernder ungewollter Überwärmung und zur Heilung. Obgleich Ostmann geneigt ist, seine Genesung und auch die Verhütung einer Neubildung des Stars auf die besonderen Eigenschaften des Neuenahrer Sprudels zurückzuführen, werden wir wohl nicht fehlgehen, auch der Überwärmung in diesem Falle eine gewichtige Rolle zuzuschreiben.

In das Kapitel der Stoffwechselerkrankungen gehört auch die Mesotrophie, wie sie uns Kollath gezeichnet hat. Das vergiftete und geschädigte Zentralnervensystem, entwicklungsgeschichtlich aus demselben Keimblatt wie die Haut entstanden und dadurch auch funktionell eng gekoppelt, erzeugt eine Flut von Krankheit, Mißmut, falschem Denken und Fühlen, die in der Hautfunktion ihren nur allzu oft so traurigen Niederschlag findet (Bircher-Benner).

Man begreift das, wenn man bedenkt, daß die Haut in solchen Fällen unrichtige, geschwächte Lebensimpulse aus den Nervenzentren erhält, die die Haut symmetrisch und regionär verwalten. Als Beispiel davon kann man hier die segmentierte Gürtelrose nennen. Diese Feststellungen bildeten für Bircher-Benner die Veranlassung, auch die Hautkrankheiten in seine geniale Ordnungstherapie einzubeziehen. Auch in der Dermatologie begegnen wir dem Schreckensgespenst der Neurodystrophie, wie sie Speransky beschreibt. Schon aus den Zusammenhängen zwischen dem jeweiligen Zustand des Nervensystems einerseits und der Entstehung der Hauterkrankungen andererseits kann gefolgert werden, daß das therapeutische Vorgehen dabei ein tief einschneidendes sein muß. Eine solche Methode ist die Überwärmung und wird es wohl auch noch aus dem Grunde bleiben, weil sie jedermann zugänglich ist im Gegensatz zu anderen Methoden, so auch der Ordnungstherapie nach Bircher-Benner, die nebst der Fastenkur sonst wohl das Höchstmögliche nach dieser Richtung leistet.

Welche Hauteruptionen für die Behandlung mit Überwärmungsbädern passen und welche nicht, entscheidet die ärztliche Kunst. Im allgemeinen kann man aber sagen, daß diese Behandlung für jede Hautkrankheit paßt: ist sie doch ein getreuer Anzeiger für den Zustand der Nerven und für die biologische Reinheit des Darms. Deshalb wundere ich mich schon lange nicht, wenn die von mir beratene Leitung des Städtischen Bades Charlottenburg, die auf eine Erfahrung mit etwa achtzehntausend Schlenzbädern zurückblickt, stets ihr Erstaunen darüber zum Ausdruck bringt, wie schön und schnell gerade die Hautkrankheiten auf die Bäder reagieren. Die kranke Haut ist stets schlackenüberfüllt und von der Beschaffenheit der Nahrung abhängig. Sie speichert Kochsalz, Harnsäure, Gifte, Eiweißschlacken, Bakterientoxine, um die inneren Organe davor zu retten. Dieses bewiesen die Versuche der Wiener Hautforscher Luithlen und Urbach (nach Bircher-Benner). Desgleichen auch die klassischen Arbeiten von A. Haig und Hugo Schulz.

Aus den vorerwähnten Ursachen erklären sich auch die Juckekzeme, die zur jahrelangen Plage werden. Auch Nährschaden und Mangelkrankheiten, die als Mesotrophie (Kollath) ausgelegt werden müssen, verursachen Hautkrankheiten, die oft dasselbe Aussehen haben. Also muß unabhängig von der Ursache der ganze Mensch gereinigt werden, und gleichzeitig damit muß auch ein neuer Aufbau beginnen. Diese Ansichten, längst aus dem Humoralgedanken geboren, fortgeführt durch die Ganzheitsbehandlung der Homöopathie und die großen Naturärzte des 19. Jahrhunderts, nunmehr bewiesen durch die Ordnungstherapie von Bircher-Benner, finden leider nur langsamen Eingang in die Dermatologie, die immer noch durch die Therapie aus der Zeit von Hebra und Kaposi beeinflußt ist. Aus diesem Anlaß sagte einmal mein homöopathischer Lehrer Wassily (Kiel) zu einem Hautarzt: „Wir behandeln den ganzen Menschen, Sie dagegen nur den Sack, in dem er steckt!" Dasselbe sagte, wenn auch weniger drastisch, der weitberühmte New Yorker Dermatologe Duncan-Bulkley: „Wer als Arzt einem Kranken nur Lokalbehandlung bietet, ohne in die tieferen Ursachen soweit als nur irgend möglich einzudringen und dieser Einsicht entsprechend zu handeln, erweist den Kranken nur einen geringen oder fragwürdigen Dienst."

Um Beispiele zu zeigen, sei noch gesagt, daß nach Mitteilung von Ortloff die Ekzeme von der Klinik für Naturheilkunde in Dresden mit Erfolg durch Überwärmungsbäder behandelt wurden. Von 30 Fällen wurden 73 % geheilt, 13,8 % in Heilung entlassen, 6,6 % wesentlich gebessert und 6,6 % ungeheilt entlassen. Die Geheilten teilen sich in Neurodermatitiden und Berufsekzeme, unter den Ungeheilten waren eine hartnäckige Psoriasis und ein impetigoartiges Ekzem. Ortloff empfiehlt, bei der Behandlung von Hautausschlägen die Reihe der Überwärmungsbäder nicht zu unterbrechen, bis die hervorgerufene Reaktion, die Verschlimmerung, abklingt. Bei der Unterbrechung wird der Heilprozeß gestört, schlägt ins erste Stadium zurück und geht in eine Dauerverschlimmerung über. Das Zeichen, daß das Abbrechen der Bäder an der Zeit ist, besteht darin, daß zwischen den Bädern keine Verschlimmerung, während der Bäder keine wesentliche Besserung der Hauterscheinungen mehr zu beobachten ist.

d) Infektionskrankheiten

Die Naturheilkunde hat die Beteiligung der Bakterien als eines spezifischen Miterregungsfaktors niemals bestritten, den Ausgang der Krankheit jedoch von der Stärke der gesamten zentral gelegenen Abwehrkraft des Organismus abhängig gemacht. Auch Speransky sind die Bakterien, wie von Roques sich ausdrückt, nur „Starter" der für sie typischen Prozesse. „Motor" ist der Organismus selbst unter der Führung des Nervensystems, das richtig geschaltet den Kranken genesen, falsch geschaltet dagegen ihn sterben läßt. Ein gepflegtes Nervensystem wird nicht versagen und im Falle der Gefahr stets richtig steuern. Überspitzt kann man es so ausdrücken: „Es gibt eigentlich keine Bakterien, es gibt eben nur eine Abwehr!" Wie die letztere beschaffen ist und wie man versteht sie anzupacken, so kann man auch den Kranken heilen. Dabei ist allerdings vorausgesetzt, daß der Kranke überhaupt noch reaktionsfähig ist. Hier liegt kurz ausgedrückt das Problem „Krankheit — Genesung".

Unter diesen Gesichtspunkten können wir z. B. verstehen, warum das weiße Blutbild und der Intoxikationsindex nach Kalf-Kalif kurz vor dem Tode des Patienten normal werden, wie es Lampert bei Fleckfieber zeigte. Die Zentralsteuerung stellt den weiteren Kampf ein. Hieraus ist zu folgern, daß in erster Linie nicht die spezifische antibakterielle Therapie nottut, sondern daß es gilt, einen kräftigen Appell an die verantwortlichen Zentren zu richten.

Eindrucksvoll kann dieser Gedanke durch die von Lampert erzielten Resultate bei der Behandlung des *Fleckfiebers*, der *Malaria* und der *Poliomyelitis* veranschaulicht werden. Es ist ihm selbst unter primitiven Verhältnissen gelungen, bei täglicher systematischer Verabreichung von Überwärmungsbädern die Sterblichkeit bei Fleckfieber von 35% auf annähernd 0% herabzusetzen. Großes ärztliches Können hat es hier vermocht, auf dem Wege einer Beeinflussung der Abwehrzentren die Heilung herbeizuführen. Über weitere ausgezeichnete Resultate berichtet Lampert auch bei Fällen von Malaria und beim akuten präparalytischen Stadium der Poliomyelitis. Die

Überwärmungsbäder stellen gerade im letzten Falle das *einzige* bislang bewährte Mittel zur Beeinflussung des weiteren Krankheitsverlaufes dar, abgesehen von den Methoden der hippokratischen Medizin.

Alle Infektionskrankheiten — auch die Viruserkrankungen

sind ein sehr dankbares Gebiet für die Überwärmungstherapie, sagt Lampert. Besonders denke man auch an sie, wenn eine *Pneumonie* sich nicht lösen will. In mehreren Fällen konnte er durch Überwärmung und damit verbundene starke Schweißausbrüche noch eine Krise erzwingen.

Als Gegenindikation fand Lampert bei den vorerwähnten Krankheitsbildern eine Pulslage des Patienten über 140 sowie Nichtschwitzen. Beides dürfte wohl Symptom einer zu stark darniederliegenden Abwehrkraft darstellen und den Versuch einer Ankurbelung fruchtlos werden lassen.

Die Erkrankungen des Urogenitalsystems

sprechen gut auf Überwärmungsbäder an, mag es sich um eine *akute Cystitis* oder *Urethritis*, gleich welcher Atiologie, eine chronische *Nephritis* oder *Nephrose, Entzündungen des Endometriums* oder der *Adnexe handeln.* Bei allen diesen Erkrankungen der Unterleibsregion habe ich eine besonders gute Heilwirkung bei folgender Form der Ausführung gesehen: ich beginne das Überwärmungsbad zunächst in der Form eines langsam ansteigenden Halbbades, bis eine Temperatur erreicht wird, die der Patient noch gut vertragen kann (im allgemeinen liegt diese bei 41° und höher). Dann warte ich den Schweißausbruch ab, lasse das Bad auf 36° abkühlen und beginne dann erst das Bad in der üblichen Ausführung nach Schlenz.

Die Ergebnisse von Walinski und Lampert zeigen, welche Erfolge man bei *Metalues* und *Lues III* mit Hyperthermiebehandlung erreicht. Doch auch für die *Lues I und II* kann dasselbe gesagt werden, genau wie über jede Viruskrankheit mit unbekanntem Erreger. Für die Behandlung der Massen und für die öffentliche Prophylaxe sind die chemotherapeutischen Mittel von großem Nutzen und geschichtlichem Verdienst. Für den Einzelnen ist die Hyperthermie eine sichere und auch ungefährlichere Methode. Die Todesfälle und Vergiftungen durch Salvarsan spielen keine allzu große Rolle für die Allgemeinheit, weil die letztere zum größeren Teil dadurch saniert wird. Nicht so ist es mit dem Einzelnen. Man denke nur z. B. an die Gehirn-Syphilis junger Menschen trotz energischer sofortiger Behandlung.

Früher habe ich einen verdächtigen Schanker nur nach Ausbruch der Roseola spezifisch behandelt. Heute würde ich schon bei der kleinsten lokalen Entzündung durch Dauerhyperthermie der unteren Körperhälfte den Prozeß zum Halten bringen. Einfacher ist die Behandlung eines *Ulcus molle*, weil die Streptobazillen (Ducrey) im ansteigenden Überwärmungsbade (bis zum Nabel, wie bereits bei den Erkrankungen des Urogenitaltraktes beschrieben) etwa bis 45° C bald abgetötet würden. Aus diesen Beispielen sehen wir, welcherlei abortive Kuren im Rahmen der Überwärmungsbehandlung möglich sind.

Darüber sind sich alle einig, daß die

Behandlung metaluetischer Erkrankungen

hohe Körpertemperaturen, über 41 ° C, 42° C und mehr, erfordert. Das war wohl auch der geniale Ausgangsgedanke von Wagner-Jauregg. Doch die Vorteile der Überwärmung gegenüber der Malaria- und anderen Behandlungen sind bereits im Kapitel über die Wirkungsweise der Überwärmungsbäder geschildert.

Die Kinderlähmung

sei als Beispiel einer weiteren Infektionskrankheit herausgegriffen. Lampert bringt in seiner Arbeit die Temperaturkurve eines Jungen, der mit höchster Atemnot, Zwerchfelllähmung und Lähmung von vier Gliedmaßen in seine Behandlung kam. Schon nach 4 Wochen, in denen 4 Bäder verabreicht wurden, waren die Lähmungen bis auf eine Parese des linken Oberarmes verschwunden. Der günstige Einfluß der Überwärmung zeigt sich besonders an der Abnahme der Zellzahl im Liquor. Leider macht bei Kindern die hohe Pulsfrequenz die Durchführung eines längeren Überwärmung sofort nach dem Ausbruch der Krankheit oft unmöglich. Auch ich habe solche Besserungen bei systematischer Durchführung der Überwärmungsbäder nach Schlenz und nach Ganzwickeln gesehen. Zu bedauern ist, daß solche Fälle erst viel zu spät in Behandlung kommen. Man kann annehmen, daß die Zahl der Todesfälle und der Verkrüppelungen infolge Kinderlähmung stark zurückgehen könnte, wenn man die Überwärmung sofort nach dem Ausbruch der Krankheit anwendete.

Diese Erfolge bei *Poliomyelitis, Fleckfieber* und *Malaria* sollten Anregung für Versuche auch bei anderen parasitären Erkrankungen bieten. Man könnte hier die *Bilharziose*, die *Bagdadbeule, Filiariose, Schlafkrankheit* und das für die Europäer so lästige *Sandfliegenfieber* erwähnen. Auf jeden Fall erscheint es von hoher Notwendigkeit, die Hyperthermie als ein evtl. Sanierungsmittel in erster Linie für den nahen Orient zu prüfen. Bei Bewährung könnten diese Forschungen auch auf die Tropen ausgedehnt werden.

Unter den Infektionskrankheiten ist es oft die

Grippe

bei der die Überwärmungsbäder verabreicht werden. Auch sie hängt vom Zustand der zentralen Regulation ab und kann schnell gehemmt oder aber Anlaß zu todbringenden Komplikationen werden. Wenn sie chronisch wird, dann entstehen im Sturmfall, unter schweren Zeitbedingungen die Zeichen der chronischen Hirnentzündung, der „Hirngrippe" mit ihren tödlichen Folgen oder dem schweren Verfall.

„Gründe für die Grippe sind nicht so sehr die Bakterien und Viren . . . sie sind nur Gelegenheitsfaktoren. Das explosive Verhalten ist nur erklärlich aus vielen Menschen gemeinsamem Schaden, aus *Hunger, Nässe, Kälte.* Dann ist plötzlich, wie nach dem ersten Weltkrieg, ein Kontinent überrannt, es geht gegen Fette und Magere, gegen Groß und Klein. Der Tod kennt weder Sieger noch Besiegte. Dem Schaden vorzubeugen, ist darum nicht allzu schwer. Man muß die Dinge nur so sehen, wie sie sind: sich richtig ernähren und Wärme horten. Das ist verhältnismäßig einfach und, wahrscheinlich technisch, selbst im Großen, auch heute noch möglich." (Speransky, v. Roques).

Eine wichtige Indikation bilden die

Ohrenkrankheiten

Hier kann man sagen, daß die Überwärmungsbäder überall da angebracht sind, wo es sich um frische oder alte Katarrhe und Entzündungen handelt. Hier kommt die Durchwärmung des Kopfes nach Schlenz zur vollen Geltung. Eine meiner ersten Fragen an Frau Schlenz war, ob sie auch den Kopf bei Mittelohrkatarrhen unter Wasser halte. Sie läßt bei jedem Mittelohrkatarrh, auch bei Eiterfluß, das Badewasser ins Ohr dringen. Dies war mir bisher unbekannt; in hergebrachter Weise behandelte ich das Ohr hyperthermisch nur von außen, etwa mit Wärmestrahlen, Heublumensäckchen, Leinsamen, Bockshornklee u. a. Auch einige Berufskameraden äußerten trotz der Erfahrungen von Frau Schlenz noch größte Bedenken. Erst als sich mir im Februar 1941 Gelegenheit bot, diese Methode bei meiner eigenen Otitis media auszuprobieren, schwanden meine Bedenken. Durch ein tägliches Bad nach Schlenz mit Kopf unter Wasser und entsprechende Medikation konnte ich meine Praxis nach 10 Tagen wieder aufnehmen. Dabei dachte ich oft an Wellington, den Eisernen Herzog, den Sieger über Napoleon bei Waterloo. Er war wie durch ein Wunder dem Tode entronnen, als man seine Mittelohrentzündung durch starke Ätzung des Trommelfells „behandelte". Diese Art von Therapie bezahlte er mit Taubheit.

In seiner Abhandlung über die Ausführung der Schlenz-Bäder bringt Rüdiger, einer der besten Kenner dieser Methode, eine Reihe von Urteilen: „Das Anwendungsgebiet des Überwärmungsbades als Heilmittel für innere Krankheiten ist fast unbegrenzt, und es gibt nur wenige Gegenanzeigen." Fehr empfiehlt warm das abgekürzte Überwärmungsbad mit nachfolgendem Schwitzen zur Verhütung und Bekämpfung der meisten

akuten Kinderkrankheiten.

Kleine Chirurgie bei Wundinfektionen

Von geradezu unschätzbarem Wert aber ist es für eine ganze Reihe chirurgischer Prozesse, vor allem für die Behandlung von Wundinfektionen (v. Eiselberg). Das Panaritium wie Zellgewebsentzündungen an Händen und Füßen sowie Lymphgefäßentzündungen u. ä. werden am einfachsten und sichersten mit örtlichen bis 40° ansteigenden und auf 39 bis 38° erhaltenen Bädern von 1- bis 2stündiger Dauer (zweimal täglich verabfolgt!) behandelt. Zu beachten ist, daß stets der ganze Arm oder das ganze Bein (evtl. Halbbad) der Wasserwirkung ausgesetzt wird. Ein großer feuchter, wärmestauender Verband (Vogel) erhöht die Wirkung wesentlich und sichert den Erfolg. Selbst in Fällen von Sehnenscheiden-Phlegmonen und Karbunkeln sollten diese Voll- bzw. Teilbäder, u. U. im Wechsel miteinander, nie unversucht bleiben. Es kommt meist zu einer schnellen Lokalisierung des Prozesses, Einschmelzung des Eiters und Abstoßung der Nekrosen. Wenn dann noch ein chirurgischer Eingriff notwendig ist, so wird seine Ausführung leichter und schonender sein und der Heilungsverlauf sich wie bei allen Wunden unter Anwendung dieser Bäder sehr viel schneller vollziehen, das funktionelle Ergebnis für betroffene Glieder sich aber auf jeden Fall ganz wesentlich günstiger gestalten.

An dieser Stelle sei eine kleine Aufzählung gebracht, die Lampert als Übersicht von einigen seiner umfangreichen Arbeiten auf dem Gebiete der Überwärmungsbäder gebracht hat.

Diagnose	Anzahl der Erkrankten	Berufsfähig gebessert	Gebessert (zu leichter Arbeit fähig	Unbeeinflußt
Multiple Sklerose	15	—	9	6
Metaluetische Erkrankungen (Tabes, Paralyse)	12	9	3	—
Lues cerebrospinalis	1	1	—	—
Postapoplektischer Zustand	4	2	—	2
Poliomyelitis	10	—	6	4
Akute Polyarthritis	25	24	1	—
Chronische Polyarthritis	28	23	3	2
Arthros. deformans	43	15	22	6
Ischias	24	12	9	3
Muskelrheumatismus	17	15	2	—
Bechterew und Spondylarthr. deformans	5	3	—	2
Hypertonie	4	3	1	—
Zusammen	188	107	56	25

e) Krebskrankheiten

Die Hyperthermie als ein therapeutischer Faktor von Tiefe und Breite verdient auch die entsprechende Berücksichtigung bei der *Krebsbehandlung*. Bei dieser Besprechung wollen wir, wenn auch kurz, die letzten Ergebnisse der Krebsforschung erwähnen, um zu einer Stellungnahme hinsichtlich der Therapie zu gelangen. So mancher würde darauf antworten, daß eine solche Stellungnahme sich erübrigt, weil die Antwort sowieso in drei Worten — wenigstens z. Z. — gegeben ist: Operation, Röntgen, Radium. Diese Einschränkung ist zwar aus der therapeutischen Machtlosigkeit von heute begreifbar, aber durchaus nicht gerechtfertigt, wenn man weiß, daß die Ergebnisse der Erforschung des Eiweißchemismus der Krebszelle, obgleich lange nicht abgeschlossen, zu weiterer Arbeit in dieser Richtung ermutigen. Aus der sehr übersichtlichen Zusammenfassung über die inneren Ursachen der Krebsentstehung von H. Herken möchte ich deshalb hier folgendes bringen:

„Krebs-Theorien sind ebenso wie die vielfachen Behandlungsvorschläge gekommen und gegangen. Den Theorien auf der Basis morphologischer Betrachtungsweise folgten die biochemischen. Was sie den Ärzten zurückließen, war Enttäuschung und in vielen Fällen Resignation gegenüber dieser unheimlichen Erkrankung. Änderungen im Ionengehalt und der Wasserstoffkonzentration der Karzinomzellen, Abweichungen der Fermentwirkungen, Fehlen von Vitaminen und Hormonen wurden festgestellt und diesen Befunden ursächliche Bedeutungen zugeschrieben. Nach den Theorien, die sich mit dem Kohlehydratstoffwechsel und dem Lipoidstoffwechsel auseinandersetzten, sind wir jetzt beim letzten und schwierigsten Gebiet der Naturstoffchemie angelangt. Es ist zugleich das Gebiet, das uns einen tiefen Einblick in den Bau der Zelle bzw. jener Stellen des Organismus gestattet, an denen die verschiedenen Regulatoren der Zellfunktionen angreifen. Deshalb zog F. Kögl folgende sehr interessante Schlüsse:

1. Die innere Ursache der Krebsentstehung soll bei der allem Wachstum zugrundeliegenden enzymatischen Eiweißsynthese liegen. Die Krebszelle ist vor allen normalen Zellen dadurch ausgezeichnet, daß sie die Fähigkeit verloren hat, in ihr Struktureiweiß ausschließlich die „natürlichen" Aminosäuren einzubauen.
2. Die normalen Zellen werden dem Vordringen von Tumorzellen keinen Einhalt bieten können, da ihnen die betreffenden proteolytischen Fermente fehlen."

Ungefähr nach derselben Richtung arbeitet auch Butenandt. Die Resultate sind sehr beachtlich, doch ist das Problem immer noch ungelöst trotz der vermehrten Einblicke in die Cytologie des Krebses.

1923 entdeckte Warburg den Gärungsstoffwechsel des Tumorgewebes. Seine Untersuchungen haben somit einen Zusammenhang zwischen Krebs und Gesamtorganismus experimentell nachgewiesen. Im Anschluß an die Feststellung der Gärungsfermente im Krebsgewebe lag es natürlich nahe, dieselben mittels künstlich erzeugter Antifermente zu bekämpfen. In der Tat wies man in Tierversuchen ein hemmendes Antiferment nach, das das Tumorferment zu hemmen imstande war. Dies entspräche etwa dem Vorgang einer passiven Immunotherapie, ähnlich der Gabe von Diphtherie-Antitoxin. Eine therapeutische Beeinflussung des Krebswachstums wäre an sich auch auf diesem Wege möglich, doch ist anzunehmen, daß bei dem steten Wachstum des Krebses man nicht in der Lage sein würde, die stets neu entstehenden Gärungsfermente durch derartig fertiggestellte Antifermente zu neutralisieren. Es ist dies eben nur ein palliativ verlaufender Vorgang.

Ellis Barker und Are Waerland zeigten anhand der zuverlässigen britischen Statistik, daß der überwiegende Teil (etwa 95%) des Darmkrebses auf die Abschnitte Dick- und Mastdarm entfällt. Weit über die Hälfte davon kann auf den Mastdarm allein gebucht werden, obwohl er nur ca. den dreißigsten Teil der Länge des Dünndarmes ausmacht.

Diese Tatsache ist darauf zurückzuführen, daß bei der Verstopfung der Kot sich ordnungswidrig lange im Mastdarm und dem S-Romanum aufhält. Aus dem Mastdarm führen die Venen direkt in den Kreislauf, im Gegensatz zur Schutzvorrichtung des übrigen Dickdarms, der Zuleitung an die Leber über das System der Pfortader. So wird der gefüllte und verstopfte Mastdarm („Latrinentrommel" nach Bezeichnung des großen englischen Chirurgen Sir Arbuthnot Lane, der bei Operationen dort bis an 5 Kg. trockenen Kots vorfand!) zur Krebsursache.

In diesem Zusammenhange sei hier noch auf die Arbeiten des unvergeßlichen Erwin Liek sowie auch auf die diesbezüglichen Veröffentlichungen von Guleke (Jena) und Evarts Graham (Saint Louis Mo. U. S. A.) hingewiesen.

Die absolute Heilziffer aller Krebse liegt nach K. H. Bauer (Heidelberg) bei 17,9 %, d. h. 82 % aller Krebse bleiben ungeheilt. Während bis vor Kurzem chirurgische Eingriffe und Röntgenbestrahlung die einzigen Möglichkeiten der Krebsbekämpfung darstellten, kennen wir heute noch vier Wege zur biochemischen Krebshemmung: 1. die hormonale Therapie, 2. die Einwirkung von Mitosegiften, 3. die Behandlung mit mutativ wirkenden Stoffen und 4. die Urethanbehandlung. — Es ist nicht bekannt, daß diese Methoden imstande sind, die obenangeführten trostlosen Zahlen von K. H. Bauer zu verbessern im Sinne einer größeren Heilaussicht. Über ihre Gefahrlosigkeit sind die Meinungen geteilt.

Dagegen treffen die Vorschläge Enderleins das Krebsproblem kausal. Alle Feststellungen im Chemismus der Krebszelle werden uns lediglich als Symptome oder auch Einzelphasen der krebsigen Entartung erscheinen, wenn wir seinen Feststellungen folgen wollen:

„Der Krebs ist für den Wirtsorganismus ein durch einen parasitären Pilz (Mucor racemosus Fresen) und seine Entwicklungsformen aufgedrängter Gärungs- und Verwesungszustand."

Der große Ernährungsforscher Mc Carrison behauptet, beeindruckt durch die Gesundheit und Langlebigkeit des Hunsa-Volkes im Himalaya, daß die Menschen dort für den Krebs reif sind, wo die Zivilisation Fuß gefaßt hat. Fälle von Krebs können immer von Verstopfung und übertriebenem Fleischgenuß hergeleitet werden. Dieses deckt sich mit der Feststellung Enderleins, daß der Krebsparasit (Endobiont) ein gieriger Fleischfresser ist: je mehr der Mensch tierisches Eiweiß vertilgt, um so mehr verbreitet sich auch der Krebserreger, sein ungebetener ständiger Gast.

Enderlein neutralisiert nicht das *Endprodukt* des Krebsstoffwechsels, sondern durch seine Therapie wird schon die *Erzeugung* der Gärungsfermente durch die Bekämpfung des endobiontischen Krebserzeugers Mucor racemosus von vornherein lahmgelegt. Die Vorteile dabei sind begreiflich. Schon allein aus dem Grunde, weil hier der komplizierte Vorgang der Ferment-Antifermentreaktion dem Körper erspart wird.

Enderlein sucht den Krebs mit der Vaccine „*Mutalin*" zu bekämpfen, indem er die avirulenten Schwärmer derselben (Chondrite) mit den wandständigen Kernen (Mych) der höheren virulenten Form im Krebskranken zur Kopulation bringt. Die durch diese Kopulation stark abgeschwächten Chondrite vermögen den Abwehrkräften des menschlichen Körpers nicht mehr zu widerstehen und werden durch die Haut, die Bronchien, den Darm und die Harnwege aus dem Körper entfernt. Hierbei ergibt sich die Folgerung, daß die Endobionten-Vaccine „*Mutalin*" in der Lage ist, der Entstehung des Krebses wirksam vorzubeugen und das Krebswachstum zum Stillstand zu bringen, vorausgesetzt, daß vorher keine Bestrahlung erfolgte.

Durch die Überwärmungsbäder kommt diesem Vorgehen nicht nur im Sinne der Ausschwemmung eine unterstützende Wirkung zu, sondern es wird auch ein direkter Einfluß auf die Krebszelle ausgeübt. Um einen direkten Vorgang handelt es sich auch beim Fasten: die spärliche Nahrung wird von den noch gesunden Zellen an sich gerissen. Der Endobiont wird dabei niedergehalten, weil er in erster Linie am Eiweiß zehrt und davon abhängig ist. So erklären sich die Heilungen des Krebses durch Dr. E. Salzborn (Wien), der eine Diät verordnete, die an der Grenze des Existenzminimums war.

Saller hat neuerdings bei seiner eingehenden Besprechung der Alkalien und Säuren nochmals auf die Tatsachen hingewiesen, die eine Säuretherapie im Sinne v. Kapffs bei Krebs als angezeigt erscheinen lassen. Saller betont auch, daß das Blut der Krebskranken die neutrophile Kampfphase aufweist und deshalb mit Überwärmungsbädern behandelt werden muß. Ermutigende Hinweise auf die Wirksamkeit der Säuretherapie bei implantierten Tumoren bei Tieren habe ich noch im Verlaufe meiner eigenen Studien an der Washington-Universität (Saint-Louis Mo.) erhalten. Die Überwärmung hat auch eine Acidose des Blutes zur Folge. Bei Krebs ist diese Eigenacidose wahrscheinlich ungenügend. Ich verwende bei den

Krebskrankheiten Überwärmungsbäder von einem Säuregrad von etwa P_H 5 oder einer anderen jeweils gebotenen Veränderung der H-Ionenkonzentration. Als ein auf diese Homöotherapie hindeutendes Zeichen scheint mir dabei die auffallende Säuerung des Urins Krebskranker und das Nichtansprechen dieses Säurewertes auf Nahrungszufuhr. Es liegt kein Grund zur Vermutung vor, daß die Hyperthermie den unvermeidlichen erbitterten Kampf der gesunden Zellen mit den chaotischen zu Ungunsten der ersteren beeinflussen würde: eher umgekehrt, weil die gesunde Zelle immer noch vielseitiger auf Reize reagieren wird als die chaotische. L a m p e r t spricht von der Wärmeempfindung der Karzinomzellen. Er berichtet:

„Die Beobachtungen an der Gewebekultur haben ergeben, daß die Geschwulstzellen schon bei 39° C geschädigt, bei 42° C völlig abgetötet werden, die Normalzellen aber bei 43, ja z. T. 45° C noch nicht geschädigt werden. Die Ergebnisse der Gewebekulturversuche wurden an Tierexperimenten bestätigt. Klinische Behandlungen stammen von G o e t z e und uns. Es handelt sich also bei der Geschwulstbehandlung durch Überwärmung um eine s e l e k t i v e Vernichtung der Geschwulstzellen wie bei der Ultraschalltherapie."

L a m p e r t s experimentelle Studien an Tieren ermuntern zu weiteren Versuchen. Das Studium seines grundlegenden Werkes (Hippokrates-Verlag. 1949), sei hier deshalb auf's angelegentllichste empfohlen. Ob die Krebszelle direkt von der Überwärmung angegriffen wird oder indirekt über die sich dabei bildende Acidose und noch evtl. andere Vorgänge, bleibt zunächst noch ungeklärt. Ein therapeutischer Nutzen liegt aber auf jeden Fall im Bereich der Möglichkeit. Deshalb kann gegen die Versuche der Überwärmung bei Krebs nichts Grundsätzliches ins Feld geführt werden. Wichtig ist dabei die Technik. Hier gehe ich gerne auch mit Teilüberwärmung vor, um höhere Temperatur am Tumor selbst zu erzeugen. So beginne ich beim Uterus-Carcinom mit dem ansteigenden Halbbade (s. Krankh. d. Urogenit. Syst.) und beim Brustkrebs mit dem ansteigenden Rumpfbade, wobei die Beine und der Kopf zunächst nicht im Wasser sind. So geht es bis 43°—45° mit starkem Schweißausbruch. Dann Abkühlung auf 36° und üblicher Beginn des Bades nach S c h l e n z.

Das Leben im Sinne der Wärmekultur W i n s c h s, Ordnungstherapie nach B i r c h e r - B e n n e r und W a e r l a n d, frühe Konstitutionsverbesserung nach H a h n e m a n n, Immunotherapeutische Behandlung nach E n d e r l e i n, verbunden mit der Reinigung des Stoffwechsels bei Ausleitung der giftigen Stoffe und

Abtötung der Krebszellen durch die Überwärmungsbäder — das alles gehört zur wirksamen Krebsbekämpfung. Auf diese Weise wird auch dem im Entstehen begriffenen Krebs, dem Vorkrebs — der Präcancerose — entscheidend entgegengetreten.

3. Indikationsübersicht und Gegenindikationen

Mit der Besprechung der Anzeigen wird der aufmerksame Leser vielleicht nach dem einen oder anderen Krankheitsbilde suchen, um zu einer Stellungnahme zu gelangen. Dabei wird er die bislang noch allgemein üblichen organpathologische Einteilung der Krankheiten vermissen. Zur Erklärung muß gesagt werden, daß die Überwärmung einen derartig tiefen, zentral angreifenden Heilfaktor darstellt, der eine Abtrennung verschiedener spezialärztlicher Gebiete nicht wünschenswert macht, im Grunde auch gar nicht ermöglicht. Dies beleuchten die Arbeiten Rickers (Relationspathologie), Speranskys (Neurodystrophie), Veil-Sturms (Stammhirn-Pathologie) sowie Enderleins von jeweils ganz verschiedenen Blickpunkten in deutlicher Weise. So ergibt sich die Unzahl der Indikationen, die auf den ersten Blick befremdlich erscheinen mag.

Um diesen Standpunkt zu verstehen, muß man von der Annahme eines im Grunde einheitlichen Geschehens im Körper ausgehen. Auf solche Weise lassen sich die Indikationen für die einzelnen Krankheitsbilder auch gut ableiten, wie Beispiele dies beweisen mögen. Eine Regenbogenhautentzündung des Auges wird sich gemäß ihrer Ätiologie bequem in das Kapitel des Rheumatismus oder der Tuberkulose eingliedern lassen. Das chronische Ekzem würde so auch nicht in dem Kapitel der Hauterkrankungen, sondern in dem der Stoffwechselerkrankungen zu suchen sein. Weitere solche Beispiele könnten unzählige angeführt werden.

Dennoch wird im folgenden versucht, eine Indikationstabelle, nach Gruppen geordnet, aufzustellen. In der Natur der Sache liegt es, daß Überschneidungen und fließende Übergänge von einer Gruppe zur anderen unvermeidlich sind. Vom Leser wird hier eine selbständige Bindung, Trennung oder Umstellung erwartet.

Versuch eines Schemas vom

Wirkungsmechanismus der Überwärmungsbäder

unter besonderer Berücksichtigung der verschiedenen Angriffspunkte.

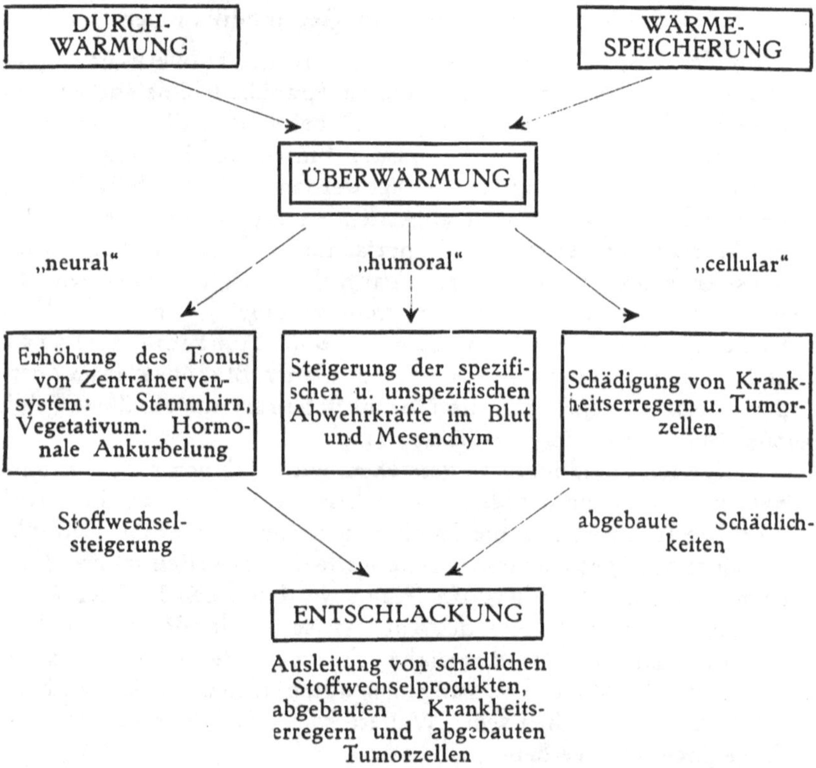

Unter dieser Betrachtungsweise ergeben sich hieraus folgende

allgemeine Indikationen

DIE DURCHWÄRMUNG wirkt beruhigend, entspannend, „glättend", auch auf seelischem Gebiet.
Sie ist daher angezeigt bei
Unruhezuständen, „Verspannungen", Krämpfen.

DIE WÄRMESPEICHERUNG (WÄRMEKULTUR)
ist wirksam bei
peripheren Durchblutungsstörungen,
Kreislaufschwäche,
Schwangerschaft.

DIE ÜBERWÄRMUNG

beeinflußt das Zentralnervensystem und bewirkt so im vegetativen Nervensystem eine Tonussteigerung.
Sie ist somit angezeigt bei
zentralnervösen Erkrankungen,
nervösen Schwächezuständen,
vegetativen Dystonien.

beeinflußt das Hypophysenzwischenhirnsystem und bewirkt so eine endokrine Ankurbelung und Umstimmung (Allergie).
Somit ergibt sich die Anzeige bei
endokrinen Fehlsteuerungen,
neurodystrophischen Zuständen (Speransky),
Stammhirnleiden (Veil-Sturm),
Allergosen.

beeinflußt das humorale und mesenchymale System und bewirkt so eine Steigerung der spezifischen u. unspezifischen Abwehrkräfte.
Somit ergibt sich die Anzeige für Prophylaxe und Therapie besonders der
Infektionskrankheiten und des
Rheumatismus.

beeinflußt das cellulare System (im weiteren Sinne) und bewirkt eine Schädigung von wärmeempfindlichen Krankheits-Erregern (Bakterien, Plasmodien, Spirochaeten, Endobionten, Virusarten usw.) und Geschwulstzellen.
Somit ergibt sich die Anzeige bei
Focaltoxikose (neben der Herdentfernung),
Infektionskrankheiten (neben einschlägiger — z. B. antibiotischer — Therapie),
Tumoren (neben anderen Behandlungsmethoden).

DIE ENTSCHLACKUNG findet statt als Folge einer gesteigerten Tätigkeit des Vegetativum (Anregung von Stoffwechsel, Peristaltik, Schweißbildung usw.) sowie der Anwesenheit vieler abgebauter Schädlichkeiten (Bakterien, Tumorzellen). Sie geschieht in Form der Ausleitung derselben im Stuhl, Harn, Schweiß, Ausatmungsluft.
Sie ist daher besonders wirksam bei **Stoffwechselerkrankungen** (viele sogenannte **„Hauterkrankungen“**),
Dyskrasien, Endobiosis,
Tumoren.

Ausgehend von der Einwirkung der Überwärmungsbäder auf alle Organ- und Gewebssysteme gelangen wir zu folgenden

speziellen Indikationen.

1. Zentralnervöse Störungen:
   Multiple Sklerose, disseminierte Myelitis, amyotrophische Lateralsklerose, postencephalitischer Parkinsonismus, Landry'sche Paralyse.
2. Vegetative Dystonie.
3. Allergosen:
   Pollenallergie, Urticaria, Asthma.
4. Stoffwechselstörungen:
   Uratische Diathese (Gicht), Diabetes insipidus, Diabetes mellitus, Fettsucht, M. Basedow.
5. Störungen der Verdauungsorgane:
   Ulcus ventriculi, Ulcus duodeni.
6. Rheumatischer Formenkreis:
   Akuter Rheumatismus, Polyarthritis rheumatica chronica, viscerale Rheumatismusformen (außer rein cardialen, besonders bei Gefahr der Dekompensation), Polyneuritis, Ischiasneuralgie, Ischiasneuritis, „Hartspann“ (Myogelosen), Endoangiitis, Winiwarter-Buerger'sche Erkrankung, Raynaud'sche Erkrankung, Herpes zoster, Chorea minor, Erythema nodosum, Erythema annulare Leiner, Erythema exsudativum multiforme, Iritis, Iridocyklitis.
7. Tuberkulöse Erkrankungsformen:
   Knochentuberkulose, Lupus, Hauttuberkulide, Augentuberkulose, lymphatische Tuberkulotoxikose (Skrophulose).
8. Lues, besonders im tertiären Stadium und metaluetische Erkrankungen (neben anderen, teils gesetzlich vorgeschriebenen Maßnahmen).

9. Gonorrhoe, besonders gonorrhoische Gelenkaffektionen.
10. Poliomyelitis ant. ac. (einzig wirksames Mittel schon im akuten präparalytischen Stadium!)
11. Fleckfieber,
    Typhus abdominalis.
12. Malaria, Recurrensfieber (neben medikamentösen Maßnahmen).
13. Septiforme Prozesse.
14. Unspezifische Entzündungen im Bereich des Urogenitaltraktes, z. B. Cystitis, Pyelitis, Entzündung der Adnexe;
    im Bereich des Hals-, Nasen-, Rachenraumes und des Respirationstraktes, z. B. schwere Anginen, Otitis media, schwer lösliche Pneumonien.
15. Endobiosis.
16. Tumoren (neben anderen Maßnahmen).

Die Indikationen sind oben nicht etwa starr festgelegt, sondern vielmehr nur angedeutet. Wie kann man auch das schier unermeßliche Krankheitsgeschehen in Rahmen zwängen und etwa auf jedem derselben etikettieren, ob ein Überwärmungsbad geeignet sei oder eine Seruminjektion! Aufzählen sollte man eher die

Gegenindikationen.

Zu diesen gehören
1. Zustände mit **erhöhtem Liquordruck.**
2. Formen der **Lungentuberkulose,** bei denen ein **Aufflackern** des stationären und latenten Prozesses auch nur mit geringer Wahrscheinlichkeit befürchtet werden muß. Besonders vorsichtig wird man bei dem in dieser Richtung stark empfindlichen **Entwicklungsalter** vorgehen müssen.
3. **Pneumonien mit** umfangreicher **Hepatisation.**
4. **Myocarditis,** gleich welcher Ätiologie,
   Herzvitien mit **Gefahr der Dekompensation,** Myocardinfarkte.
5. **Roter und blasser Hochdruck,** Coronarsklerose, Coronarinsusfizienzen, Aortenaneurysmen, Atherosklerosis,
   ferner akute Phlebitiden mit **Thrombosegefahr.**
6. Chronische Hepatitis, **Lebercirrhose** mit **Stauungen im Pfortadersystem.**

Schlußbetrachtung

Wer das Indikationskapitel nur oberflächlich betrachtet, mag den Schluß daraus ziehen, daß mit den Überwärmungsbädern nahezu alles geheilt werden kann. Das ist selbstverständlich nicht der Fall, wie schon eine genaue Betrachtung klarmachen wird. Jedoch lassen uns die Arbeiten von Ricker, Veil-Sturm und Speransky über das neurodystrophische Geschehen, wie vielleicht auch die Arbeiten Enderleins über den Krankheitskomplex der Endobiosis, die ungewöhnliche Vielfalt der Anzeigen verständlich werden, sei es, was die Dosierbarkeit wie auch die Individualisierbarkeit anbetrifft. *Der Vielgestaltigkeit des Krankheitsgeschehens kann die genau so vielgestaltig auszuübende Methodik der Überwärmungsbäder entgegengesetzt werden*, angefangen etwa von der warmen Teilwaschung nach Kneipp über die Sauna bis hinauf zum wärmsten und längsten Überwärmungsbad nach Walinski. Auf rein hydrotherapeutischem Gebiete entspräche diesem etwa die Betrachtungsweise Voglers mit seiner Skalentherapie.

Selbst von der Pharmakologie kommend, war auch ich früher, als Schüler organopathologischen Denkens, an bestimmte nosologische Kategorien gebunden. Man fand eben „diese oder jene Krankheit" und behandelte nach den Weisungen der großen Handbücher, die gewöhnlich unbestimmt und für meine heutigen Begriffe dürftig waren. Am meisten ärgerte ich mich über Empfehlungen wie: Roborantia, hydrotherapeutische Prozeduren usw.". Welche „Prozeduren" das sein sollten, mußten wir selbst entscheiden. Danach waren auch die Kurerfolge. Und so wird es auch, zum Nachteil von Arzt und Patient, bleiben, wenn nicht ein neues Kapitel aus der Geschichte der Medizin beginnt mit dem Ziel „Zurück zu den Alten". Betitelt könnte dieses Kapitel werden mit „Renaissance der Heilkunde". Virchow übernahm den cellularen Gedanken von Dutrochet und Raspail und schuf die Cellularpathologie, mit der somit das überhebliche und unersprießliche Zeitalter der einseitigen Medizin began. Die Zukunft gehört aber einer neuen Heilkunde, die wir als „die biologische" und „die prophylaktische" bezeichnen müßten.

Auch für mich in meiner früheren Entwicklung waren maßgebend die Worte Virchows: „Wir müssen auch dann einen Sitz der Krankheit annehmen, wenn wir keine sichtbaren Veränderungen entdecken. Kein Arzt kann ordnungsmäßig über eine Krankheit denken, wenn er ihr keinen Ort im Körper anweisen kann." 40 Jahre sind seit dieser Zeit vergangen, als ich begeistert diesen Worten lauschte. Aber die Entwicklung der Therapie hat mir wenig Genugtuung gebracht, bis ich bei der Homöopathie und Naturheilkunde gelernt habe, therapeutisch einzugreifen, wenn ich mir auch nicht immer gänzlich über den Sitz der Krankheit klar war. Natürlich sitzt die Krankheit irgendwo, aber für die Therapie — und zwar ohne Verzug — ist etwas anderes in erster Linie maßgebend: der Symptomenkomplex, als Ausdruck des Krankseins nach außen. So bildet er auch den Inhalt der klinisch-homöopathischen Semiotik, die uns lehrt, die jeweiligen Symptome in die rasche therapeutische Tat umzusetzen.

Aber die Überwärmungsmethoden erlauben ein noch schnelleres Eingreifen. Ich möchte sagen, sie geben die Handhabe zu einer mutigen therapeutischen Tat in nahezu allen akuten und chronischen

Krankheiten. Dieses ist nicht etwa ein Postulat, sondern eine feststehende Tatsache. Es kommt nur darauf an zu entscheiden, welche Wärmemaßnahmen in bestimmten Fällen die geeignetsten sind. Dieses Buch versucht, hierfür geeignete Grundlagen und Hinweise zu geben.

An mir selbst habe ich in jahrzehntelangem Suchen gelernt, wie fruchtbar für das ärztliche Können der synthetische Gedanke in der Heilkunde ist und welch ein hohes Ziel denjenigen vorschwebt, die für diese Synthese in der Medizin eintreten. Von der größten Bedeutung für die Zukunft sind gerade diese Bestrebungen, die der Medizinhistoriker der Zukunft dermaleinst zweifellos als Verdienste von bleibendem Werte verbuchen wird. Sie führten in Frankreich zur Gründung der „Neohippokratischen Gesellschaft". Im deutschen Sprachgebiet bemüht sich darum unermüdlich B. Aschner (jetzt New York). Auch ist vieles in Deutschland von allen den Forschern geschehen, denen der Begriff „Neue Heilkunde" teuer war. Es fehlt aber die begeisterte Jugend: sie wird auf den Universitäten leider noch immer „anders" erzogen. Ob „humoral" oder „cellular" eingestellt, ob mit erhärteter Diagnose ausgerüstet oder nicht: der Arzt muß den Mut zum therapeutischen Handeln haben, und zwar zum Handeln so schnell wie möglich, deshalb, weil die Krankheit oft einen plötzlichen Angriff bedeutet. Solch ein Angriff wird aber seit undenklichen Zeiten durch eine noch plötzlichere Abwehr am wirksamsten bekämpft. Für diese Abwehr liefern die Überwärmungsmethoden scharfe Waffen. Schnell und sicher erzeugen sie eine summarische Abwehr.

Von Gewicht also ist es nicht etwa, bei welcher „Krankheit" die Überwärmung angezeigt ist, sondern bei welchem Kranken und mittels welcher Methode. Deshalb bricht sich jetzt auch mehr und mehr die Erkenntnis Bahn, daß bei der Anzeigestellung nicht „Krankheit" das Wesentliche ist, sondern der Kranke in seiner Reaktionslage, seiner Konstitution, seinen Lebensbedingungen, seinem Milieu usw. So wird man Vogler nur zustimmen können, der *an Stelle der nosologischen die funktionelle Indikation,* die Gewebs-, die nutritive, die hormonale, die immunbiologische Indikation usw. setzt.

Gewiß wird sich diese Art der Betrachtung nur langsam durchzusetzen vermögen, jedoch wird ihr die Zukunft gehören. Ist sie allein doch in der Lage, individualisierend jedem einzelnen Fall therapeutisch gerecht werden zu können.

VII. Überwärmungsbäder in der Klinik

Professor Dr. Franz Walinski, † 1. 4. 46

Dem Pionier der Hyperthermie zum Gedächtnis

von **Dr. med. Irmgard Walinski**

Die ersten wissenschaftlichen Versuche mit Hyperthermie wurden von Walinski in der Klinik von Goldscheider (III. Med. Klinik der Univ. Berlin) im Jahre 1925 begonnen und soweit ausgebaut, daß im Jahre 1928 die Habilitationsschrift über dieses Thema von der Fakultät angenommen wurde. Walinski kam zu dieser Therapie durch die Überlegung, daß steigende Erwärmung die biologischen Abwehrkräfte des Körpers aktiviert und vermehrt. Es kam ihm vor allem darauf an, in tunlicher Dosierung hinsichtlich des Anschwellens und der Erreichung eines Höchstmaßes an Wärme, die Wärmeabgabe des Körpers zu hindern und gleichzeitig von außen neue Wärme an den Körper heranzutragen. Daraus ist schon ersichtlich, daß die Behandlung mit Überwärmungsbädern von der Fieberbehandlung wesentlich abweicht. Der Organismus wehrt sich gegen das Eindringen von Krankheitsstoffen durch Aktivierung seiner Abwehrkräfte, d. h. es tritt Fieber auf. Durch die Selbstbildung der erhöhten Wärme in einem kranken Körper werden die Kräftereserven angegriffen und allmählich verbraucht. Die Überwärmungsbäder dagegen bringen von außen her auf regulierbarem Wege die notwendige Wärmekapazität. Die vom Körper erzeugten länger anhaltenden Temperaturen über 42° bedeuten ein Aufbrauchen aller Kraftreserven und enden tödlich. Von außen zugeführte Erwärmung hingegen, bei der sehr oft ebenfalls Temperaturen über 42° erreicht werden, führte in keinem Falle zum Exitus.

Einen erheblich größeren Umfang und eine weitere Entwicklung erfuhr diese Behandlung mit Hyperthermie, als Walinski die Möglichkeit erhielt, als Chefarzt einer großen Inneren Abteilung (St. Joseph-Krankenhaus, Berlin-Tempelhof) sein Verfahren weiter auszubauen. Von 1928—1937 wurden hier über 13 000 Überwärmungsbäder verabfolgt. Die Ergebnisse sind in verschiedenen Veröffentlichungen bekanntgegeben. Die Bädertechnik ist im V. Kapitel dieses Buches geschildert. Außer den heißen Bädern mit anschließender Packung, die 1—3 Stunden dauern, wurden in einem besonders gebauten Bassin in warmem Wasser Bewegungs- und Gehübungen mit Unterwassermassage durchgeführt, was zur Dauerheilung bzw. Besserung beitrug. Um die gesamten Ergebnisse der Schule Walinski zu schildern, muß man sie in 2 Abschnitte unterteilen:

1. auf Grund genauer Zahlenangaben und Veröffentlichungen;
2. auf Grund nur schätzbarer Zahlen und Ergebnisse, die bisher noch nicht veröffentlicht worden sind.

Die erste Gruppe umschließt die Arbeitsjahre 1928—1941, die zweite Gruppe die Jahre 1941 bis April 1946. Die klinischen Belege der zweiten Gruppe sind leider fast ausnahmslos durch die Kriegsereignisse verlorengegangen. Deshalb kann ich hier nur eine ganz kurz zusammengedängte Übersicht geben darüber, was ich als nächste Mitarbeiterin von Prof. Walinski in den letzten Jahren seiner Tätigkeit auf diesem Gebiete beobachten konnte. Der Verlust dieses so umfangreichen klinischen Beweismaterials ist insofern besonders zu bedauern, als er die schwierigsten Fälle von kriegsbedingten Verletzungen und deren Folgen umfaßte und für die vielseitige Verwendbarkeit der Hyperthermie beredtes Zeugnis ablegte.

I.

Ergebnisse der Hyperthermie von 1928—1941

a) Die meisten der behandelten Fälle sind zunächst die *luetischen Späterkrankungen,* wie Tabes dorsalis, progressive Paralyse, Lues cerebrospinalis. Ausschlaggebend war hier der positive Liquorbefund. Bei allen metaluetischen Erkrankungen wurde bei dem ersten Bad eine Körpertemperatur von 39,5°, bei den folgenden eine von 41,5° erzielt. Die Zahl der Überwärmungsbäder schwankte zwischen 8 und 24, in der Regel fand jeden 2. Tag eine Behandlung statt. Nach der 2. bis 3. Hyperthermie wurde mit der spezifischen Behandlung (Jod, Bismogenol und Neosalvarsaninjektionen) begonnen. Die Dauer der Packung betrug 3—7 Stunden. Besonders günstig war die Beeinflussung der lanzinierenden Schmerzen der Magenkrisen und der Impotenz. In besonders schweren Fällen wurde die Hyperthermie nach einem Jahr wiederholt und hatte dann meist den gewünschten Erfolg. Überraschend war, daß malariaresistente Fälle von Paralyse auf Hyperthermie ansprachen. Da im Krankenhaus nur die dementen Formen der Paralyse, nicht aber die unruhigen Kranken aufgenommen werden konnten, sind wegen der noch zu geringen Zahl der Behandelten bindende Schlüsse nicht möglich. Außerdem ist zu betonen, daß die Überwärmungstherapie vollkommen unschädlich ist, während bei der Malariabehandlung bis zu 14% Todesfälle berichtet werden.

b) Bei der *Multiplen Sklerose* befanden sich Fälle (diese Feststellung ist von großer Bedeutung!), die bisher anderen Therapien gegenüber völlig resistent waren und keine Änderung der Ausfallerscheinungen brachten. Die berufsfähig gebesserten Kranken zeigten schon nach 3—4 Bädern auffallende Fortschritte, die sich nach dem 6. bis 8. Bad noch erhöhten. Falls nach 5—6 Hyperthermien sich keinerlei Änderung des Befundes zeigt, ist nach den bisherigen Erfahrungen von Walinski eine weitere Behandlung wenig aussichtsreich. Ob bei den beobachteten Besserungen vielleicht Spontanremissionen vorlagen, läßt sich schwer entscheiden. Wenn man aber bedenkt, daß dieser irreparable Destruktionsprozeß am Zentralnervensystem bisher jeder Behandlung getrotzt hat, so ist der Versuch mit der völlig unschädlichen Überhitzungstherapie wohl gerechtfertigt.

c) von 11 Fällen mit *postenzephalitischem Parkinsonismus* wurden 6 hinsichtlich der Bewegungshemmung und der Muskelrigidität gebessert. Fünf Fälle blieben unbeeinflußt.

d) Fünf Fälle mit Myelitis wurden als für Hyperthermie geeignet in Behandlung übernommen. Voll berufsfähig wurde ein Fall, mäßig gebessert zwei, unbeeinflußt blieben ebenfalls zwei. Interessant ist der voll berufsfähig gewordene Fall. Es handelt sich um eine damals 41jährige Patientin mit kompletter Parese beider Beine, Areflexie, Blasen- und Mastdarminkontinenz und Hypaesthesien. Aus einer Nervenklinik war sie nach Behandlung mit Solbädern, Massage und Röntgentiefenbestrahlungen ungeheilt entlassen worden. Auf eine Zeitungsnotiz hin, die eine Arbeit von Walinski referierte, kam sie in das St. Joseph-Krankenhaus, Berlin-Tempelhof. Nach dem 2. Bad konnten die rechten Zehen bewegt werden, nach dem 7. Bad begannen die ersten Gehversuche, die durch das Taubheitsgefühl in beiden Beinen sehr erschwert waren, nach dem 15. Bad bestand völlige Gehfähigkeit, Blase und Mastdarm waren in Ordnung. Die Patellarreflexe waren schwach positiv, die Achillesreflexe nicht auslösbar. Heute (nach 6 Jahren) ist die Patientin vollkommen beschwerdefrei, besorgt Haushalt und Geschäft. Bei den halbjährlichen Kontrolluntersuchungen hat sich gezeigt, daß die Reflexe zwar seitengleich, aber sehr schwer und nur angedeutet auszulösen sind; die Paraesthesien haben sich vollkommen zurückgebildet.

e) Von 45 Fällen mit *Polyneuritis* konnten 95% berufsfähig entlassen werden. Die Zahl der Bäder schwankt zwischen 12 und 24, Dauer der Packung 1—2 Stunden. Bei besonders hartnäckigen Fällen wurde nach einer vierwöchigen Pause nochmals eine kurze Hyperthermie von 4—6 Bädern verabfolgt. Nachbehandlung mit Massagen und Bewegungsübungen sind notwendig.

f) Ganz hervorragende Ergebnisse wurden bei *Ischiasneuritis* erzielt. Die weitaus größte Zahl kam nach monatelanger vergeblicher Behandlung zur Hyperthermie, nur sehr wenige wurden im akuten Stadium aufgenommen. In akuten Fällen genügen 6—10, in verschleppten Fällen wurden 12—20 Überwärmungsbäder angewendet. Im Anschluß daran Massage und Dehnungsübungen. Besonders möchte ich hier auf die durch langdauernde Kälteeinwirkung ausgelöste Ischiasneuritis hinweisen. Diese zeigt überhaupt erst nach intensiver Überwärmungsbehandlung eine Besserungstendenz. Die anschließenden Dehnungsübungen wurden im Warmwasserbassin bei gleichzeitiger Unterwassermassage durchgeführt.

g) Für die *chronisch deformierende Arthritis* ist die Hyperthermie das Mittel der Wahl! Man denke an die Arthritis deformans, an die gonorrhoische Arthritis, die gichtische, die endocrin bedingte Arthritis, an die schleichende Polyarthritis rheumatica chronica. Die klassische Salicylbehandlung und lokale Wärmeapplikationen bringen zwar auch Besserungen, die aber sehr langsam eintreten und ein monatelanges Krankenlager mitsichbringen. Auch die Behandlung mit Goldpräparaten hatte nicht den erhofften Erfolg. Zur Hyperthermie geeignete Arthritisfälle müssen sehr sorgfältig ausgesucht werden: es hat natürlich keinen Zweck, eine versteifte Polyarthritis rheumatica, die seit 12 Jahren besteht, in heiße Bäder zu bringen, um eine Lockerung der Gelenke damit zu erreichen . Auch hochfieberhafte Polyarthritiskranke badet man nicht. Die Fiebergrenze wurde von W a l i n s k i bei 38° festgesetzt. Die Höhe der Senkung wurde bei der Auswahl zum Bad zunächst nicht berücksichtigt, später wurden laufend Senkungskontrollen durchgeführt. Der große Vorteil der Hyperthermiebehandlung bei diesem Leiden besteht darin, daß in dem heißen Bad alle betroffenen Gelenke gleichzeitig angegriffen werden. Von dem 3. Bad ab werden zunächst vorsichtig passive Bewegungsübungen und leichte Bürstenmassage, später unter ärztlicher Aufsicht aktive Lockerungs- und Bewegungsübungen durchgeführt. Der Erfolg ist in der weitaus größten Zahl der Fälle außerordentlich gut. Nicht nur das schnelle Schwinden der oft unerträglichen Schmerzen, sondern die sehr bald eintretende Beweglichkeit der vorher ängstlich geschonten Gelenke wirken auf den Behandelten so imponierend, daß viele Kranke von sich aus die Zahl der Überwärmungsbäder überschreiten möchten.

h) 12 *entzündliche Adnexerkrankungen* und 4 *chron. Pyelitis-Fälle* wurden nach 10 Bädern geheilt entlassen. Zur besseren Übersicht sind die vorstehenden Fälle tabellarisch zusammengefaßt.

Diagnose	Zahl der Fälle	arbeitsfähig gebessert	mäßig gebessert	unbeeinflußt
Tabes dorsalis	116	37	58	21
Prog. Paralyse	27	12	7	8
L. cerebrospin	63	35	15	13
Multiple Sklerose	55	8	25	22
Postenceph. Parkinsonismus	11	—	6	5
Myelitis	5	1	2	2
Polyneuritis	37	28	9	—
Ischiasneuritis	178	170	3	5
Go.-Arthritis	24	19	5	—
Lumbago	6	6	—	—
Pyelitis	4	4	—	—
Adnexitis	12	12	—	—
Entzündl. Arthritis	194	163	12	19
Arthritis deformans	69	48	13	8

II.

Ergebnisse nicht veröffentlichter Arbeiten von 1941 bis April 1946

Über den zunächst streng umrissenen Rahmen der Hyperthermie-Indikationen hinaus hat W a l i n s k i 1941 auch andere Erkrankungen, die auf die übliche Therapie kaum und nicht befriedigend ansprachen, ebenfalls mit Überwärmungsbädern behandelt. Zunächst waren es Fälle von

a) *Ikterus catarrhalis gravis.* Nach den ersten Bädern stieg der Bilirubinspiegel im Blutserum weiter an, die Leberschwellung nahm durch die stark vermehrte Durchblutung noch zu. Nach dem 5. bis 6. Bad jedoch erfolgte ein schnelles Absinken des Bilirubinspiegels, der nach dem 10. Bad seinen Normalwert erreichte. Dabei subjektives Wohlbefinden, Appetit, Schmerzfreiheit, schnelles Nachlassen des Juckreizes, objektiv Abblassung, Normalisierung des Urins, Abschwellen der Leber, normaler Ausfall der *Takata-* und der G r o ß ' s c h e n Probe. Die Kranken erhielten außer den Bädern nur eine zweckentsprechende Diät und bei starker Obstipation früh Karlsbader Salz. Auf die sonst üblichen lokalen Wärmeapplikationen, Gallensonden, Medikamente konnte verzichtet werden.

b) Um die oft recht ausgedehnte Verschwartung bei *Pleuritis exsudativa* zu verhindern, wurden diesen Kranken 4—8 Überwärmungsbäder verabfolgt. Stand das Exsudat sehr hoch, so wurde einen Tag vor dem ersten Bad 500 ccm Flüssigkeit durch Punktion entleert und etwas Luft eingefüllt. Bei keinem dieser Fälle wurden klinisch und röntgenologisch Reste der Pleuritis exsudativa festgestellt, weder Zwerchfellzeltbildung noch Verschwartung. Ausgeschlossen waren die spezifischen (Tbc.) Pleuritisfälle.

c) Beeindruckt durch die guten und vor allem schnellen Erfolge, die Walinski mit seiner Hyperthermiemethode erzielen konnte, habe ich mit seinem Einverständnis auch andere therapeutisch nur langsam beeinflußbare Fälle mit Überwärmungsbädern zu behandeln versucht. Zunächst nahm ich zwei Fälle von *Erythema nodosum* und vier *Purpura rheumatica*-Fälle.

Diese Kranken hatten bereits mehrere Schübe durchgemacht; es bestanden fast stets Temperaturen um 38° und relativ hohe Senkungen. Alle Medikamente wurden abgesetzt und nach 3 Tagen mit den Bädern begonnen. Nach dem 4. Bad setzte lytische Entfieberung ein, die Senkungen zeigten bei laufenden Kontrollen langsam fallende Tendenzen, die schmerzhaften Knotenbildungen verschwanden und das Allgemeinbefinden besserte sich zusehends. Ich ließ diesen Kranken acht Bäder verabfolgen. Nach zwei Bädern waren die Senkungen bis auf eine, die noch Werte von 15/38 mm aufwies, normalisiert. Die Kranken konnten sich vollkommen beschwerdefrei bewegen, zuerst stundenlang im Zimmer, dann im Garten und fühlten sich, wie sie selbst sagten, wie neu geboren.

d) Ein sehr dankbares Tätigkeitsfeld findet die Hyperthermie bei den *postdiphtherischen Paresen*, die viele Monate lang bestehen können und für Kranke und Krankenkasse eine große finanzielle Belastung bedeuten. Besonders schwer und ausgedehnt waren die postdiphth. Paresen, die im Sommer 1945 zur Aufnahme kamen. Es wurden 12 bis 15 Bäder verabreicht, an den badefreien Tagen Massage und Bewegungsübungen sowie Geh- und Greifübungen, die womöglich vom Arzt selbst geleitet werden. Ich habe als langjährige Stationsärztin immer wieder festgestellt, daß sog. „Hyperthermiefälle" ganz besonders dankbar sind, wenn sie das besondere Interesse und die Mitarbeit des Arztes sehen, der nicht nur bei den Bädern da sein muß, sondern auch selbst Bewegungsübungen mit ihnen macht, sie bei den Gehversuchen stützt und Mut zuspricht. Nach dem 4.—7. Bad schwanden die Paraesthesien, die Kranken konnten sich langsam allein aufrichten bzw. eine Tasse greifen und halten, nach dem 9. Bad begannen die Gehversuche. Die Reflexstörungen besserten sich nur sehr langsam, ebenso traten in einzelnen Fällen Recidive von Taubheitsgefühl in Finger- und Zehenspitzen auf. In fast allen Fällen konnte nach dem 15.—18. Bad Entlassung erfolgen. Besonders schwere Fälle habe ich ambulant mit 10—12 Strychnininjektionen nachbehandelt.

e) Gleichzeitig möchte ich hier die *toxische Polyneuritis durch Genuß von vergiftetem Öl* (Orthotrikresylphosphat) anführen. Ich hatte Gelegenheit, zwei Fälle (Mutter und Tochter) selbst zu behandeln; drei andere Fälle konnte ich beobachten. Hier erwiesen sich alle bekannten Heilmaßnahmen und leider auch die Hyperthermie als machtlos. Nach dem 12. Bad konnte lediglich eine bessere Beweglichkeit der Zehen und der Fußgelenke festgestellt werden, die Achillessehnenreflexe ließen sich nicht auslösen, es bestand typischer Steppergang. Leider hatten die Kranken nicht die nötige Geduld, und die Behandlung mußte aufgegeben werden. Ich bin der Ansicht, daß die Prozesse an den Achsenzylindern zum Stillstand resp. zur Besserung hätten gebracht werden können, wenn man weiterhin intensivste Wärmetherapie verabreicht hätte.

f) Nicht unerwähnt möchte ich schließlich noch einen Fall von Dupuytren'scher *Kontraktur* lassen, der nach 12 Bädern soweit gebessert wurde, daß die Patientin stricken konnte, was vorher völlig unmöglich war. Der Erfolg hat bisher vier Jahre angehalten. Es sind weder objektiv noch subjektiv bei regelmäßiger Nachprüfung Anzeichen vorhanden, daß eine Änderung zum Negativen eintreten könnte.

Es darf die Feststellung aus den gesamten Erfahrungen abgeleitet werden, daß die von Walinski eingeführte klinische Hyperthermie (sein Prioritätsrecht ist unbestritten!) in einer großen Zahl der Fälle anderen therapeutischen Maßnahmen vorzuziehen ist, weil bei besonderen Fällen, die anderer Therapie nicht zugänglich waren, sie manchmal von verblüffendem Erfolg war. Außerdem ist volkswirtschaftlich zu bedenken, daß weder kostspielige Apparate noch Um- oder Anbauten notwendig sind; in jeder Anstalt mit Baderaum kann diese Kur durchgeführt werden. Auch werden nach Möglichkeit Medikamente — außer Antiluetica — ausgeschaltet. Zuletzt ist zu bedenken, daß ein mehrwöchiger Krankenhausaufenthalt, der zur völligen Berufsfähigkeit geführt hat, immer noch billiger ist als eine monatelange ambulante Behandlung, die sehr oft unbefriedigend ist für Arzt und Kranke und den Leidenden für lange Zeit (manchmal ein Jahr) aus dem Arbeitsprozeß ausschaltet.

Die gesamten Ergebnisse der Methode nach Walinski sollten in einem Buch veröffentlicht werden, doch sind die Entwürfe dazu durch die Kriegsereignisse vernichtet worden. Die Ideen des Forschers aber leben und mahnen weiter. Deshalb ist dem Pionier der Hyperthermie, Prof. Dr. Franz Walinski, der mit seinem Können vielen Hunderten von Kranken half, dieses spezielle Kapitel gewidmet. Es zeigt seine Lebensarbeit in zusammengefaßter Form und gibt Unterlagen für die weitere klinische Forschung.

Krankengeschichten

1. *Diagnose: Arthritis deformans*

Frau A. F. in T. stellt sich am 28. 10. 1940 bei mir ein. Seit 4 Jahren Arthritis deformans. Im Wesentlichen sind die Fuß-, Knie- und Handgelenke befallen. Auf Grund röntgenologischer Untersuchung wurde ihr anderwärts erklärt, daß eine Besserung oder Heilung nicht möglich sei, da sie langsam, aber unaufhaltsam versteifen werde. Sie erhielt in meinem Kurheim tägliches Schlenzbad in der Zeit vom 28. 10. 40 bis 5. 12. 40, ausgenommen Samstag und Sonntag. Alle 8 Tage injizierte ich Plenosol - Madaus intrakutan über den befallenen Gelenken in steigenden Dosen. Der Erfolg bestand in einer förmlichen Verjüngung der Patientin, welche wieder ohne alle Schmerzen marschieren und die Hände gebrauchen konnte. Nach Hause heimgekehrt, sprang sie als erste Beweisführung für ihren Erfolg zum Entsetzen der Angehörigen auf einen Stuhl, während man sie bisher nur als schwerbewegliche und schmerzgeplagte Gichtikerin gekannt hatte. Ende März 1941 erhielt ich wieder erfreulichen Bericht von ihr. Mitgeteilt von Dr. Zett, Memmingen.

2. *Diagnose: Arthritis deformans*

Frau H., 73 Jahre alt. Leidet an einer deformierenden Gelenkentzündung. Mit Mühe und Hilfe wird die Patientin in mein Sprechzimmer geführt. Homöopathische Mittel bringen bald eine Besserung; aber die Patientin kann ohne stützende Hilfe immer noch kaum gehen. Eine wiederholte Schlenzkur von zweimal 12 Bädern und Massage bringt zunächst wesentliche Besserung und später auch freies Gehen. Patientin ist vernünftig genug, um sich von Zeit zu Zeit homöopathisch nachbehandeln zu lassen.

Mitgeteilt von Dr. Devrient, Berlin.

3. *Diagnose: Arthritis deformans*

Wegen Arthritis deformans des Hüftgelenks kamen nacheinander drei Krankenschwestern in meine Behandlung. Alle waren im Gehen stark behindert und klagten über Schmerzen bei Anstrengung. Die Röntgenbilder zeigten typische Veränderungen. Bei allen kam außer Schlenzbädern und Packungen einmal eine örtliche, umstimmende Blasenzugpflaster-Behandlung oberhalb des Hüftgelenks zur Anwendung. Alle drei hatten einen überraschend guten Erfolg und wurden wieder voll arbeitsfähig.

Mitgeteilt von Dr. Rüdiger, Wernigerode.

4. *Diagnose: Gelenkrheumatismus beim Kinde*

Kind E. P., 3 Jahre alt, war im Anschluß an Angina an Gelenkrheumatismus in Knien und Fußgelenken erkrankt. Der behandelnde Arzt hatte eine Salizylkur gemacht, ohne daß die Schwellungen davon zurückgegangen wären. Der Junge wurde im Handwägelchen zu mir gefahren, sah blaß und ungesund aus, hatte schon seit sechs Wochen kein Fieber mehr, beide Knie aber waren geschwollen, die Patella tanzte, der linke Knöchel war ebenfalls wäßrig geschwollen. Dies Stadium bestand schon seit 3 Wochen unverändert. Auf Bryonia D 3, Kal. chlorat und China, zusammen mit der Schlenzkur, war er nach 14 Tagen völlig gesund. Hier war die Mutter sehr intelligent, machte die großen Kräuterbäder 40—50 Minuten mit 1 Stunde Nachschwitzen dreimal, dann wurden Heublumenwickel um die Knie und Füße täglich gemacht. Die Mandeln wollte er sich nicht absaugen lassen, und so geht es bei der vielen Schwitzerei auch immer ohne diese unangenehme Prozedur. Der Körper scheidet von selbst seine Gifte, auch das der Mandeln, im vermehrten Maße aus. Pat. war nur dreimal bei mir, dann waren alle Erscheinungen beseitigt, er war auch wieder straff und rotbackig geworden. Im nächsten Jahr um dieselbe Jahreszeit (März) bekam das Kind wieder eine Angina mit sofortiger Schwellung beider Knie. Diesmal wurde ich sofort gerufen, und mit zwei Bädern und heißen Wickeln 10 Tage lang war das Kind wieder hergestellt. Seit 3 Jahren ist nun kein Rückfall mehr eingetreten. Mitgeteilt von Frau Dr. Bischoff, Berlin.

5. *Diagnose: Gelenkrheumatismus*

Frau L. L., in M., seit 1938 wegen immer wiederkehrendem Gelenkrheumatismus namentlich in Hand- und Fußgelenken in meiner Behandlung. Es ließ sich jeweils für 1/2—1 Jahr Beschwerdefreiheit erreichen. Nach einiger Zeit war jedoch wiederum die rezidivierende Erkrankung da. Patientin machte zweimal hintereinander im Herbst, der erfahrungsgemäß einen Rückfall bringt, eine Schlenzkur von je ca. 20 Bädern durch im Jahr 1938 und 1939. Schon der Winter 1939 verlief ohne Erkrankung; in gleicher Weise der Herbst und Winter 1940, so daß Patientin jetzt schon eine viel längere Zeitspanne ohne Rezidiv geblieben ist, was auf Grund bisheriger Erfahrung bei ihr allein mit arzneilicher Behandlung unwahrscheinlich gewesen wäre.

Mitgeteilt von Dr. Zett, Memmingen.

6. *Diagnose: Ischias*

Frau H. S. in M. hatte seit Monaten Ischiasneuralgie links. Es bedurfte im Winter 1939/40 nur 6 Wochen Schlenzkur mit täglich einem Bad, um Schmerzfreiheit wiederherzustellen.

Mitgeteilt von Dr. Zett, Memmingen.

7. *Diagnose: Paralysis agitans*

Mitgeteilt von Dr. August Heisler in seinem Buch „Dennoch Landarzt“! S. 221.

Ein besonders schwerer Fall von Parkinson mit Paralysis agitans kommt zu mir, nachdem er bereits vorher drei Monate ohne nachhaltigen Erfolg in klinischer Behandlung gestanden hatte. Bei diesem Kranken nun versuchten wir es mit zweistündlichen Dauerbädern bis hinauf zu 43 Grad. Wir mußten öfters mit Herzmitteln nachhelfen; trotzdem empfand der Kranke die Bäder äußerst wohltuend, und nicht nur er, sondern auch die Dame im Nebenzimmer im Sanatorium wußte immer genau, wann er gebadet hatte, weil dann eine Nacht Ruhe war vor dem ewigen Schlagen am Bettrand.

8. *Diagnose: Schwere Bronchitis*

Ein etwa 60jähriger pensionierter Beamter litt seit 13 Jahren an immer mehr zunehmender Bronchitis. Das Krankheitsstadium, in dem er, um eine Kur in Kudowa zu machen, ankam, war so schwer, daß ich sofort die Aufnahme ins Krankenhaus veranlassen mußte. Es bestand Lebensgefahr. Das Herz im Versagen, starke Oedeme und Aszites, dicke Leber, versagende Nieren. Höchste Angst, Atemnot und Schlaflosigkeit. Cyanose. Täglicher Auswurf von $^1/_8$ Liter Eiter und Schleim. Alle versuchten Behandlungen der letzten Wochen waren erfolglos.

Ich schlug dem Patienten die Schlenzkur vor. Seine Frau half bei all den Maßnahmen fürsorglich und geduldig mit. Er erhielt zunächst die heißen Wickel um Beine und Rumpf, später dazu die Kopfwickel. Bald stellten sich die Schweiße ein. Die Entlastung wurde schnell erkennbar. Selbstverständlich erhielt er auch passende diuretische Tees und solche zur Schleimlösung und auch homöopathisch entsprechende Herz- und Lungenmittel. Nach 10—14 Tagen verminderte sich der Auswurf, die oberen Lungenpartien wurden sauberer, die Atmung leichter, die Nächte wurden wesentlich besser. Die Erquickung durch den Schlaf vermehrte das Vertrauen zu der Behandlung. Die Oedeme schwanden immer mehr. Nun begannen die Bäder, jeden zweiten Tag; am Tage darauf gabs früh und nachmittags Packungen. Die Darmreinigungen, lauen Abreibungen, Kohledarreichung und Aloe nebenher.

10 Wochen vergingen, bis die Lunge völlig schleimfrei war und alle Stauungen geschwunden waren und der Patient als wiederhergestellt gelten konnte. Alle Organe haben die regelrechte Funktion wiedergewonnen.

Es war also in diesem Falle gelungen, durch den Schweiß, die Darmausscheidungen und durch die Nierenausscheidungen einerseits und durch die osmotisch in den Organismus eindringenden Pflanzenheilstoffe andererseits die Gesundheit wieder herzustellen.

Der Mann wäre sonst verloren gewesen. Noch nie habe ich einen Menschen aus schwerer Krankheit dieser Art wieder gesund werden sehen. Nun kann man gewiß sagen, daß die homöopathischen Medikamente vielleicht den Heilerfolg mit gezeitigt haben. Wie weit deren Anteil an dem günstigen Verlauf war, läßt sich natürlich nicht genau abgrenzen. Mitgeteilt von Dr. Smolny, Bad Kudowa.

9. *Diagnose: Asthma bronchiale*

Frau S. aus N. kam in geradezu bedauernswertem Zustande mit schwerstem Asthma in das Kurheim Schinkel. Es war alles Erdenkliche mit ihr versucht worden, jetzt schafften nur mehrfache tägliche Injektionen von Asthmolysin vorübergehend Linderung. Die Schlenzbäder führten in Verbindung mit Atemübungen und Massage in wenigen Wochen zu einer solchen Besserung, daß die sie besuchenden Verwandten aufs Höchste über den Erfolg erstaunt waren. Bald vermochte sie weite Spaziergänge in die Berge zu machen und schlief des Nachts ohne Verwendung irgendwelcher Mittel.

Mitgeteilt von Dr. Rüdiger, Wernigerode.

10. *Diagnose: Ekzema universale siccum*

Einen gleich guten Erfolg erzielte ich bei einem 65jährigen Eisenbahnbeamten mit universellem trockenen Ekzem, das gleichfalls allen bisher zur Anwendung gelangenden Heilungsbestrebungen getrotzt hatte. Mitgeteilt von Dr. Rüdiger, Wernigerode.

11. *Diagnose: Tumor mammae.*

Frau E. U., Berlin N 58, bemerkte am 22. 6. 42 eine Geschwulst an der linken Brust. In der Charité stellte man fest, daß es eine nicht bösartige Geschwulst sei. Es wurden zweimal wöchentlich Anertanspritzen und heiße Enelbinumschläge verordnet. Als nach 6 Wochen sich kein Rückgang der Geschwulst zeigte, machte man einen Probeschnitt in der chirurgischen Klinik der Charité. Am 2. 9. 42 bekam die Pat. das Resultat, daß die Geschwulst bösartig sei und die Brust abgenommen werden müßte. Die Pat. bestand aber auf konservativer Behandlung, ja verlangte sogar dieselbe von mir. Ich betonte ihr gegenüber mehrfach die Vorzüge einer rechtzeitig vorgenommenen Operation, entschloß mich aber schließlich auf ihr dringliches Bitten hin, die Behandlung aufzunehmen. Bis Ostern 1943 wurden 65 Schlenz-Bäder genommen. Zu gleicher Zeit kamen eine Reihe von antidyskrasischen Methoden in Anwendung, auf deren genaue Schilderung hier nicht eingegangen werden kann. Die Geschwulst ist zurückgegangen, desgleichen auch die Schwellung der Lymphdrüsen.

Die Pat. betrachtete sich als gesund. Auf meinen dringenden Rat hin wurden die Schlenzbäder wöchentlich einmal noch für 2 Jahre durchgeführt, auch die umstimmende und ausleitende Behandlung. Pat. stellt sich zweimal im Jahr zur Nachkontrolle vor. Das letzte Mal sah ich sie am 17. 10. 47 aus Anlaß eines Rückenkarbunkels.

Mitgeteilt von Dr. Devrient, Berlin.

12. *Diagnose: Tabes*

Frau G., 58 Jahre alt. Leidet an Tabes, kann kaum gehen und das Gleichgewicht halten. Tiefe seelische Depression. War an verschiedenen Stellen erfolglos in Behandlung. In der Hoffnung, daß noch nicht alle Nervenbahnen im Rückenmark zerstört seien, setzte ich hier die Schlenzkur und Homöopathie gleichzeitig ein, im ganzen zwei Monate lang. Es konnte eine Besserung erreicht werden insofern, als die Patientin seelisch ein aufgeschlossener, hoffnungserfüllter Mensch wurde, sich leichter bewegte und allein die Treppen steigen konnte. Es besteht die Hoffnung, daß die Fortsetzung der Kur noch weiteren Erfolg bringt.

Mitgeteilt von Dr. Devrient, Berlin.

13. *Diagnose: Schwere Migräne*

Der 2. Fall, den ich deshalb mitteile, weil er zeigt, mit welcher Geduld und Unnachgiebigkeit das Verfahren verfolgt werden muß, betraf eine geradezu entsetzliche Migräne bei einer Lehrerin Frl. S. aus Beuthen O/S, 45 Jahre alt. Seit ihrer Kindheit litt sie daran. Immer schlimmer wurden die Anfälle. 1933 kam sie nach Bad Kudowa in meine Behandlung. Sie klagte damals über bohrende Schmerzen in der Stirn und im rechten Auge, über Übelkeiten, zuweilen mit galligem Erbrechen. Die Anfälle dauerten von 6.30 bis 23.30 Uhr. Die Schmerzen waren nicht immer bohrend, zuweilen bestand Benommenheit des ganzen Kopfes, wie einzwängend. Sie wimmerte vor Schmerzen, gegen Geräusche und Licht war sie überempfindlich. Den Anfällen folgten Erschlaffung und Depression. Sie war unglücklich, weil sie dadurch schwer im Beruf behindert war. Kaum eine Woche gab es Ruhe. Von dem Aufenthalt in Bad Kudowa hatte sie keinen Erfolg. Eine spätere Kaltwasserkur in Lähn hatte gleichfalls keine Wirkung. Das Leiden entwickelte sich immer mehr. Selbst krank und gedrückt, hatte sie noch eine schwere Pflege zu leisten und große Aufregungen zu überwinden.

Am 11. 5. 1937 kam sie zur Schlenzkur in das Krankenhaus Bad Kudowa. Alle therapeutischen Versuche mit zahllosen Medikamenten hatten sich als völlig ergebnislos erwiesen. Das Leiden war das gleiche wie 1933, nur daß die Anfälle wesentlich stärker und immer mit Galleerbrechen verbunden waren und bis zu 40 Stunden dauerten.

Neben diesen langdauernden gab es immer wieder Halbtagsanfälle, auch zusammenhängende Kopfschmerzen bis zu 10 Tagen hintereinander. Nach den schweren Anfällen wurde der Urin flockig, als wenn Pulver hineingeschüttet worden wäre. Sie wurde dienstunfähig. Als sie hier ankam, war sie bereits 7 Wochen außer Dienst. Die Schlenzkur war die letzte Hoffnung auf Rettung. Große, schlanke Figur. Angekleidet 57 kg. Bei den Anfällen, die ich beobachtet habe, war sie verzweifelt vor Schmerzen, erbrach gallige Massen. Sie war leichenblaß, zum Sterben elend, konnte sich kaum erheben. Der Blutdruck war etwas erhöht, die Herztätigkeit ruhig. Die Periode regelmäßig, normal. Urin frei.

Die große Schlenzkur mit allen Beigaben wurde energisch durchgeführt. Die Bäder heiß 39—40 Grad, langdauernd bis $1^1/_2$ Stunden und mehr, Wickel, besonders des Leibes, Darmreinigungen, Aloe, Tees, Elixier und Kräuteröl wurden angewendet. Sonntag ausgenommen. Natürlich wurden auch die zuständigen homöopathischen Medikamente verabreicht. Zum Verdruß der Patientin und zu unserem Verdruß und Enttäuschung änderte sich an dem Befinden der Patientin während der Kur nichts. Die Anfälle kamen in gleicher Stärke. Das Gewicht hatte etwas zugenommen, auf 60 kg. Das Aussehen war immer noch kränklich und elend. Am 14. 7. wurde sie entlassen, betrübt, weil der Erfolg ausgeblieben war. Da blieb nichts übrig, als die Hoffnung auszusprechen, daß sich vielleicht doch nach der intensiven Kur allmählich eine Besserung des Leidens einstellen würde. Es wurde ihr aufgegeben, in abgeschwächter Form Anwendungen zu machen, Elixier und Kräuteröl weiter zu gebrauchen, dazu homöopathische Medikamente zu nehmen.

Am 11. 9. erhielt ich die Mitteilung, daß sie seit Kudowa keine schweren Anfälle mehr hatte, leichte Anfälle in der ersten Zeit noch viele.

Ein späterer Brief berichtet, sie sei vollständig arbeitsfähig. Zeitweise leichte Kopfschmerzen seien belanglos. Der Erfolg kam in diesem Falle erst in der Nachwirkung. Am 22. 12. 1937 kam auf meine nochmalige Anfrage der letzte Bericht. Sie schreibt mir: „Es freut mich sehr, daß Sie so viel Interesse an meinem Befinden haben. Ja, es geht besser, so gut, daß ich mich wie ein neuer Mensch fühle. Ich leiste doch wieder etwas und kann viel aushalten."

Eine Woche lang im Dezember hatte sie allerdings noch einen Rückfall von täglichen Kopfschmerzen, und zwar während einer Periode. „Die Tage nach den Anfällen habe ich aber wieder tüchtig gearbeitet, sehr viel geschrieben, und es ist mir gut bekommen." Sie hat die Absicht, in den Sommerferien die Schlenzkur zu repetieren.

Mitgeteilt von Dr. Smolny, Bad Kudowa.

14. *Diagnose: Osteomyelitis femoris*

Ein junger Berufskamerad, groß, kräftig, von blühendem Aussehen, berichtet mir, daß er vom 10. bis 15. Lebensjahr fünfmal wegen Osteomyelitis des rechten Oberschenkels operiert worden sei und dann als blasser Schwächling, mit Versteifung des rechten Kniegelenkes, den Fuß in Spitzfußstellung, die Klinik verlassen habe, wobei man ihm später wieder notwendig werdende Operationen in Aussicht gestellt habe. Durch heiße Kräuterbäder und Packungen wurde er im Verlauf von vier Monaten geheilt. Er ist seit fünf Jahren völlig gesund und wurde kürzlich bei der Gesundheitsprüfung der Hochschüler als der gesündeste unter seinen Kameraden bezeichnet.

Mitgeteilt von Dr. Rüdiger, Wernigerode.

15. *Diagnose: Nephrolithiasis*

Ein sehr schwerer Fall war auch die Erkrankung einer Krankenschwester. Wegen schwerer Veränderungen wurde die rechte Niere entfernt, ebenso der Blinddarm. Auf die Vermutung hin, daß die linke Niere vielleicht ebenfalls Steine enthielte, wurde auch links operiert. Eine mächtige Narbe längs des ganzen Harnleiters bis zur Niere gibt davon Zeugnis. Ein Teil der Narbe war mit dem Beckenrand verwachsen und sehr druckschmerzhaft. Die Patientin litt unter Nierenschmerzen, unter Abmagerung und Schwäche und Herzbeschwerden. Schon die kleinsten Wege zurückzulegen, machte ihr Mühe und Beschwerden. Sie drohte ohnmächtig zu werden. Als ich sie in Behandlung bekam, hatte sie zufällig noch eine furunkulöse Entzündung am Kinn, welche bereits zu etwa haselnußgroßen schmerzhaften Drüsen am rechten Unterkiefer geführt hatte. Bezüglich der Niere wurde vermutet, daß vielleicht Tuberkulose vorläge.

Es wurde gleich mit der Schlenzkur in Form von Ganzwickeln begonnen. Früh und nachmittags je 2 bis 3 Stunden. Innerhalb zwei Tagen waren das Fieber, die furunkulöse Entzündung und die Drüsen geschwunden zu unserer allgemeinen Verwunderung. Nach 14tägiger Kur konnte sich die Patientin frei und ohne Schmerzen bewegen. Sie bekam, obwohl im Februar/März nur wenig Sonnenschein war, eine frische und bräunliche Gesichtsfarbe. Sie konnte schließlich weite Wege beschwerdefrei wandern und hatte am Ende der Kur, nach etwa fünf Wochen, eine Gewichtszunahme von 3,5 kg. Im Urin war die ganze Zeit hindurch nichts Krankhaftes zu finden gewesen.

Auffallend gebessert konnte sie in ihr Krankenhaus zurückkehren, wo sie den Dienst als Pförtnerin wieder übernahm. Die dortigen Ärzte waren über die Genesung erstaunt.

Als Tee bekam sie Zinnkraut, als Medikament Argent. nitric. D 4. Auch in diesem Falle hat ganz offenkundig die Kräuterkur die Wirkung vollbracht.

Ich könnte noch einen zweiten Fall von Steinniere bei einem etwa 27jährigen Fräulein vorbringen. Die rechte Nierenkapsel wurde operativ gespalten. Röntgenologisch wurde ein Stein in der Niere ermittelt. Häufige Blutungen im Harn und große Schmerzen brachten die Patientin zur Verzweiflung. Seit vielen Jahren war sie krank und hat die Hoffnung auf Besserung aufgegeben. Fünf Wochen dieser Kur haben sie im Wesentlichen schmerzfrei gemacht. Im Brief vom 14. Mai 1936 sagt sie, daß es ihr wirklich sehr gut gehe, nur hin und wieder habe sie ein bißchen Schmerzen, was aber erträglich sei.

Eine kurzdauernde Heilkrise bestand in heftigem Brennen beim Wasserlassen. Sie schied die Salze, die zur Steinbildung geführt haben, reichlich aus und auch Harnsand.

Mitgeteilt von Dr. Smolny, Bad Kudowa.

16. *Diagnose: Herdnephritis und Muskelrheumatismus*

Frau Emma K., Berlin-Weißensee, 38 Jahre alt, nach schwerer Grippe eine Nephritis mit so viel Eiweiß-Formelementen und Temperaturerhöhung, daß der behandelnde Arzt eine Operation (Decapsulation) vorschlägt. Statt dessen Schlenzbäder mit Medikation. Patientin, eine schmächtige, kraftlose, verzweifelte Frau mit ewig kalten Füßen und Schlaflosigkeit durch die entsetzlichen nächtlichen Rheumaschmerzen. Der ganze Rücken und die Hüften sind voll von schmerzenden Myogelosen. Auch im Bett mit Wärmeflaschen wird Patientin nimmer warm. Nach viermonatlicher Kur (mit etwa 30 Bädern und 20 Ganzpackungen, Mechanotherapie und heißen Teilanwendungen) keine Zylinder und kaum noch Eiweiß im Harn. Ein Monat später nach abgeschwächter Kurfortsetzung auch kein Eiweiß mehr. Patientin ist jetzt kräftig durchwärmt, schläft gut und hilft ihrem Manne im Betrieb. Ein typischer Fall, wohin die Nichtbeachtung der Wärmepflege einen Ahnungslosen führen kann. Hier konnte nur noch mit Wärme geholfen werden. Pat. ist gesund und führt z. Z. (1949) ihr Lebensmittelgeschäft weiter. Seit Beginn der Krankheit sind jetzt schon 9 Jahre vergangen.

Mitgeteilt von Dr. Devrient, Berlin.

17. *Diagnose: Nephrosclerose, Retinitis*

In einem zweiten katastrophalen Falle, ein 58jähriger Notar, hat die Kur ebenfalls durchgreifend gewirkt. Der Patient litt an einem sehr hohen Blutdruck von 240—170 infolge sklerotischer Nieren und an Nierensteinen mit oft schwersten Koliken. Operation war vorgeschlagen. Dazu Erblindung infolge eines mit dem Nierenleiden zusammenhängenden Netzhautleidens (Ansicht von Prof. Dieter, Breslau, und eines Schweidnitzer Arztes). Seine Ärzte hielten eine Heilung oder Besserung der Blindheit nur für möglich, wenn es gelänge, durch Behandlung eines Internisten das Grundleiden günstig zu beeinflussen. Der Patient war schon früher wegen der Steinkoliken in meiner Behandlung und wendete sich wegen seines Netzhautleidens und seiner konstitutionellen Erkrankung wieder an mich. Er war vollständig arbeitsunfähig und verzweifelt. Er litt auch unter entsetzlichen bohrenden Kopfschmerzen und unter unerträglichem Durst. Im Urin Eiter. Er unterwarf sich Ende Januar 1936 der Schlenzkur, die er bis zum 2. März durchführen ließ.

Hierbei ereignete sich eine schwere Heilkrise. Es traten eine fast völlige Anurie, gewaltige Kolikschmerzen der Nieren und eine große motorische Unruhe auf. In diesen kritischen Tagen wurden unaufhörlich heiße Packungen um den Leib herumgelegt. In der vierten Nacht entleerte sich spontan 0,8 Liter konzentrierten Urins unter dem Gefühl der größten Erleichterung. Zwei Wochen nach Beginn der Kur war die Sehkraft wieder hergestellt. Er konnte die kleinste Schrift lesen. Der Blutdruck war auf 190—130 gesunken. Er konnte sich frei und ohne jede Beschwerde bewegen. Im Urin waren noch reichlich Leukozyten. Die Koliken sind bis zum heutigen Tage nicht mehr wiedergekehrt. Er ist völlig arbeitsfähig und so aufgeblüht, daß er wie verjüngt aussieht.

Der Patient war homöopathisch und diätetisch von mir vorbehandelt worden. Erst die Erblindung trieb ihn zu dem Heilversuch mit der Kräuterkur. Mitgeteilt von Dr. Smolny, Bad Kudowa.

18. *Diagnose: Magengeschwür am Magenausgang mit Verengerung des Pförtners*

Frau K. B. in R. erbricht seit 2 Monaten jede Nahrung und magert dadurch zum Skelett ab. Um eine biologische Lösung zu versuchen, da sich Patientin weigert, sich einer Operation zu unterziehen, Beginn mit der Schlenzkur am 29. 1. 1940. Täglich ein einstündiges Schlenzbad, wobei die Patientin freiwillig zugleich ein 10tägiges Totalfasten auf sich nimmt. Nach dieser Zeit äußert Patientin spontan nur den einen sehnlichen Wunsch — nach einem Hering, der ihr meinerseits gewährt wird. Und siehe da, von Stund an beginnt Patientin auch andere, zunächst leichte Speisen, zu vertragen, und nach kurzem verträgt sie jede Kost. Nach kaum vierwöchiger Kur kann sie geheilt und beschwerdefrei entlassen werden. Im März 1941 erhalte ich Bericht, daß es der Patientin seit der Schlenzkur ausgezeichnet geht und sie wieder ohne Beschwerden alles essen kann. Ich sehe darin eine klassische Parallele zur Salami-Wurst in Dr. Heißlers „Landarzt und Naturheilverfahren", wo trotz des strengen Verbotes die Wurstmahlzeit die Wendung in der Krankheit bringt. Nebenbei: der Herr Nachbar natürlich, dem ich im Glück über den Erfolg den Fall erzähle, meint trocken: „Also hat der Hering die Frau von ihrer Hysterie geheilt!" Dem ist nun aber nach unserer Erfahrung bestimmt nicht so, denn es gibt bestimmt keinen Menschen, der sich erst wochenlanges Erbrechen einbildet, um dann von seiner Einbildung durch einen Hering kuriert zu werden, sondern hier liegt eine Heilung im biologischen Sinne vor, und es wäre heute an der Zeit, daß der beliebte Begriff der Hysterie weitgehend von der Bildfläche verschwände; denn er hat in unzählige Familien ganz ungerechtfertigtes Leid gebracht.

Mitgeteilt von Dr. Zett, Memmingen.

19. *Diagnose: Melancholie als Teilerscheinung klimakterischer Störungen*

Frau B. K. in H. leidet an Melancholie als Teilerscheinung klimakterischer Störungen ... Täglich einstündiges Schlenzbad außer Samstag und Sonntag neben einigen Arzneimitteln wie Photodyn, Vi-Pon, Pernaemyl-forte beseitigen in Zeit vom 20. Februar bis 19. März alle krankhaften Erscheinungen inkl. der bisher bestehenden totalen Schlaflosigkeit der Patientin.

Mitgeteilt von Dr. Zett, Memmingen.

20. *Diagnose: Endokarditis*

Frau M. M., Bäckermeistersfrau in K., kam in sehr desolatem Zustand mit der vom dortigen Krankenhaus gestellten Diagnose — Endokarditis — im Juni 1939 in meine Behandlung. Neben intrakutaner Behandlung mit Leukotropin-Salbe wurde sie fleißig geschlenzt und hatte in ca. 2 Monaten einen ganz eindeutigen Erfolg. Außer wiederholtem Auftreten mäßiger Erscheinungen von Herzschwäche, war sie bis heute durchaus arbeitsfähig.

Mitgeteilt von Dr. Zett, Memmingen.

21. *Diagnose: Glaucom und Nierenbeckenentzündung*

Patientin Margarete B., Berlin, 55 Jahre alt. Im Januar 1938 wurde sie anläßlich eines akuten Glaucomanfalles am linken Auge operiert. Im Januar 1940 wiederholte sich der Anfall in leichter Form und ging im Laufe von einigen Tagen durch Behandlung mit Pilocarpin wieder zurück. Mitte September 1940 trat an diesem Auge eine starke Rötung mit Juckreiz auf. Der Augenarzt stellte zunächst eine Bindehautentzündung, nach einigen Tagen eine Entzündung der Regenbogenhaut und Druckerhöhung fest. Darauf Beginn der Schlenzkur in Verbindung mit homöopathischer Behandlung. Ab 24. 9. 1940 dreimal wöchentlich ein Bad. Durch die Entzündung war eine starke Verschleierung des Auges und eine Schwächung der Sehkraft eingetreten, so daß Patientin nicht mehr imstande war, Schrift zu lesen und die Umgebung klar zu erkennen. Während der nächsten 12 Tage, nach 3 Bädern, — stellte der kontrollierende Augenarzt noch keine Besserung, sondern eine Verschlechterung fest und zeigte große Besorgnis um die Erhaltung der Sehkraft. Nach 18 Bädern ergab die Untersuchung am 6. 11. eine Besserung, d. h. ein Abklingen der Entzündung. Am 25. 11., nach 25 Bädern, war das Auge frei von jeder Entzündung und Druckerhöhung. Fortsetzung der Kur in bisheriger Weise. Die Verschleierung des Auges war gewichen, Patientin konnte wieder ohne Beschwerde lesen. In diesem Zeitpunkt der Besserung des Auges stellte sich eine Nierenbeckenentzündung ein mit viel Eiweiß und Leucocyten. Darauf intensive Fortsetzung der Kur mit entsprechender Medikation. Die nächste Harnuntersuchung am 21. 1. 1941 ergab bereits eine wesentliche Besserung. Am 11. 2. Aufnahme der Berufsarbeit. Die Untersuchung des Auges kurz vor Dienstantritt ergab Gesundung: die volle Sehkraft war wieder hergestellt. Schlenzbäder werden fortgesetzt, aber nur einmal wöchentlich. Die Harnuntersuchungen im Februar und Mai 1941 haben eine fortschreitende Besserung gezeigt. Im August ist Harn o. B. Patientin ist gesund und leistungsfähig. Ist es auch 1949 z. Z. des Erscheinens dieser Auflage. Mitgeteilt von Dr. Devrient, Berlin.

22. *Diagnose: Chronisches Ekzem*

Student, 27 Jahre alt. Leidet seit frühester Kindheit an einem Ekzem des Halses, des Nackens, der Unterarme und der Oberschenkel. Ununterbrochen in Behandlung. Alles Mögliche wurde dauernd von den verzweifelten Eltern des einzigen Kindes getan. Der juckende Ausschlag bringt den Patienten zur Verzweiflung. Er muß sich dauernd ölen, um den Juckreiz zu ertragen. Er kann kaum arbeiten, meidet jede Gesellschaft, leidet an Minderwertigkeitsgefühl. Jede Aufregung verschlimmert den ohnedies schon roten und schuppigen Ausschlag. Ein Jahr lang habe ich verschiedene Maßnahmen ergriffen. Durch naturheilerische Anwendungen, strenge basische Kost und homöopathische Mittel war der Ausschlag mehrmals so gut wie verschwunden, um aber nach ein paar Wochen wiederzukommen. Dann würde die Schlenzkur eingesetzt, die nach etwa 30 Bädern und Wickeln ein dauerndes Verschwinden des Ekzems brachte.

Mitgeteilt von Dr. Devrient, Berlin.

23. *Diagnose: Ekzema madidans*

Ein junger Kaufmann, Herr L., kam mit einem schweren, nässenden, borkigen Ekzem, das sich über den ganzen Rumpf und die Extremitäten ausbreitete und reichlich blutende Kratzeffekte aufwies, in das Kurheim Schinkel. Auf dieses setzte er seine letzte Hoffnung, weil auch die Hautklinik der Universität, an der er sich behandeln ließ, nicht hatte helfen können. Den Schlenzbädern setzten wir in diesem Falle Klopfersche Schwefellösung zu, änderten seine Diät, die möglichst fettarm und reizlos gestaltet wurde, und erzielten in Verbindung mit Harn-Behandlung innerhalb 5 Wochen einen vollen Erfolg. Bis auf einige Schönheitsfehler war das Ekzem beseitigt, und in einem späteren Dankesbrief erklärte er, daß das Resultat unverändert gut sei. Mitgeteilt von Dr. Rüdiger, Wernigerode.

24. *Diagnose: Lupus vulgaris*

Patient Walter K., Fischhändler, Berlin, 52 Jahre alt. Bereits als vierjähriger Knabe an Halsdrüsentuberkulose und an mehreren tuberkulösen Hornhautgeschwüren des linken Auges erkrankt. Die Halsgeschwulst wurde operiert. Bis zum 14. Lebensjahr war die Wunde durch dauernde Schorfbildung immer offen. Als 14jähriger Knabe bekam der Patient Hautplastik. Nach dem Anwachsen wurde die Haut stückweise wieder abgetrennt, weil sie sich verfärbte. Es bildete sich dann eine ganz feine, dünne Haut, die bis zum heutigen Tage immer gleich ganz fein und dünn blieb. Bis vor ca. 4 Jahren (1936) ging zum Frühjahr und zum Herbst die Lupus-Wunde an Hals und Wange stellenweise auf und heilte nach mehreren Wochen wieder ab. Gleichzeitig wechselte dieses Aufgehen der Wunde immer mit Hornhautwunde ab. (War der Hals besser, wurden die Augen schlimmer und umgekehrt). Seit den letzten 4 Jahren hat sich die Wunde nach der rechten Wange hinauf vergrößert. Im Februar 1940 war die Lupuswunde stark offen. Durch Salbenbehandlung wurde die Wunde in ca. 3 Wochen geschlossen; aber daraufhin kam wieder die Hornhautwunde im gewohnten Wechsel auf.

Seit Mitte September 1941 zeigten sich wieder offene Stellen an der Wange mit dem typischen Bild des Lupus vulg. Die rechte Hälfte des Gesichtes und die rechte Halsseite von einer offenen eitrigen Wundfläche bedeckt. Patient trägt dauernd einen schwarzen Verband. Die Ausübung des Berufes ist ihm verboten. Schlenzbäder (etwa 30) in Verbindung mit Medikation, entsprechende Diät und Schildkrötenvaccine (Utilin) brachten innerhalb von 6 Monaten eine Überhäutung ohne vikariirendes Auftreten des Hornhautulcus. Die Haut ist blasser, die Infiltration ging stark zurück. Patient fühlt sich als gesund und verlangte die Genehmigung zum Fortsetzen des Berufes.

Er ist vorsichtig genug und wiederholt die Kur zweimal jährlich. Das Schlenzbaden geht auch in den Zwischenpausen einmal die Woche. Seit 1945 keine Bademöglichkeit. Seltene Gaben der Schildkröten-Vaccine nach Enderlein halten den Pat. gesund.

Mitgeteilt von Dr. Devrient, Berlin.

25. *Diagnose: Coxitis tuberculosa*

Die 14jährige Tochter Johanna des Reichsbahninspektors R. aus N. erkrankte 1930 an einem rechtsseitigen Hüftgelenksleiden. Die Diagnose war anfänglich unklar, man dachte zunächst an eine spinale Kinderlähmung, dann an Hüftgelenkentzündung. Das Bein wurde für 6 Wochen durch einen Gipsverband stillgelegt. Die Art der Erkrankung blieb weiter unklar. Lebertran, Bäder mit Staßfurter Salz, biochemische und homöopathische Mittel wurden angewendet. Eine Heilung gelang nicht. 1934 wurde von Prof. Fischer in der Universitätsklinik in Breslau mit Sicherheit Hüftgelenktuberkulose ermittelt. Die Krankheit schritt vorwärts. 1935 in der Pfingstzeit entwickelte sich eine Drüseneiterung in der rechten Leiste, bei der sich eine Behandlung mit Blutegeln bewährte. Das Hüftgelenkleiden schritt weiter fort, die Hüfte schwoll sehr stark an. Auf Anordnung des staatlichen Gesundheitsamtes wurde das Mädchen im Krüppelheim zum Hl. Geist in Beuthen O/S am 10. 3. 1937 untergebracht. Der dortige Facharzt Dr. S. stellte eine Coxitis tuberculosa mit einem fast kindskopfgroßen Senkungsabszeß, der kurz vor dem Durchbruch stand, fest. Der Abszeß wurde nach Oehleckerschen Grundsätzen ausgeräumt und alles schichtweise wieder vernäht. Danach wurde der große fixierende Gipsverband angelegt mit einem Fenster zur Behandlung und Sauberhaltung der oberflächlichen, noch etwas sezernierenden Wunde. Die kleine Patientin war durch das langwierige Leiden sehr herabgekommen. Der Vater hoffte auf eine schnellere Wiederherstellung des Kindes durch die Schlenzkur und setzte es durch, daß sie zur Nachbehandlung im Krankenhause Bad Kudowa aufgenommen wurde. Sie traf am 1. 5. 1937 ein.

Sie sah blaß und elend aus. Sie erwies sich als eine sehr folgsame, geduldige Patientin. Es konnten alle Maßnahmen mühelos durchgeführt werden. Der überweisende Arzt legte mir ans Herz, daß der Gipsverband zur Ruhigstellung des Beines unbedingt noch lange Zeit erforderlich sei. Ich habe den Verband gemäß dem ärztlichen Wunsche nicht abgenommen. Soweit der Körper frei war, erhielt sie heiße Kräuterwickel, täglich, stundenlang, trank Kräutertee, bekam Lebenselixier und Einreibung von Kräuteröl, auch erhielt sie biochemische und homöopathische Medikamente. Der Appetit war zunächst gering. In der 2. bis 3. Woche regte sich die Eßlust erstaunlich. Sie aß ungeheure Mengen. Ich habe es nicht für möglich gehalten, wie ein 14jähriges Mädchen so viel verzehren kann. Sie konnte kaum die nächste Mahlzeit erwarten. Folgsam nahm sie auch den Lebertran, obwohl er ihr widerlich war. Der sickernde Eiter aus der Wunde verlor sich immer mehr. Da sie keine Schmerzen hatte, machte sie mit dem Gipsverband Gehversuche. Sie war nicht mehr im Bett zu halten. Gegen Ende Juni gab ich noch eine Friedmannspritze. Das Mädchen blühte auf, war übermütig. Sie ging mehr als sie sollte im Freien umher. Der Verband brach oberhalb des Fußes. Die Oberin hielt das für ein Verhängnis. Der Sicherheit wegen habe ich den Verband korrigiert und ihn gehfest gemacht. Inzwischen hatte die Patientin 16 Pfund zugenommen, der Verband war viel zu eng geworden. Das Fett quoll über die Verbandränder über. Der Frohsinn des Mädchens wurde getrübt durch den Zuzug Schwerkranker, die zu ihr ins Zimmer gelegt werden mußten. Sie bekam Angst und Heimweh. Die allgemeine gewaltige Erholung und die völlige Schmerzlosigkeit ließen mich vermuten, daß örtlich der Heilungsvorgang weit fortgeschritten sein mußte.

Am 23. 7. 1937 entließ ich die Patientin zur weiteren Überwachung und Behandlung an den Chirurgen Dr. S. in Neiße. Der Verband wurde abgenommen und eine Röntgenaufnahme gemacht. Diese ergab keine Anhaltspunkte mehr für ein Fortbestehen der Tuberkulose. Der Verband wurde nicht mehr erneuert, und das weitere Behandlungsziel war die Wiederherstellung der Beweglichkeit des Gelenkes. Nach Mitteilung des Vaters macht die Beweglichkeit gute Fortschritte, und es besteht die Aussicht, daß das schwere Leiden für die Dauer ausgeheilt bleibt und daß von einer Verkrüppelung nichts zurückbleibt.

Am 13. 12. 1937 erhielt ich auf meine Anfrage vom Vater den Bericht, daß es weiter gut geht. Die Patientin wird mit Kräuteröl massiert, gebraucht weiter das Elixier und die Medikamente. Kürzer sei das Bein nicht geworden und auch nicht schwächer. Der behandelnde Arzt staunt, daß die Beweglichkeit der Hüften überhaupt und noch dazu so schnell und weitgehend wiederkehrt. Den Stock gebraucht sie noch beim Gehen, weil sie so schneller vorwärtskommt und die Gefahr des Ausgleitens besser verhindern kann. Außerdem sagt der Vater, daß sie ohne Schlenzkur noch im Gipsverband hätte liegen müssen, und es hätte noch Jahre gedauert, und eine Wiederkehr der Beweglichkeit wäre ausgeschlossen gewesen. Liegen doch Kinder, wie er von der Fürsorge erfahren habe, 3 Jahre schon in Gips. Die Operation mag notwendig gewesen sein, meint der Vater. Daß nichts zur Unterstützung des Körpers in der Abwehr getan wurde, das bewog ihn, die Schlenzkur zu probieren.

Ich weiß wohl, daß eine tuberkulöse Hüftgelenkentzündung durch die vorher durchgeführte Behandlung ausheilen kann, auch durch andere Methoden; niemals ist es aber möglich, so schnell und so gründlich den Heilungsprozeß zu fördern, wie es hier durch die Schlenzkur geleistet worden ist.

Mitgeteilt von Dr. Smolny, Bad Kudowa.

26. *Diagnose: Essentielle Hypertonie*

Mitgeteilt von Dr. August Heisler in seinem Buch „Dennoch Landarzt" S. 221.

Ein interessanter Fall war eine essentielle Hypertonie. Morgens im Bett nach einer ruhigen Nacht war der Blutdruck 215/135. Während des Bades, als die Darmtemperatur auf über 39 gestiegen war, sank der Blutdruck ab auf 160/60, um am Abend nach einem geistig recht angestrengten Nachmittag 155/100 zu betragen. Von einem Morgen bis zum anderen Mittag verbrachte der Kranke 4½ Stunden im Bad von 39 bis 39,5. Das Bad wurde vorzüglich vertragen. Der Kranke fühlte sich nicht eine Minute unwohl und benötigte auch keinerlei Herzmittel.

Es würde zu weit führen, wenn ich alle Krankengeschichten hier wiedergeben wollte. Es genügt, nur nochmals zu wiederholen, daß diese Dauerbäder, eventuell auch mit Kräuterzusätzen, ein wunderbares Heilmittel darstellen sowohl im akuten Stadium einer Erkrankung als besonders bei mehr chronischen Leiden, wo der Körper sich nicht mehr zu einer rechten Fieberreaktion aufschwingen kann.

27. *Diagnose: Tuberkulöser Abszeß*

Eine Krankenschwester, die an einem die ganze Seite des linken Oberschenkels einnehmenden tuberkulösen Abszeß leidet, ausgehend von einem Knochenherd des Trochanter, soll nach erfolgloser klinischer Behandlung auf 2—3 Jahre in die Berge geschickt werden. Statt dessen unterzieht sie sich der Schlenzkur und meldet sich nach 4½ Monaten voll arbeitsfähig zum Dienst zurück. Bemerkenswert sind die in diesem Falle gemachten Beobachtungen, daß, sobald das Bad seine Wirkung entfaltete, stets enorme Mengen eines zähen Schleimes aus dem Schlund zur Ausscheidung gelangten.

Mitgeteilt von Dr. Rüdiger, Wernigerode.

28. *Diagnose: Raynaudsche Gangrän am rechten Fuß*

Herr M. L. in M. stellt sich am 5. 8. 1940 mit Raynaudscher Gangrän am rechten Fuß vor. Zwei Zehen sind amputiert. Die Amputationswunde ist gangränös und zeigt jauchig stinkende Absonderung. Therapie: Schlenzbäder sowohl in Form des Ganzbades als auch des kniehohen Fußbades täglich mit Abkochung von Heublumen und Sanikel. Arzneilich lediglich eine Verordnung von Arsen C 200. Schon am 19. 8. kann Patient über fühlbare Besserung berichten. Während er bisher nur ca. 10 Schritte gehen konnte, ohne stärkste Schmerzen zu bekommen, kann er jetzt mühelos und schmerzfrei ca. 100 Schritte gehen. Auch die bisher in den Waden empfundenen Schmerzen sind weg. Bei wöchentlich zweimaligem Schlenzbad bildet sich im Oktober 1940 ein mannsfaustgroßer Nackenkarbunkel heraus, den ich mit Myristica sebifera D 3 und einer Zugsalbe zur Reifung bringe. Inzision schafft eine große Menge Eiters heraus. Unmittelbar hiernach Zehenwunde völlig geschlossen, und Patient erklärt, er fühle sich wie neugeboren, so frisch und gesund, wie noch nie in seinem Leben.

Mitgeteilt von Dr. Zett, Memmingen.

29. *Diagnose: Gangräne Raynaud*

Ein Professor der Hochschule, kräftig und gesund, berichtet von seiner im Anschluß an den Feldzug erworbenen Zehengangrän (Raynaud), die lange von Fachärzten, auch in der Nervenklinik, behandelt sei, ohne daß er Hilfe erlangte. Da die Amputation vorgeschlagen sei, habe er bei seinen großen Schmerzen den Weg zu Frau Schlenz gewählt, die ihm mit heißen Kräuterwickeln und -bädern in wenigen Wochen zu völliger Genesung verholfen habe, so daß er noch heute ohne Beschwerden weite Skitouren unternehmen könne.

Mitgeteilt von Dr. Rüdiger Wernigerode.

30. *Diagnose: Gangrän der großen Zehe*

Einen großen Eindruck machte auf mich die Heilung eines gangränösen Geschwürs an der großen Zehe. Die 64jährige Patientin, der der Hausarzt dringend von der Schlenzkur abgeraten hatte, litt an schwerer Arteriosklerose und war äußerst abgemagert. Der Blutdruck betrug 230 Hg. Von Anfang an vertrug sie die langsam ansteigenden Vollbäder so gut, daß ihre Furcht vor den heißen Bädern schnell schwand. Außer diesen kamen reichlich örtliche Packungen, besonders mit Heilbrei, zur Anwendung. Das Geschwür nahm bald eine frischrote Farbe an, reinigte sich und schloß sich nach etwa 4 Wochen mit fester Narbe. Der Hausarzt „konnte sich über den Erfolg nicht genug wundern" und wendete sein lebhaftes Interesse der neuen Heilmethode zu.

Mitgeteilt von Dr. Rüdiger, Wernigerode.

31. *Diagnose: Polycythaemie*

Frau M. G. konsultierte mich am 7. 3. 44 wegen Polycythaemie, über deren wenig aussichtsreiche Möglichkeiten mit Strahlungstherapie sie sich bewußt war. Ich setzte ihr auseinander, daß hier nur ein positiver Weg sei: die Krankheit als Resultat ihrer gichtischen Vererbung aufzufassen und eine kombinierte Behandlung mit angesäuerten Schlenzbädern zu versuchen (Begründung siehe Kapitel „Indikationen"). Der Blutstatus am 7. 3. 44: Haemoglobin 144%, Erythrozyten 8,1 Mill., Leucozyten 5300, Färbeindex 0,88- S. G. = 0 mm. Nach den ersten 12 Bädern (in P_H = 5), verbunden mit Homöopathie und Säuretherapie, klinisch und subjektiv erhebliche Besserung. Am 6. 7. 44. Blutstatus: Haemoglobin 150%, Erythrozyten 7 Mill., Leucozyten 8600, Färbeindex 1,2; S. G. = 0 mm, Blutzuckergehalt 95 mg % Mit großen Unterbrechungen hat die Pat. bis zum 21. 11. 45 30 Schlenzbäder genommen. Dazwischen wurden noch Injektionen mit Splenotrat gemacht. In dieser Zeitspanne hielten sich die Erythrozyten zwischen 8—9 Mill. Das Befinden war erträglich und erlaubte die häuslichen Arbeiten, was viel besagt unter den obwaltenden Umständen. Dieser Fall ist nicht eindeutig: weder konnte die Kur in meinem Sinne durchgeführt werden, noch konnte ich ihn weiter verfolgen. Trotzdem führe ich ihn hier an, um die Vielfältigkeit der Indikationen zu betonen und um Nachprüfungen zu bitten. Dieses zu tun, fühle ich mich insofern berechtigt, als zwei von mir mit beobachtete Fälle von Polycythaemie, die anderweitig mit Bestrahlung behandelt wurden, schnell ad exitum gelangten.

Mitgeteilt von Dr. Devrient, Berlin.

32. *Diagnose: Schwere Sepsis mit Gelenkentzündungen*

Dr. E. G., 48 Jahre, eine meiner gesündesten Patientinnen, die mich seit 8 Jahren nicht benötigt hatte, rief mich morgens früh an, um mir zu berichten, daß ihr nicht wohl wäre. Sie sei seit 8 Tagen immer matt, schwitzte leicht, dann wieder fröre sie; das Fieber sei zwar gestern nur 37,3 gewesen, aber es sei ihr doch so unheimlich in ihrem Körper, daß sie mich mal zu Rate ziehen müßte. Dies sei gewiß der Rheumatismus, den in ihrem Alter so viele Frauen hätten. Das war ganz unwahrscheinlich, sondern jedenfalls mußte eine Infektion vorliegen in diesem Körper, der auffallend selten Unpäßlichkeiten unterworfen war. Die Untersuchung am nächsten Tag ergab keinerlei Anhaltspunkte für einen grippalen Infekt, die Temperatur war aber 37,5, Patientin sah schlecht aus und hatte Schmerzen in der linken Schulter und im linken Knie, beide schienen auch leicht angeschwollen. Als ich nach Verletzungen forschte, sagte sie nur belustigt, daß sie sich vor 14 Tagen am kleinen Finger der rechten Hand mit einem Dorn verletzt habe, das sei aber abgeheilt und könne wohl nicht mit diesen Gelenkschmerzen links zusammenhängen. Wir sahen uns den Finger an. Das Nagelbett war gerötet und etwas hochgehoben, man erkannte noch den kleinen Dorneinstich. Die Hand war gar nicht druckempfindlich. Über Handrücken und Unterarm aber liefen, kaum erkennbar in ihrer braunen Haut, die roten Streifen der Blutvergiftung. Infolge des sehr tückischen Beginns der Krankheit und des Umstandes, daß nun sofort die großen Gelenke der anderen Körperseite sich entzündeten, also bereits eine beträchtliche Überschwemmung des Blutes mit den Krankheitserregern anzunehmen war, wurde sofort alles eingesetzt, was nur an homöopathischen Mitteln bei Sepsis sich immer wieder bewährt hat: Echinacin, Belladonna, Ferr. phos., Chinin sulf. in häufigen Gaben, Lachesis als Hochpotenz jeden 3. Tag. Da der Körper in ununterbrochene leichte Schweißausbrüche fiel, so war die Schlenzkur mit ihren Schwitzmaßnahmen recht eigentlich homöopathisch angezeigt. Sie ist aber im Privathaushalt nur mit großem Zeit- und Kraftaufwand durchzuführen. Die Packungen muß man zuerst immer selber den Angehörigen zeigen. Jetzt im Kriege sind die Umschlagtücher schwer zu beschaffen; ich stelle dies den Kranken selbst zur Verfügung, sonst scheitert es immer sehr an den Tüchern. Dann vergeht ein halber Tag mit den Vorbereitungen, der Ausführung und den Nachräumungen. Der Kopf soll mit ins Badewasser, und das ist tatsächlich von entscheidender Wichtigkeit für die Fieberwirkung. Wir klemmten in diesem Falle eine Gummiwärmflasche mit einer Unterlage, die mit Saugnäpfen versehen ist, wie es sie bei Pech gibt, in entsprechender Höhe an der Schrägwand der Badewanne fest, das gab eine gute Kopfstütze. Da am nächsten Tag das ganze linke Bein geschwollen war, die Schulter sehr druckempfindlich wurde, auch die rechte Hand inzwischen nicht mehr zugreifen konnte, war es schwer, das Bad auszuführen. Aber es ist viel wirkungsvoller und meist doch noch besser für Laien auszuführen als die Packungen. Die Patientin war im Bad schmerzlos, fühlte sich 30 Minuten recht wohl, dann mußte viel gebürstet, Tee und Saft gereicht werden. Von der Stirn strömte nur so der Schweiß . Aber sie hielt anfangs 1 Stunde, bald bis zu 2 Stunden aus und schwitzte dann im Bett nach. Am nächsten Morgen wurde eine lauwarme Waschung gemacht. Als Herztropfen brauchten wir nur selten Goldtropfen von Madaus. Immer wurde vormittags ein Einlauf gemacht und zweimal täglich ausleitende und kräftigende Kräutertees getrunken. Die ersten 14 Tage wurden 3 Bäder die Woche gemacht, an den Zwischentagen heiße Armbäder und Packungen um den rechten Arm und das Knie. Anfangs stellte ich Kräutermischungen zusammen (Calmus, Zinnkraut, Wacholderbeeren, Rosmarin, Beinwell, Kamillen), später wurden, der Einfachheit halber, nur Heublumen verwendet, die jeder Drogist hat. Das Problem, wer die Anwendungen ausführen soll, ist immer schwer, oft gar nicht zu lösen. Man müßte eine Schlenzschwester an der Hand haben, die man überall hinschicken kann, und es wäre das eine gute Nebenbeschäftigung für Masseusen. Appetit und Schlaf waren auch in den ersten schmerzhaften 4 Wochen erstaunlich gut. Ich habe, gedrängt durch die ständige Nachfrage des Chefs und von Arbeitskollegen und selbst dem Einfluß der chemischen Industriepropaganda erliegend, nicht gewagt, das Prontosil fortzulassen. Es hat sich im Publikum die Idee ausgebreitet, daß jede Sepsis nach 8 Tagen ausheilt, wenn nur genügend Prontosil dagegen eingesetzt wird. Ich spritzte also und gab Tabletten in vorgeschriebener Menge. Wenn ich meine Spritze reinigte und immer wieder das zinnoberrote Wasser daraus tropfte, sah die Patientin mißlaunig zu und fragte: „Und glauben Sie wirklich, Doktorin, daß dieses rote Zeug meinem Körper gut tut?" Das Fieber aber hielt sich in den ersten 10 Tagen konstant um 38,3—38,7°. Als es am 12. Tag morgens trotz Prontosil 39,5° war, setzte ich es entschlossen ab. Es waren nun alle Gelenke befallen. auch das rechte Knie und der rechte Ellbogen und das Schultergelenk waren nicht mehr zu bewegen. 3 Tage nach Absetzen des Prontosils fiel die Temperatur auf 38,2°, nach 8 weiteren Tagen bewegte sie sich nur noch zwischen 37,4—37,7°. In den Bädern kam die Körpertemperatur auf 39°, nach 4 Stunden war dann die Hitze abgeklungen, die Schmerzen waren sehr erleichtert und der Schlaf gut, meist mit leichten Nachtschweißen. Als die Genesung still stand, bei 37,3 bis 37,4°, gab ich eine Spritze Acid. form. D 6., die eine Fieberzacke bis 38° machte und Schmerzreaktion hervorrief. Den 2. Tag darauf wurde das Schlenzbad gemacht und so fortgefahren, bis sich keine Reaktion mehr zeigte. Jede Woche 1 Spritze und 2 Tage darauf ein Bad bis Ende März. Ende April konnten die ersten Gehversuche gemacht werden, 6 Wochen nach Krankheitsbeginn. Es bestanden noch erhebliche Gelenkschwellungen namentlich der linken Hüfte und des Knies. Auch die kleinen Gelenke wurden wechselweise noch von herumziehenden Schwellungen befallen. Die Beweglichkeit vergrößert sich sehr langsam im Laufe der nächsten 8 Wochen bei zäher Übungstherapie; Appetit, Verdauung, Stimmung, Schlaf, alles war ausgezeichnet. Aber die sehr übelriechenden Schweiße waren ein Hinweis darauf, daß der Körper noch viel Giftstoffe hinauszuschaffen hatte, darum wurden die wöchentlichen Bäder beibehalten, bis zum 23. Juni. Es waren große Augenblicke, wenn Patientin zum ersten Mal allein in die Badewanne steigen, allein die Treppe hinunter gehen und einen Schritt ohne Stock gehen konnte. Schwer beeinträchtigt war, die Bewegungsfähigkeit dadurch, daß das Hüftgelenk links am längsten, also 3 Monate lang, wäßrigen Erguß aufwies, zumal die Patientin durch ein Kindheitsleiden bereits eine rechtsseitige Hüftversteifung hatte. Es trat wiederum ein Stillstand in den

Heilungsvorgängen ein, die heißen Packungen und Bäder schienen nichts mehr zu bewirken. Die Patientin war aber keinesfalls angestrengt von Kur und Krankenlager, sondern war dabei aufgeblüht und dick und prall geworden, trotz der vielen Schwitzerei. Um einen erneuten Stoß ins System vorzunehmen, da der Körper drohte, sich mit den restlichen Schäden abzufinden, wurde nun noch eine Obstfastenkur von 21 Tagen angeschlossen, nach Absetzen aller heißen Anwendungen, wodurch noch die letzten Krankheitsreste getilgt wurden. Mitgeteilt von Frau Dr. K. Bischoff, Berlin.

33. *Diagnose: Lähmung des N. abducens*

Am 20. 3. 44. ist bei der Patientin (Frau M. A. N. in Charlottenburg) auf dem Heimweg vom Dienst eine Sehstörung eingetreten: sie sah plötzlich alles doppelt und empfand ein Schwindelgefühl. Der konsultierte Augenarzt stellte eine Abducenslähmung fest, verordnete aber nichts und überwies die Patientin dem Nervenarzt. Nach eingehender Untersuchung konnte im Nervensystem nichts festgestellt werden; auch die Ra. W. war negativ. Nun verwies man die Pat. an die Diabetes-Zentrale, wo sie bereits seit 7 Jahren in Behandlung war. Doch auch hier stellte man fest, daß die Ursache der Lähmung nicht auf den Zucker zurückzuführen sei. Eine erneute Untersuchung des Augenarztes brachte die Vermutung eines leichten Schlaganfalls. Pat. wurde Abwarten angeraten. Doch wollte sie sich damit nicht abfinden und fragte mich, ob ich in der Lage sei, therapeutisch einzugreifen. Ich bejahte das, weil die Symptommodalitäten auf eine rheumatische Störung hinwiesen. In der Tat ließ sich die Lähmung nach 12 Schlenz-Bädern, gepaart mit homöopathischer Medikation, gänzlich beseitigen. Am 7. 2. 47 besuchte mich Pat. wegen Rheumatismus der Fingergelenke und teilte mit, daß ihre Augen in der Zwischenzeit gesund gewesen seien.

Mitgeteilt von Dr. Devrient, Berlin.

34. *Diagnose: Grauer Star*

Geheimrat Prof. Dr. Ostmann, Marburg a. d. L., erkrankte an beiderseitigem atypischen Gichtstar, den Prof. Heß, Würzburg, rechts als operationsreif, links in etwa 6 Monaten für operationsreif erklärte. Pat. lehnte die Operation ab und hat als erster Mensch den Weg der Heilung und Verhütung des grauen Stars gefunden. Er fuhr nach Bad Neuenahr, nahm dort Überwärmungsbäder und trank den dortigen großen Sprudel. Auch hielt er streng vegetarische Diät jahrelang ein. Geh. Rat Ostmann ist der Meinung, daß die Überwärmungsbäder allein den grauen Star nicht heilen können, denn sie vernichten die Gichtnoxe nicht. Diese wird dadurch beseitigt, daß man nach den Bädern den Neuenahrer Sprudel trinkt, der die Umgestaltung und Ausschwemmung bewirkt. Diese Kur hat Geh. Rat Ostmann 1917 zum ersten Male durchgeführt. 1941 stand er im 83. Lebensjahre und konnte Tag für Tag ohne jede Beschwerden stundenlang lesen und schreiben.

Mitgeteilt von Dr. Devrient, Berlin.

35. *Diagnose: Chronische Hornhaut- und Regenbogenhautentzündung*

Herr X. S. in G. kommt am 15. 11. 1939 zu mir mit einer chronischen Hornhaut- und Regenbogenhautentzündung eines Auges. Sehvermögen durch Trübung und Lichtempfindlichkeit so stark beeinträchtigt, daß das Auge praktisch gebrauchsunfähig ist. Eine Schlenzkur erreichte innerhalb dreier Wochen bei täglichem Schlenzbad eine solch auffalende Klärung der brechenden Medien incl. Verschwinden aller Entzündungserscheinungen und der Lichtscheu, daß Patient als geheilt entlassen werden konnte. Die Heilung hat bisher standgehalten. Patient schrieb mir folgendes:

„Seit dem Jahre 1921 leide ich am linken Auge an immer wiederkehrenden Hornhautgeschwüren, die mir fast unerträgliche Schmerzen verursachten. Fast jedes Jahr mußte ich mich in augenärztliche Behandlung begeben. Die Kur dauerte jedesmal 3—4 Wochen, und der Erfolg war immer nur der, daß ich zwar die größten Schmerzen los wurde, aber eine dauernde Heilung nicht erzielt wurde. Im Jahre 1928 hatte ich wieder einen schweren Rückfall, und diesmal besuchte ich die Universitätsaugenklinik in München, wo ich nach dreiwöchiger Behandlung als geheilt entlassen wurde. Leider aber war das linke Auge mit einer grauen Narbe überzogen, hatte also die Sehkraft verloren. In den folgenden Jahren traten dann die Entzündungen wiederholt in stärkerem oder schwächerem Maße auf, so im Herbst 1939, wo sich die Schmerzen bis zur Unerträglichkeit steigerten. Da faßte ich den Entschluß, mir das Auge auf operativem Wege entfernen zu lassen. Ehe ich diesen Entschluß jedoch ausführte, erhielt ich Kenntnis von der Schlenzkur des Herrn Dr. Zett in Memmingen. Nun dachte ich, bevor ich das letzte Mittel ergreife, probiere ich auch noch diese Kur. Ich muß gestehen: schon nach Nehmen von 3 Bädern und ebenso vielen Packungen waren die Schmerzen weg. Ich wurde zwar auf die Bäder und das anschließende Schwitzen recht matt, aber ich spürte den Erfolg täglich mehr. Nach 15 Bädern (Samstag und Sonntag blieben als Wochenende zur Entspannung frei, d. V. war mein Auge vollständig geheilt."

Erst dieser Tage wurde mir der Erfolg von einem Landsmann des Patienten wieder bestätigt. Mitgeteilt von Dr. Zett, Memmingen.

36. *Diagnose: Phlegmone am Knie*

Der Kaufmann E. erlitt vor Jahresfrist einen Autounfall, in dessen Anschluß es zu einem handtellergroßen Hautdefekt an der Vorderseite des linken Knies kam. Nachdem man in einem der ersten Krankenhäuser einer Großstadt 11 Monate lang mit allen möglichen Mitteln versucht hatte, den Defekt zur Heilung zu bringen, kam der Kranke in das Kurheim Schinkel. Die Wunde war noch immer unverändert, von üppigen Granulationen bedeckt und neigte beim Aufstehen des Kranken zu profusen Blutungen. Es war nun erst einmal erforderlich, bei dem Patienten, der ein Jahr lang gelegen hatte, den Gesamtstoffwechsel zu erhöhen. Dies gelang im Laufe von 14 Tagen durch Schlenzbäder, Massage und Atemgymnastik in erfreulicher Weise. Aussehen, Appetit und Stimmung besserten sich zusehends. Nun wurden neben den Allgemeinanwendungen lang dauernde örtliche Packungen, besonders mit Zinnkraut-Abkochungen, vorgenommen. Vom Wundrand her begannnen bald bläuliche Epithelstreifen das üppig wuchernde Granulationsgewebe zu verdrängen und dies nach Ablauf von 8 Wochen durch eine gleichmäßig feste Narbe zu ersetzen. Ein Facharzt für Chirurgie, der den Fall verfolgt hatte, konnte sein Erstaunen nicht verbergen und erklärte, so etwas habe er nicht für möglich gehalten.

Mitgeteilt von Dr. Rüdiger, Wernigerode.

37. *Diagnose: Schwere Sepsis*

Wegen schwerer Sepsis, die bei einem Bergführer im Anschluß an eine vernachlässigte Wunde entstanden war und zu einer Verfärbung und unförmlicher Schwellung des ganzen rechten Beines geführt hatte, sollte damals als letzter Rettungsversuch die Amputation des rechten Beines vorgenommen werden. Durch stundenlang fortgesetzte heiße Packungen und Bäder, die von starkem Schweißausbruch begleitet waren, gelang es Frau Schlenz im Verlauf von wenigen Tagen, Leben und Gesundheit zu retten.

Mitgeteilt von Dr. Rüdiger, Wernigerode.

38. *Diagnose: Phlegmone am Unterschenkel*

Einen weiteren, noch stärker in die Augen springenden Erfolg erzielten wir bei einer gut handtellergroßen Wunde auf der Vorderseite des linken Unterschenkels, bei der das Schienbein freilag. Die Verletzung hatte sich der 34jährige K. beim Schilaufen zugezogen. Seit über 2 Jahren trotzte sie allen Versuchen. Das Bild änderte sich schon nach den ersten beiden Schlenzbädern schlagartig. Schon nach Ablauf von 4 Wochen war auch diese große Wunde mit fester Narbe geschlossen.

Mitgeteilt von Dr. Rüdiger, Wernigerode.

39. *Diagnose: Incisionsreifes Panaritium*

Mit großer Verwunderung beobachtete ich das völlige Verschwinden eines eigentlich zur Incision bestimmten Panaritiums. Patient nahm eines Abends aus anderen Gründen ein ausgedehntes Schlenzbad; er klagte noch darüber, daß er sich den entzündeten Finger am Wannenrand angestoßen habe. Am anderen Morgen war er aufs höchste erstaunt, als er beobachtete, daß jede Druckempfindlichkeit verschwunden war. Der schmerzlose Entzündungsrest bildete sich im Laufe von 2 Tagen dann vollkommen zurück.

Mitgeteilt von Dr. R ü d i g e r, Wernigerode.

40. *Diagnose: Uteruskarzinom*

Im September 1941 erfolgte bei Frau Ida K. nach jahrelangem Fluor der Ausbruch der Krankheit. Nach wiederholten Untersuchungen und Probeexcisionen in der Frauenklinik in Halberstadt wurde die Diagnose des Gebärmutterkrebses gestellt und der Zustand als inoperabel bezeichnet. Im Oktober 1941 fand Pat. Aufnahme in die Frauenklinik der Charité zwecks Radiumbestrahlung und Radiumeinlage. Die Behandlung verursachte ihr aber derartige Schmerzen, daß von einer Behandlung abgesehen wurde. Die Pat. und ihr Mann bestürmten mich mit Bitten, die Schlenzkur zu versuchen. Es wurde eine sorgfältige Bäderkur in Verbindung mit Iscador-Injektionen durchgeführt: im ersten Jahr 50 Schlenzbäder und 115 Injektionen. Der Zustand der Pat. besserte sich zusehends: der Fluor verschwand, die Cervix heilte zu, und die Infiltrate gingen erstaunlich zurück. Dieser Vorgang wurde auch weiterhin festgestellt in vierteljährlichen Abständen. Die oben erwähnte Behandlung wurde von Zeit zu Zeit von neuem eingesetzt. Das letzte Mal untersuchte ich die Pat. am 27. 1. 45 und konnte eine weitere Besserung des objektiven Befundes feststellen. Die weitere Verfolgung ist nicht möglich, weil die Pat. im Mai 1945 Selbstmord verübte.

Mitgeteilt von Dr. D e v r i e n t, Berlin.

41. *Diagnose: Oberschenkelabszeß*

Krankenschwester S. D. wurde in hochfiebemdem Zustande mit einem ausgedehnten, tiefliegenden, vom Knochenschaft ausgehenden Oberschenkel-Abszeß eingeliefert. Ihr war dringend geraten worden, den Abszeß operativ behandeln zu lassen, doch bestand sie auf dem Versuch, das Übel durch eine Schlenzkur zu beseitigen, was auch mir im ersten Augenblick als ein großes Wagnis erschien. Es brachte jedoch das erste Zweistundenbad bereits eine solche örtliche Erleichterung und eine Besserung des Allgemeinbefindens, daß wir mit regelmäßigen Bädern und heißen Packungen (Heublumen, Lehm u. a.) fortfuhren. Nach 3 Tagen kam der Prozeß zum Durchbruch, und nach wenigen Wochen war die Patientin geheilt. Die Absonderung war so gering, daß ein großer Teil des Eiters zur Resorption gelangt sein muß, was wohl als ein Zeichen besonderer durch das künstliche Fieber zur Entfaltung gekommener Heilkräfte gedeutet werden muß.

Mitgeteilt von Dr. Rüdiger, Wernigerode.

42. *Diagnose: Schwere Kriegsverletzung, Knochensplitter im Knie*

Der Reichsbahnrat und Hauptschriftleiter einer Fachzeitschrift E. aus R. in Bayern war 1936 zur Schlenzkur im Krankenhause Bad Kudowa. Er verlor sein Ischiasleiden und besserte seine Herzfunktion. Er bemühte sich, die Schlenzanwendungen genau zu erlernen. Auch seine Gattin mußte bis ins einzelne diese Heilmethode erlernen. In einem Brief vom 22. 2. 1938 berichtet er, daß er jeden Sonnabend sein Kräuterbad nimmt, auch Frau und Kinder nehmen von Zeit zu Zeit solche und sind alle entzückt davon. Bei Gelegenheit dieses Briefes berichtet er die Heilung eines Schwerkriegsverletzten. Wörtlich schreibt er: „Einer unserer Amtsgehilfen ist schwerkriegsbeschädigt, am meisten litt er seit Jahren daran, daß im Knie noch Knochensplitter saßen, die wahnsinnig schmerzten und ihn am Gehen hinderten. Er bekam Morphium in schweren Massen, auch andere Betäubungsmittel, die ihn so nach und nach vergifteten. Herzschwäche stellte sich ein, der Mann wurde mangels Bewegung immer dicker, zuletzt wurde er bettlägerig und kam ins Krankenhaus. Dort wird nach eingehender Untersuchung erklärt, es gäbe nur eins, das Bein müsse abgenommen werden! Eine andere Operation sei aussichtslos, weil man nicht wisse, wie tief die Splitter säßen. Der Mann kommt ganz aufgelöst zu mir und weint ganz herzzerbrechend, daß jetzt 20 Jahre nach dem Krieg noch das Bein abgenommen werden soll.

Auf die Gefahr hin, vor den Kadi gezogen zu werden, empfahl ich ihm Heublumenwickel mit Kamillen und Arnica, ganz heiß, stundenlang, alle Halbstunden wechselnd. Nach 14 Tagen waren die Knochensplitter heraus. Der Mann, der jahrelang an Stöcken ging, geht nun frei.

Die Knochensplitter, welche ganz passiv im Gelenk saßen und die peinigenden Schmerzen verursachten, rührten sich nicht. Erst die starke Hyperämie und die eingesogenen Heilstoffe der Pflanzen, besonders der Arnica, brachten die Reaktion und veranlaßten die Wanderung und Ausstoßung der Fremdkörper.

Nicht zu schnell mit den Operationen! Heilversuche nach Schlenz haben schon sehr viele Amputationen erspart. Es sei hier nicht darüber geurteilt, ob die vorgeschlagene Amputation vom Standpunkt der Chirurgie gerechtfertigt war.

Mitgeteilt von Dr. Smolny, Bad Kudowa.

Sauna

Finnisch-russisches Heißluftbad

Die Stärkung der Widerstandskraft ist die einzige brauchbare Waffe gegen Erkrankungen. Es ist eine Erfahrungstatsache, daß diejenigen Leute, die regelmäßig alle ein bis drei Wochen ein Schwitzbad nehmen, zu den Widerstandsfähigsten in der Bevölkerung eines Landes gehören, weil sie die sich etwa ansammelnden, eine Krankheitsanlage bedingenden Stoffe durch das künstliche Fieber genau so unschädlich machen, wie der Kranke sich durch ein natürliches Fieber hilft.

Heinrich Lahmann.

Einleitung

Das Weltall ist eine bipolare Schöpfung und wird auch durch das ewige Gesetz der Polarität regiert; dies gilt auch auf das Stoffliche und das Geistige, die im Grunde eines sind. Wenn wir den ewigen Widerstreit zwischen „Weltglutstoff" und „Welteis" betrachten, gelangen wir zu der fundamentalen Einsicht, daß alles Werden, Geschehen und Vergehen, auch im All, immer nur auf dem Gegensatz dieser zwei von Urbeginn vorhandenen wesensverschiedenen Grundstoffen entsteht. So verkündete uns die „Glacial-Kosmogonie" von Hörbiger und Fauth, deren Hypothesen weiter durch die Entwicklung der modernen Atomphysik gestützt werden.

Wo immer etwas im Kosmos geschieht, ist der Gegensatz der Urquell. Welteis ist wie Weltglutstoff von Anbeginn vorhanden, und neben Glutsternen gibt es auch Eiskörper. Zwischen diesen Gegensätzen vollzieht sich auch das organische Leben auf Erden. Wer dieses bipolare Spiel am besten verträgt, der ist der Stärkste. Da es aber seit der Eiszeit mehr „kalt" als „warm" gab, so mußte der Mensch nach der ausgleichenden Wärme suchen. Er erfand die Anfachung des Feuers. Das Feuer nützte er zu allen möglichen Zwecken; so baute der Mensch sich später auch die Sauna.

In ihr übte er sich im kleinen Rahmen des ewigen kosmischen Spiels zwischen „kalt" und „warm". Die Sauna versinnbildlicht also dieses Urgeschehen durch das Hin und Her zwischen Wärmeangriff und Kälteangriff, wobei die Kälte verständlicherweise immer als Erlösung von der Wärme und die Wärme als Erlösung von der Kälte empfunden wird. Damit wird man gegen Hitze und gegen Kälte unempfindlich und auf angenehme Weise abgehärtet. Wenn schon der prähistorische Mensch dieses Wechselspiel übte, um sich zu erhalten, so kann man ermessen, um wieviel wichtiger es für die jetzige verweichlichte Menschheit mit ihren üblen Gewohnheiten ist! Die Sauna bildet in unserer Zone neben der reformierten Ernährung die wichtigste Grundlage für die biologische Reinhaltung des Menschen.

Obgleich sich mit der Sauna nicht so starke Temperaturerhöhungen und tiefe Eingriffe in das körperliche Geschehen erzielen lassen wie mit anderen Überwärmungsbädern, ist ihre Wirkung doch eine so hervorragende, daß sie unter die so wertvollen *Überwärmungsmethoden* eingereiht werden muß.

Eigene Versuche zeigten mir, daß die meßbare Temperaturerhöhung nach 20—30 Minuten Aufenthalt in der Sauna etwa 0,8 bis 1,2° C beträgt und daß diese Erhöhung auch nach dem Verlassen der Sauna noch einmal so lange anhält. Darüber hinaus ist aber die nichtmeßbare Wärmespeicherung durch die Sauna von unschätzbarem Wert. Während den anderen Methoden der Hyperthermie eine mehr kurative Bedeutung zufällt, stellt die Sauna eines der besten Mittel der öffentlichen Prophylaxe und der Volkseugenik dar. Somit bildet sie einen wichtigen Bestandteil der heute so notwendigen Wärmekultur.

Obgleich das Verständnis für den Nutzen der heißen Bäder in ständigem Wachsen begriffen ist und immer weitere Kreise darüber Belehrung suchen, bleibt für die Ärzte noch viel Arbeit zu leisten, bis die Sauna zum unentbehrlichen, ständig benutzten Mittel der Gesundheitspflege geworden ist. Wie wenig man in manchen Kreisen die Bedeutung des Schwitzens und der damit zusammenhängenden Vorbeugung gegen Krankheit zu schätzen und zu würdigen weiß, das zeigte mir ein eigenes Erlebnis.

Vor etwa 10 Jahren faßte ich den Entschluß, auf meinem Grundstück, 60 km von Berlin entfernt, eine Mustersauna zu errichten, und habe mich erboten, die Jugend des Kreises mit dem Saunabetrieb vertraut zu machen. Die Baugenehmigung wurde aber nach Rücksprache mit dem dortigen Amtsarzt nicht erteilt und wie folgt begründet: „Es besteht nach dem von dem Herrn Regierungspräsidenten eingeholten Gutachten des Staatlichen Gesundheitsamtes kein öffentliches Interesse an der Errichtung der Sauna. Der Landrat." So geschrieben im Jahre 1939.

Allmählich haben sich die Verhältnisse doch gebessert. Die Mustersauna, die anläßlich der Olympischen Spiele auf dem Reichssportfeld errichtet und dadurch weithin bekannt wurde, Aufsätze in Zeitungen und Zeitschriften und nicht zuletzt das Beispiel führender Persönlichkeiten haben dazu beigetragen, das Interesse zu wecken.

Die deutsche Zentralverwaltung für das Gesundheitswesen hat es sich zur Aufgabe gemacht, die Einrichtung von Saunabädern überall im Lande, insbesondere in den Notstandsgebieten, wo durch das Flüchtlingselend besonders große Seuchengefahr entsteht, mit allen Mitteln zu fördern. In mehreren Gemeinden solcher Gebiete werden zunächst auf Kosten der Zentralverwaltung Mustersaunas erstellt werden. Die Landes- und Provinzialverwaltungen werden aufgefordert, ihre Stadt- und Kreisgesundheitsämter anzuhalten, sofort dem Bau von Saunabädern ihre besondere Aufmerksamkeit zuzuwenden.

Geschichtliches

Die Verbindung des trockenheißen und des feuchtheißen Bades ist bei uns in Deutschland meist unter der Bezeichnung „Russisch-römisches Bad" bekannt. Wir haben diese Badeeinrichtungen zwar in den großen Städten, aber doch nur so selten, daß man sie an den Fingern abzählen kann. Im russisch-römischen Bad genießt man die Vorzüge beider Überwärmungsarten zugleich und kann sie in beliebiger Reihenfolge oder auch im Wechsel benützen. Die richtig angelegte Sauna bietet noch mehr.

Seit ca. 3 Jahrtausenden wird das Schwitzen im Dampfbad zur Heilung vieler Krankheiten und zur Reinigung und Abhärtung bei vielen Völkern der Erde angewendet.

Nach Soranus ist nach der 7. Olympiade (744 v. Chr.) auf Kriegszügen in Asien das erste Dampfbad beschrieben worden. Sokrates, Plato und Aristoteles berichten schon über einen verbreiteten Gebrauch des Dampfbades insbesondere bei den Persern. In der Geschichtsliteratur kann man dann den ununterbrochenen Siegeslauf des Dampfbades — zum Teil durch Kriegszüge verbreitet — verfolgen. Von den ältesten Bewohnern Griechenlands, den Lakonern, die es als sog. Lakonikon benutzten, kam es nach Athen und Rom, wo es im täglichen Leben eine wichtige Einrichtung wurde.

Als Beispiel des einfachen römischen Dampfbades charakterisiert Seneca das des Scipio Africanus mit den Worten: „Ein enges, dunkles, kleines Dampfbad, ähnlich dem der Vorzeit, mit ganz kleinen Öffnungen als Fenster." Recht bald kam aber Rom zu der Ansicht, daß diese Einfachheit der Würde als Hauptstadt der Welt nicht mehr entspräche, vergrößerte die Bäder immer mehr und baute sie zu wahren Palästen — Thermen — aus. Zu den Thermen gehörte als wesentlicher Bestandteil das Lakonikon oder Sudatorium (Heißluftzimmer). Der römische Geschichtsschreiber Tacitus berichtet, daß die Frühgermanen in ihren kleinen Erdhöhlen die Gepflogenheit hatten, Wasser auf heiße Steine, die sie hereingetragen hatten, zu gießen und so zu baden.

Wie bei den Römern gibt es auch bei den Türken das gleiche Heißluftbad. Dort wird der Fußboden des Schwitzraumes von unten her erhitzt, wodurch sich die Luft im Raume erwärmt. Durch Ausgießen von Wasser auf den Fußboden erreicht man, daß sich der Wasserdampf mit der heißen Luft vermischt.

Wie aus allem Vorhergesagten hervorgeht, sind die Ansichten über den Ursprung der Sauna verschieden. Ein Autor namens Buch kam Ende des 19. Jahrhunderts sowohl auf dem geschichtlich-geographischen wie auf sprachwissenschaftlichem Wege u. a. zu dem Ergebnis, daß die finnisch-russische Sauna eine rein finnische Erfindung sei. Augenblicklich kann aber die Wissenschaft über diese Frage kein endgültiges Urteil aussprechen. Dies ist ja auch nicht so wichtig. Das Wesentliche ist, daß die Sauna und die damit verbundenen Sitten für den Finnen etwas ganz Natürliches sind, das neben dem täglichen Brot und der Kleidung für unbedingt notwendig gehalten wird. Soweit der von Karsten erwähnte geschichtliche Rückblick.

Waerland berichtet uns über das Schicksal der Sauna in Schweden:

„Ich ließ mich belehren, daß diese Badesitte, die seit undenklichen Zeiten — nach unseren archäologischen Berichten seit wenigstens 9000 Jahren — in Skandinavien vorherrschend war, am Ende des 18. Jahrhunderts von den Ärzten abgeschafft sei, weil man den Verdacht hegte, daß die Badehäuser zur Ausbreitung von Infektionskrankheiten beitrügen.

Einst nahm der schwedische Bauer ein Bad wöchentlich. Davon zeugt der Name des 7. Wochentages „Lördag", ursprünglich „Lögdag" oder Badetag (von Löga — baden).

Jahrtausendelang spielte sich am Sonnabend Nachmittag in Skandinavien das freudige Badeleben ab. Die Ärzte bereiteten dem alten Brauch ein Ende. Sie forschten auch nicht nach einem Ausweg. So kam es dazu, daß zu Beginn dieses Jahrhunderts in der schwedischen Hauptstadt nur ein Bad im Jahr auf einen Einwohner kam, wie die vorhandenen Statistiken aufzeigen."

In Deutschland verschwand die Badesitte noch früher: im 16. Jahrhundert. Ein gesundheitlicher und kultureller Niedergang in ganz Europa war die Folge. Finnland und Rußland erhielten sich die alten Badebräuche und somit auch die biologische Überlegenheit ihrer Völker. Es ist deshalb verständlich, warum die Finnen die Sauna ihren „nationalen Tempel" nennen. Ihr Verhältnis zur Sauna kann als ein religiöses bezeichnet werden. Besonders zeigt sich dieses während der Erntezeit. Dann brennt das Feuer in der Sauna Tag und Nacht, so daß man jederzeit baden kann. Es geht auch während der Ernte niemand ins Bett, ohne vorher die Sauna genossen zu haben. Hier wird die Sauna nicht nur eine Quelle der Kraft für den nächsten Tag, sondern auch zu einer kultischen Stätte, wo die Erntegebete gesprochen werden. Was bliebe dem finnischen Menschen in der kargen nordischen Natur, wenn er diese Kraftquelle verlöre!

Was würde der märkische Bauer gewinnen, wenn auch er diese Kraftquelle erhielte! Auch sein Boden ist karg, sitzt er doch in der „Streusandbüchse des Heiligen Römischen Reiches Deutscher Nation". Er braucht die Sauna als Kraftspender, um aus Deutschland einen blühenden Garten machen zu können. Je ärmer ein Volk ist, um so gesünder muß es sein, damit es leben kann!

In diesem Zusammenhang kann ich nicht umhin, auf die Grundübel hinzuweisen, die zu sozialhygienischen Rückschlägen und damit auch zum Verfall der Badekultur führten. Verschiedene Faktoren waren dabei beteiligt. Doch besonders hervorgehoben werden muß die üble Rolle des engen ärztlichen Spezialistentums. Die auf ärztliches Betreiben herbeigeführte Schließung der Sauna in Schweden war nach Meinung von Waerland ein nationales Unglück, weit schwerer wiegend als der Verlust einiger Provinzen durch einen Krieg. Wenn die studierten Fachleute, stolz auf ihr vermeintliches Wissen, die ehrfurchtvolle Bindung an die Naturüberlieferung verlieren und den Dienst an ihrer Pseudowissenschaft vermessen als Selbstzweck betrachten, dann entstehen die einseitigen Folgerungen, die zu großen historischen Rückschlägen führen. Der Wissenschaft sind bestimmte Grenzen gesetzt. Ihre Aufgabe besteht in der Erkenntnis der Wege zum biologischen Ethos.

Aus Sorge vor der weiteren Entwicklung äußert sich Waerland darüber wie folgt:

> „Aber die Ärzte waren immer, wie die Priesterschaft, Kinder ihrer Zeit, indem sie stets die Ansichten der großen Masse teilten und die gleichen Irrwege beschritten. Wege und Aufgaben der Ärzte wurden bis zu diesem Tage von den Gewohnheiten und vom Geist ihrer Zeit bestimmt. Deshalb ist die Gelehrsamkeit in Händen von Narren so gefährlich!"

Wie die Geschichte der Heilkunde zeigt, waren es selten die Fachgelehrten, die große sozialhygienische Reformen anbahnten und durchführten, sondern Außenseiter mit demütigen Herzen und forschendem Geist. In England waren es z. B. 5 große Politiker, keine Ärzte, die im 19. Jahrhundert Verbesserungen der öffentlichen Hygiene durchführten. Demgegenüber bildet Rudolf Virchow, der Gelehrte, Politiker und Sozialreformer, eine Ausnahme. Gefährlich ist die Überbetonung der „exakten" Wissenschaft. Von den zufälligen und sich so oft ändernden Resultaten der Forschung sollte das angestammte Kulturgut unbeeinflußt bleiben. Kommt nunmehr die Badekultur, nicht zuletzt in Form der Sauna, zu ihrer geschichtlichen Geltung, dann darf sie auch den Völkern nimmermehr entrissen werden!

Die Nachrichten über ein derartiges nordisches Bad drangen von Zeit zu Zeit nach Westeuropa, das seine Badekultur verloren hatte und infolgedessen die Heißluftbäder als Kuriosum auffaßte. Unter den wenigen Gelehrten, die das Phänomen der Sauna fesselte, findet sich Reil. Seine fascinierende Schilderung, noch ganz im Stile seiner Zeit, blieb damals unbeachtet. Gerade deshalb möchte man diese historische Betrachtung in einem Saunabuch nicht missen.

„Mit voller Berechtigung betont Reil in einem heute längst vergessenen Aufsatz (Hall. patr. Wbl. 10. 1. 1809) über die „Russischen Qualmbäder", daß sie in der Taufe nicht den rechten Namen erhalten haben. Denn sie sind keine Wasser-, sondern Feuerbäder, also durch ein Prinzip wirksam, welches der Urquell alles Lebens ist, alle anderen Elemente begeistert, die ganze Natur durchdringt, Tiere und Pflanzen aus ihrem Schoße hervorruft, ja sogar jeden Lebensakt derselben zustandebringen muß. Der Mensch kann sich auch in Feuer baden und sich in alle Elemente eintauchen, um darin seine verlorene Gesundheit wiederzusuchen. Die Hitze wird nämlich in den Qualmbädern auf eine unglaubliche Höhe, bis 160° Fahrenheit, hinaufgetrieben."

„Das Wasser ist nicht die wirksame Potenz. sondern nur das Corrigens, welches dem Calorique die Richtung gibt. Es wird vielleicht zugleich noch von der glühenden Haut zersetzt wie der Gewitterregen von der lechzenden Pflanze; wenigstens erhöht es den Einfluß des Feuerprinzips auf die Erweckung des Lebens, wie gewisse Brennmaterialien in dem Maße lebendiger werden, als man sie mit Wasser ansprengt."

„Die unmittelbare Wirkung des Caloriques äußert sich zunächst in der Lunge und Haut, die ein Respirationsorgan wie die Lunge und die Gehilfin derselben ist. Das Respirationsorgan ist der Altar, auf welchem die Lebensflamme von dem Sauerstoff der Atmosphäre ununterbrochen erhalten wird. Von diesem Herde nimmt das arterielle Blut sie auf, welches der Träger derselben ist, führt sie durch das Geäder zu allen Punkten der Organisation und zündet überall die nämlichen Lebensprozesse an. Die Wirkung richtet sich teils nach der Größe der Fläche, auf welcher das Blut mit der Atmosphäre in Berührung kommt, teils aber auch nach der Summe des Blutes, die in dieser Fläche enthalten ist, und nach der Geschwindigkeit seines Umtriebes. Nun wird aber der Mensch in dem Feuerbade so rot wie ein gesottener Krebs und kann leicht hundertmal mehr Blut in der Haut haben als in gewöhnlichem Zustande und dies außerdem noch in der Hälfte der Zeit durch dieselbe treiben, welches aus der Beschleunigung des Pulses und des Atems im Bade erhellt. Die Wirkung der Atmosphäre auf die Blutmasse ist also in der nämlichen Zeit wenigstens um hundertmal vervielfacht. — Was in der Haut geschieht, ereignet sich, wenngleich unsichtbar, auch in den Lungen. Man kann sich diese Hautrespiration an einer interessanten Erscheinung versinnbildlichen, welche uns die Kiemen der Fische geben, durch welche diese Tiere atmen. Wie diese Kiemen von Blut strotzen, dasselbe in die Atmosphäre eintauchen und es mit lebendiger Röte färben, so die Haut und die Lungen im Feuerbade."

„Vielleicht können Personen, die an invaliden Respirationsorganen, an der blauen Krankheit oder einer Anlage zu eigenmächtigen Erstikkungen leiden, sich gewöhnen, mehr durch die Haut und weniger durch die Lunge zu atmen. Wenigstens müssen jene Bäder in Cachexien, in welchen es an Oxydation des Blutes fehlt, und bei Anhäufungen des Blutes in den inneren Teilen einen heilsamen Effekt haben."

Kein geringerer als K. E. v. B a e r, der berühmte Entdecker des Säugetiereis, hat in seiner Dorpater Doktordissertation („De balnea vaporum") den in Estland heimischen Formen der Sauna ein Kapitel gewidmet. In Anlehnung an W a l t h e r beschreibt er die Einrichtung und Technik der Sauna in einer damals wie heute geübten Form. Er hebt diese altehrwürdige hygienische Einrichtung bei den Völkern des Nordostens besonders hervor.

Im nahen Osten versteht man auch heute unter einem „türkischen Bad" das heiße dampflose, wie es P u s c h k i n in seiner Beschreibung des Feldzuges nach Erserum im Jahre 1829, den er mitmachte, in folgender Weise geschildert hat.

„Der türkische Bademeister Hassan führte mich in einen mit Kacheln belegten heißtrockenen Raum und hieß mich auf dem harten, mit einer Linnen-Matte bedeckten Boden niederlegen. Allmählich steigerte sich die Temperatur des Raumes und des von unten angeglühten Kachelbodens. Eine wohlige Wärme durchdrang meine Glieder. Hassan brachte brennende, nach Harz riechende Zweige, deren Duft das Wohlbehagen steigerte. Daraufhin begann er, mich kräftig zu massieren, streckte mir die Gelenke, bohrte mit seinen eisernen Fingern mir ins Fleisch, schlug mich mit seiner breiten Hand und auch mit der geballten Faust, doch fühlte ich nicht den geringsten Schmerz, sondern im Gegenteil eine wohlige Erleichterung! Später wurde mir erzählt, daß die orientalischen Bademeister sich bei der Massage derart begeistern, daß sie dem Badenden auf die Schultern springen und auf dem Rücken tanzen, ohne daß jemals ein Knochenbruch vorkommt.

Endlich ließ Hassan mich los, um die Reibmassage mittels eines wollenen Handschuhs für längere Zeit zu beginnen. Als ich ganz himbeerrot wurde, wusch er mich mit einer Leinenblase, die mit heißem Seifenwasser gefüllt war. Das dabei entstehende wohlige Gefühl ist kaum zu beschreiben. Diese Heißblasenmassage müssen wir auch in unseren russischen Badestuben einführen. Die Liebhaber des Schwitzbades werden für diese Neuerung sehr dankbar sein!

Zum Schlusse mußte ich noch in ein Bad, das aus dem Felsen gehauen war und von einer heißen Schwefelquelle gespeist wurde. Ein Ruhebett mit Einpackung in einem Raum, wo nicht gesprochen werden durfte, beschloß dieses unvergeßliche Erlebnis."

Solches erlebt jeder Europäer im türkischen Bade, das der Sauna eng verwandt ist. Als H. v. M o l t k e nach Überquerung des Balkangebirges in dem heute bulgarischen Städtchen Schumla erstmalig diese Badebehandlung zuteil ward, erklärt er in seinen „Briefen aus der Türkei", er habe danach den Eindruck gehabt, als sei er so ganz richtig sauber wie dieses Mal in seinem ganzen vorherigen Leben noch niemals geworden, allem europäischen Waschen und Baden zum Trotz. Er betrat das Bad bei Winterschnee und Kälte und war, ehe er diese Badeprozedur aus eigener Erfahrung kannte, darüber sehr erstaunt, daß die Badegäste im Ruheraum bei dem zur Tür hereinblasenden Winterhauch sich nicht erkälteten. Nachdem er dann mit seinem Begleiter auch das Bad genossen, waren sie beide noch mehr verwundert, eine Stunde darauf in der gleichen Tracht und Lage sich ebenso angenehm durchwärmt und erholt zu fühlen wie jene Orientalen. Dieses hier anzuführen ist notwendig, weil der Westeuropäer immer noch die Angst vor Erkältung nach der Sauna hat. Das angebrachte und richtig durchgeführte Heißluftbad steigert die Abwehr. Wer dabei erkrankt, dessen Abwehr ist nicht in Ordnung, was auf einen vorliegenden Infekt hindeutet.

Im Winter bricht im japanischen Nordosten die Eiswelt des nordasiatischen Festlandes herein. In Echigo, das zu Tokio etwa so liegt

Rauchsauna aus Mittelfinnland
Auch die ärmste Familie hat ihre eigene Sauna

Photo von Björkbom.

wie Brandenburg zu Böhmen, deckt viele Monate lang ein mächtiger Schneepanzer Stadt und Land. Nur das rettende heiße Bad bietet dem Japaner einen Ausgleich für die ewige Kälte. Die Wärmekultur dort hat Frau Sugimoto in ihrer „Autobiographie der Samuraitochter" mit dichterischer Anschaulichkeit geschildert. Die Wärme verweichlicht den Menschen des Nordens nicht, im Gegenteil, sie erhält seine Erbmasse und macht ihn widerstandsfähig für seinen Lebenskampf. Diejenigen nordischen Völkerschaften dagegen, die von einer Wärmekultur nichts wissen, wie z. B. die Lappländer, erreichen kaum ein Lebensalter von 40 Jahren und sind im Aussterben begriffen. Im Gegensatz zu diesen stehen die dieselben Landstriche bewohnenden Russen, die sog. Pomoren: ein kräftiger, hochgewachsener Menschenschlag, wohl nicht zuletzt durch den Einfluß der mit großem Eifer benutzten „Banja".

Der gleichen Erscheinung begegnet man in Sibirien: je höher man nach dem Norden, nach der sog. „Taiga" (dem Urwald) kommt, um so häufiger findet man die Benutzung der „Banja" als Temperaturausgleichmittel. Der unermeßliche Holzreichtum läßt ja die Ausübung einer solch intensiven Wärmekultur ohne weiteres zu. Überall, wo man die Neusiedlungen in den Urwald vorgeschoben findet, sieht man auch unweit der Wohnhäuser die kleine, aus Rohbalken gezimmerte „Banja". Als Gebäude kann man die „Banja" oft gar nicht ansprechen, zumal wenn es sich um die sog. „schwarze Banja" handelt, die keinen Rauchfang hat. Ein kleiner primitiver Herd mit einem darauf befindlichen Haufen von Granitsteinen wird so lange geheizt, bis die Steine glühen. Die Tür ist indessen weit aufgesperrt, damit der Rauch durch die Türe abziehen kann. Mit tränenden, rotumrandeten Augen steht der Sibiriake dabei, dem das nichts ausmacht. Sind die Steine durchglüht, so daß man in der „Banja" kaum mehr atmen kann, so unterbricht der Sibiriake — meist ein Pelzjäger des Nordens, ein Viehhirt oder ein Kosak des Landstriches um die transsibirische Eisenbahn — das Feuer, und das Bad ist fertig zur Benutzung. Im Gegensatz zu dieser ganz primitiven Heizvorrichtung hat die sog. „weiße Banja" ein Ofenabzugsrohr für den Rauch. Sie ist auch etwas größer, besitzt übereinandergestellte Liegebänke und auch einen kleinen Vorraum für die Kleiderablage.

Welche Kräfte in dem Gestein schlummern, wissen wir nicht. Aber diese alte Volksweisheit sollten wir in einer Zeit, wo wir von der Kraft des Sonnenpotentials und von der Zertrümmerung des Atoms sprechen, nicht einfach übergehen.

Die Physikalisch-Technische Reichsanstalt hat die Luft des Saunaraumes auf Radiumemanation untersucht. Das Resultat war negativ. Die Untersuchung ist vermutlich mittels des Goldblättchen-Elektroskops durchgeführt worden. Seine Nichtentladung kann aber meines Erachtens das Vorhandensein einer radiumverwandten Emanation nicht ausschließen. Man muß bedenken, daß die radioaktiven Elemente gewissermaßen eine einzige Familie bilden, deren Mitglieder durch eine spontane Weiterverwandlung des ursprünglichen „Mutter"-Stoffes entsanden sind.

Als Beispiel: das Radium ist ein Nachkomme des Urans, das Polonium ein Nachkomme des Radiums. Diese Stoffe, die fortwährend entstehen, zerstören sich nach ewigen Gesetzen selbst wieder. Um sich auf die Hälfte zu verringern, braucht das Uran mehrere Millionen Jahre, das Radium 1600 Jahre, die Radiumemation 4 Tage, während die „Nachkommen" der Emanation nur wenige Sekunden dazu benötigen. Warum soll man nicht annehmen dürfen, daß bei der starken Erhitzung des mineralhaltigen Gesteins in der Sauna eine radioaktive (als Sammelbegriff gedachte!) Emanation entsteht, die entweder sehr schnell zerfällt oder mit den heutigen Instrumenten sich gar nicht messen läßt. Wenn der Wirkungsmechanismus der Sauna in Bezug auf seine Radioaktivtiät physikalisch-chemisch nicht zu messen ist, so ist doch seine biologische Auswirkung unverkennbar. Marie Curie hat, auf das Vorhandensein der Becquerel'schen Strahlen in der Pechblende gestützt, einen dort vorhandenen Stoff — das Radium — vermutet. Die Beweisführung, also die Entdeckung des Radiums, gelang erst nach jahrelanger mühseliger Arbeit.

Oft wird die Ursache nach der beobachteten Wirkung gefunden. Dabei geht der biologische Effekt der chemischen Feststellung voraus, wie es auch im Falle der Sauna werden könnte. Uns kann in diesem Zusammenhange noch interessieren, daß das Radium spontan Wärme abgibt. In einer Stunde erzeugt es soviel Wärme, wie erforderlich ist, um eine Menge Eis, die seinem eigenen Gewicht entspricht, zu schmelzen. Das fortgesetzte Studium der „Sturmflut der Atomverwandlung" (Marie Curie) wird am schönsten an dem Hinausschleudern der Helium-Gasatome durch die Radiumteilchen gezeigt. In der scheinbar leblosen Materie ereignen sich also Geburten, Zusammenstöße, Morde und Selbstmorde, so auch in den Saunasteinen. Ob physikalisch erforscht oder nicht, bleibt der Segen der Sauna seit undenklichen Zeiten der gleiche.

Vor kurzem kam die Nachricht, daß der Nobelpreisträger Dr. Victor F. Hess von der Fordham University in New York eine „mysteriöse Strahlung" entdeckte, die ihren Ursprung in fast allen Gesteinen des Erdinnern habe. Er behauptet, daß dem Granit eine bislang unbekannte Strahlung entströme. Sie gehöre der Gamma-Gruppe an, auch sei sie die durchdringendste von allen und bilde einen Teil der Strahlung, die bei der Explosion einer Atombombe entstehe..

Wenn dem so ist, so brauchen wir uns nicht zu wundern, daß die unvollkommenen Messungen der Reichsanstalt keine Strahlung in der Sauna vorfanden. Recht hat hier, wie immer, das intuitive Wissen behalten: nämlich der finnische Bauer, der behauptete, daß der Sauna eine Strahlung innewohnen müsse, weil sie seit undenklichen Zeiten dem Menschen Wohl spende.

Von einer Methode, die jetzt auch in Deutschland so nachdrücklich empfohlen wird, wird man mit Recht auch eine wissenschaftliche Begründung ihrer Wirksamkeit verlangen. Wie ungeklärt aber diese Frage noch ist, zeigt Hoske, wenn er sagt: „In Finnland gibt es kaum medizinische Veröffentlichungen über die Sauna. So selbstverständlich gehört diese Einrichtung zum Leben und so sicher ist man sich ihrer Wirkung, die jeder von Kind auf am eigenen Leibe verspürt hat, daß es nicht der wissenschaftlichen Prüfung für den Finnen bedarf." Dieser Ansicht werden sich viele anschließen, und wer, wie ich, viel hunderte Male am eigenen Körper den Segen dieser naturverbundensten und ältesten Heilmethode verspürt hat, braucht für sich keine weiteren Beweise. Aus der tiefen Überzeugung erwächst einem da die Freude, ihre großen Vorzüge empfehlen zu dürfen, um möglichst weite Kreise mit ihr bekannt zu machen.

Wirkungen. Wissenschaftliche Unterlagen

Das Schwitzen ist eine uralte Heilmethode, die der Mensch der Natur selbst abgelauscht hat. Nicht immer ist die Abwehrkraft des Organismus so stark, daß er von selbst Hyperthermie erzeugt, die zum Schweißausbruch führt, um die Körperschlacken und Gifte zu entfernen. Ragnar Berg hat 1924 darauf hingewiesen, welch unglaubliche Mengen Stoffwechselschlacken der Körper zurückzuhalten vermag. Nur ein Teil davon kann durch ihn selbst ausgeführt werden. Um diesen Entschlackungs- und Entgiftungsprozeß trotz des Versagens des Organismus durchführen zu können, hat nun der Mensch seit uralten Zeiten zur Selbsthilfe durch künstliche Hyperthermie und Schweißbildung gegriffen. Die Sauna stellt eine Verbindung von Dampf- und Heißluftbad dar und bietet die Möglichkeit, in einem Vorgang die Vorteile beider Badearten auszunützen. Besonders gründlich hat Prof. Brofeldt, Helsinki, die wissenschaftlichen Grundlagen der Sauna erforscht. Er berichtet darüber wie folgt:

„Mit steigender Temperatur steigt auch das Vermögen der Luft, Wasserdampf aufzunehmen, der darin bleibt, ohne sich zu verdichten. So kann z. B. 10° warme Luft höchstens 9 g Wasser pro m^3 enthalten, aber 100° warme Luft schon 760 g Wasser. Da aber die Luft gewöhnlich nicht die maximale Quantität Wasserdampf enthält, ist es üblich, die in der Luft jeweilig enthaltene Wassermenge prozentual zu der maximalen Wassermenge anzugeben und mit dieser Verhältniszahl die sogenannte relative Feuchtigkeit zu bezeichnen. Wenn z. B. 10° warme Luft nur 4,5 g Wasser pro m^3 enthält, ist deren relative Feuchtigkeit 50 v. H.

In unserem gewöhnlichen Leben in Nord-Europa sind wir an eine relative Feuchtigkeit der Außenluft von 70 bis 90 v.H. gewöhnt. Bei 18—20° Innentemperatur sind wir gewöhnt, 50—60 v. H. Feuchtigkeit als angenehm zu empfinden. Die Erfahrung zeigt, daß, wenn diese Temperatur von 20° auch nur um einige Grade gehoben wird, das Wärmegleichgewicht eines Bekleideten eine entsprechende Verminderung der Feuchtigkeit auf 30—40 v. H. verlangt. Halten wir uns entkleidet in einem Raume auf, dessen Luft stillsteht und eine Feuchtigkeit von 30—40 v. H. hat, so ist der Organismus bei 27 bis 30° im Wärmegleichgewicht.

Beim Saunabad streben wir danach, den Wärmeeffekt der Luft soweit zu heben, daß das Wärmegleichgewicht des Organismus nur durch starkes Ausdünsten des Wassers durch die Haut beibehalten werden kann. Auf diese Art erzielt man durch ein Reizen der Haut und des Organismus zum Transpirieren auf eine angenehme Art eine Erneuerung des Stoffwechsels, Verminderung der Schlackenstoffe sowie eine Steigerung der Kreislaufarbeit.

Bei der Heizung der Sauna wäre es am einfachsten, die kalte Luft des Saunaraumes zu erhitzen. Wenn wir annehmen, dessen Temperatur stehe vor der Heizung auf 20° Wärme und die Feuchtigkeit wäre 50 v. H., enthält er 9 g Wasser je m³. Wenn diese Luft erhitzt wird, ergibt dieses eine so trockene Saunaluft, daß sie erst bei 100° den gewünschten Wärmeeffekt aufweisen würde. Diese und späterhin erwähnte Temperaturen hat man sich etwa 20 cm über der Sitzbank gemessen gedacht. Es wäre jedoch nicht rationell, im Saunabad nach so hohen und trockenen Wärmewerten zu streben. Lieber heben wir die absolute Feuchtigkeit der Luft von 9 g auf 50—80 g, damit wir ein angenehmes Bad und auch physiologisch annehmbare Wärme- und Feuchtigkeitsverhältnisse erzielen. Auf diese Art können wir, wenn wir die Luft auf 50 g absoluter Feuchtigkeit halten, eine Sauna mit verhältnismäßig trockener Luft erzielen, in welcher der wirksame Wärmeeffekt zwischen Temperaturen von 80—100° liegt. Gleichermaßen ist eine absolute Feuchtigkeit noch bis 70 g nicht zu hoch und erlaubt bei einer guten, brauchbaren Sauna eine Erholung der Temperatur auf etwa 90°. Bei 80 g absoluter Feuchtigkeit erscheint eine Temperatur von 70—90° physiologisch noch angenehm und gibt die Möglichkeit, das Reizen der Haut mit geringen Mengen verdampften Wassers zu erhöhen. Solche Perioden von vermehrter Feuchtigkeit halten in der Luft nur einige Minuten an, währenddessen wird die Feuchtigkeit von den Holzwänden der Sauna aufgesogen oder an den kälteren Flächen der unteren Teile der Sauna kondensiert, und die absolute Feuchtigkeit sinkt auf 80 g zurück. Unsere Messungen haben erwiesen, daß die Saunaluft, deren absolute Feuchtigkeit etwa 90 g je m³ beträgt, bei 50—70° einen Wärmeeffekt erzeugt, der die Grenzen der menschlichen Toleranz erreicht. Wenn das Baden unter diesen Umständen auch nur einige Minuten länger fortgesetzt wird, entsteht leicht eine Parese der oberflächlichen Gefäße, deren äußerer Ausdruck eine Marmorierung der Haut und Symptome eines gewöhnlichen Hitzschlages sind. Am unteren Ende dieser Serie von 90 g haben wir bei 50° Wärme eine mit Wasserdampf vollkommen gesättigte Luft.

In Schweden, wo auch noch Dampfsaunas im Gebrauch stehen, ist die absolute Feuchtigkeit ungefähr 90 g, und die Gebrauchstemperatur liegt zwischen 45—50°. In solcher gesättigten warmen Luft hat man schon auf der Haut ein unangenehmes, brennendes Gefühl. Da in gesättigter Luft keine Möglichkeit zur Wasserverdampfung von der Haut vorhanden ist, hat die Wärmeregulierung der Haut keine Funktion, und es entstehen nach einigen Minuten Symptome von Wärmestauung, Übelkeit, Kopfschmerzen, Schwindel, Ohrensausen, Flimmern vor den Augen und Ohnmacht. Aber auch diejenigen Saunas, in denen die trockene Anfangshitze nur 50—60° beträgt, entwickeln sich zu feuchten Dampfsaunas, da, um einen genügend großen Wärmeeffekt zu erreichen, die relative Feuchtigkeit durch Beschütten der heißen Steine mit Wasser auf 60—80 v. H. gehoben werden muß. Dabei wird der kühlere, untere Teil der Sauna mit Dampf gesättigt. Da der Taupunkt der Luft bei diesen Feuchtigkeitsmengen höher als die Hauttemperatur liegt, kondensiert sich heißes Wasser auf der Haut, was ein brennendess Gefühl verursacht.

Es ist ersichtlich, wie wichtig es für die finnische Sauna ist, außer der Luft auch die Wände der Sauna zu der gewünschten Temperatur und Feuchtigkeit zu bringen, ehe man Wasser auf die heißen Steine des Herdes schüttet. Wir haben gesehen, daß bei einer Temperatur von 70—100° die Feuchtigkeit am besten zwischen 10—30 v. H. liegen muß. Hierbei ist zu beachten, daß diese Temperatur bei verkapselten Saunaherden erst gemessen werden muß, nachdem die Ofenklappe 10 Minuten lang offen gestanden hat.

Es ergibt sich nun die Frage, ob nicht diese Wärme- und Feuchtigkeitsverhältnisse durch Wassergüsse auf die heißen Steine nachträglich doch geregelt werden können, ob man also nicht mit Hilfe von Wasser aus den heißen Steinen des Herdes sowohl Wärme als Feuchtigkeit lösen kann. Dieses ist jedoch nur in sehr begrenztem Maße möglich. Durch Wassergüsse auf die heißen Steine des Herdes hebt die feuchte heiße Luft die Temperatur der Saunaluft nur um ein paar Grade. Dagegen verursachen Wassergüsse eine Vermehrung der Feuchtigkeit, in kühleren Saunas sogar um 10—40 v. H. Diese Feuchtigkeit verschwindet jedoch, wie schon erwähnt, in einigen Minuten. Durch wiederholte Wassergüsse gelingt es uns vielleicht, die Feuchtigkeit beizubehalten, aber in kühleren Saunas entsteht dadurch eine Nebelbildung. Das Saunabad wird also durch Wassergüsse auf die heißen Steine nicht verbessert, sondern aus einer kühlen und trockenen Sauna wird eine kühle und nebelige Sauna entstehen.

Schon bei der Planung einer Sauna müssen wir den Wärmebedarf berechnen und eine dementsprechend genügend große und passend geformte Wärmequelle wählen sowie auch passendes, für Wände, Decke und Fußboden der Sauna zu verwendendes Material.

Wir müssen also die Wärmequelle der Sauna so planen, daß sie schon vor den Wassergüssen auf die heißen Steine eine genügend hohe Anfangstemperatur gibt, die, um beständig zu sein, nicht nur in der Luft, sondern auch an den Wänden die gleiche sein muß. Außerdem muß die Wärmequelle ihre Hitze eine bestimmte Anzahl Badestunden beibehalten trotz der dazugehörigen Lüftungen und unabhängig davon, daß das Beschütten der Steine mit Wasser eine Abkühlung des Herdes verursacht.

Die Wahl eines geeigneten Herdes hängt unter diesen Umständen hauptsächlich von der Anwendungsart der Sauna ab. Zu diesem Zweck können wir hier die Saunas in drei Kategorien einteilen: kleine Familiensaunas, Gemeindesaunas, die für größeren Gebrauch

Inneres der Sauna im Schlosse des finnländischen Staatspräsidenten in Helsinki.

Photo Pietinen. (Aus Viherjuuri, Finnische Sauna. 1943.)

beabsichtigt sind, und zuletzt Saunas für Anstalten und öffentlichen Gebrauch.

In Familiensaunas baden an einem Abend gewöhnlich drei bis vier Badeserien. In diesen Saunas muß der Herd verhältnismäßig schnell erhitzt werden und gleichzeitig seine Hitze an die Wände und die Einrichtung der Sauna abgeben. Die Hitze muß im Herd und in der Sauna mindestens vier bis fünf Stunden anhalten. Bei diesen Öfen muß auch nach einem möglichst sparsamen Verbrauch des Heizmaterials gestrebt werden. Zum Herde einer Familiensauna kann man entweder nach alt-finnischem Muster einen offenen, nach innen rauchenden steinernen Herd wählen oder die wärmespeichernden Steine des Herdes in einen Eisenblechmantel hüllen, aus dem man die Verbrennungsgase mittels eines Schornsteines ins Freie leitet. Die Menge der wärmespeichernden Steine genau zu bestimmen, ist schwer, da sie von der Dichte der Wände und der Decke sowie auch von deren Wärmeleitungsvermögen abhängt. Eine Sauna mit Holzwänden verlangt doch etwa 0,02 m^3 Steinmasse je 1 m^3 Luft.

In kleineren Saunas von Anstalten und Gemeinden, in denen in großen Gruppen mehrmals am Tage gebadet wird und eventuell mehrere Tage der Reihe nach, muß der wärmespeichernde Herd

Grundriß einer Sauna
(aus Viherjuuris „Sauna", 1943).
Photo Pietinen. (Aus Viherjuuri, Finnische Sauna. 1943.)

anders als die vorhergehenden geplant sein. Hierbei sind die Herdsteine in einen besser isolierenden, meist aus Ziegelsteinen gebauten Mantel einzuschließen. Ein derartiger Herd verlangt lange Zeit zum Erhitzen und auch lange Zeit, bis die Hitze nach beendeter Heizung durch den Ziegelmantel hindurchdringt und die Wände des Saunaraumes zu erwärmen beginnt. In solchen Saunas vergehen noch nach dem Öffnen der Ofentür mindestens 10 Minuten, ehe die Wärme aus dem Herd in den Raum strömt und dessen Temperatur um 10 bis 20° hebt. Diese Ziegelsteinmauern behalten ihre Temperatur sogar einige Tage bei, und die Wärme im Herde kann sogar bei starkem Baden 24 Stunden anhalten. Bei kürzerem Gebrauch und kleiner

Zirkulation weisen diese Ziegelmantelherde den Nachteil auf, daß man sie nur nach langem Heizen und Stehen gebrauchen kann und daß sie nach dem Gebrauch unnütz lange heiß bleiben.

Immer dringender wird jedoch die Forderung gestellt, daß man auch Massensaunas schon nach kürzerer Heizung in Gebrauch nehmen, das Baden aber trotzdem nach Belieben fortgesetzt werden kann. Diese Forderung tritt hauptsächlich bei eiligen Serienbädern auf. In diese Saunas wird ein Eisenkamin eingebaut, der auch während des Bades geheizt wird. Der Kamin strömt auf diese Art die ganze Zeit

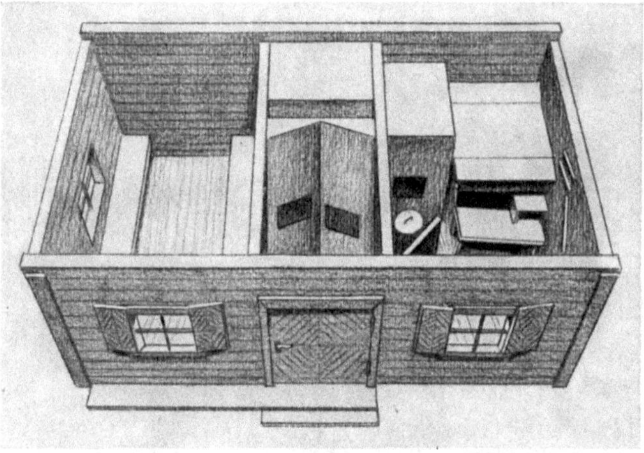

Inneres mit Vorz., Ankleide- und Saunaraum.
Miniaturmodell einer Sauna, von oben gesehen (vgl. auch oben).
Aus: Viherjuuri.

starke Hitze aus, hebt die Temperatur in der Sauna schon nach einer Stunde auf etwa 80—100° und behält sie dann gleichmäßig bei. Die Feuchtigkeit der Luft erhält man aus einer verhältnismäßig dünnen Schicht kleinerer Steine, die von der Feuerstätte durch ein dünnes Eisenblech isoliert sind und die man dauernd erhitzt.

Richtig gewählt, haben somit alle vorerwähnten Herdformen ihr eigenes Verwendungsgebiet, und richtig dimensioniert, erfüllen sie, was die Temperatur anbetrifft, die früher erwähnten Grundforderungen.

Welche Faktoren bestimmen dann die für die Saunaluft so wichtige Feuchtigkeit? Wenn der Herd genügend groß dimensioniert und genügend warm geheizt ist, sind die Feuchtigkeitsverhältnisse ohne weiteres richtig, oder wenn es zu trocken ist, ist es leicht zu regeln. In den Eisenmantelherden der kleineren Saunas laufen oft zwischen den Steinen Wasserrohre zum Erwärmen des warmen Wassers. Um überflüssige Feuchtigkeit zu vermeiden, muß darauf geachtet werden, daß es schon bei dem gewöhnlichen Heizen kocht.

Wärmetechnische Aufgaben erwarten noch ihre Lösung in solchen Saunas, in denen es nicht möglich ist, Holzheizung oder indirekte Kohlenheizung einzurichten. In diesen ist man auf verschiedene Warmwasser- und Elektrizitätsradiatoren angewiesen. Mit diesen Radiatoren ist es im allgemeinen schwierig gewesen, die Sauna über 50° zu erwärmen. Es ist auch schwierig gewesen, mit ihnen und mit elektrischen Platten eine größere Anzahhl Herdsteine so stark zu erhitzen, daß deren Ausstrahlung genügend stark gewesen wäre, die Temperatur der Sauna selbst zu heben. Um die Temperatur der Sauna zu heben, können deshalb nur Heißdampfradiatoren und große elektrische Ausstrahlungsradiatoren in Frage kommen. Es muß deshalb erwogen werden, ob man als Ergänzung gewöhnlicher Wärmeraditoren moderne Klimamaschinen gebrauchen kann, die dem Saunaraum Luft von 70° Temperatur und 30 v. H. Feuchtigkeitsgehalt zuführen. Diese würden gleichzeitig als Ventilatoren der Badeanstalt dienen. Als Herd dient ein mit Elektrizität erhitzter Kessel, der mit hohlen Eisenkugeln gefüllt ist wie in der Sauna des Stockholmer Sportpalastes.

Die Wände der finnischen Sauna sind immer aus Holz gewesen, aber in großen Anstaltssaunas war man gezwungen, auf den Gebrauch von Ziegelwänden überzugehen. Solch eine Wand ist jedoch unvorteilhaft, wenn die Sauna nicht täglich geheizt wird. Aber auch dann noch fehlen der Steinwand viele wichtige Eigenschaften der Holzwand. Die Holzwand, die weder gestrichen noch geölt sein darf, saugt die überschüssige Feuchtigkeit der Luft auf und mildert dadurch den durch den heißen Dampf verursachten plötzlichen Wärmestoß. In der letzten Zeit hat man auch aus diesem Grunde begonnen, in den Saunas mit Steinwänden die Wände und Decke mit Brettern zu verkleiden. Die Bretterverkleidung wird in einem Abstand von 4—6 Zentimetern von der Ziegelwand angebracht.

Wegen der Wärme- und Feuchtigkeitsverhältnisse ist auch der Bau des Fußbodens wichtig. Ein Bretterfußboden erhält sich leicht warm, man ist jedoch aus hygienischen und praktischen Gründen auch in Großsaunas zu Betonfußböden übergegangen. Diese müssen jedoch doppelt sein, und zwischen den Betonschichten muß eine bitumhaltige, wärmeisolierende Schicht aus Kork oder einer anderen Masse gelegt werden. Außerdem wird auf diesem Betonfußboden ein sich leicht warmhaltender Holzrippen-Teppich benutzt.

Die meisten wissenschaftlichen Untersuchungen über die Sauna sind von Dr. L u n d g r e n angestellt worden. Die Temperatur- und Feuchtigkeitsverhältnisse der Sauna habe ich schon früher geschildert. Ich habe erwähnt, daß, wenn die absolute Feuchtigkeit der Luft in der Sauna etwa 50—80 g beträgt, ein angenehmes Bad bei 70—100° heißer Luft erreicht werden kann.

Wie erwähnt, ändert man den ursprünglichen Wärme- und Feuchtigkeitszustand der Sauna mehrmals während des Bades durch Aufgießen von Wasser auf die Steine. Es hängt von der Anfangstemperatur der Saunaluft ab, wieviel Wasser durch Beschütten der heißen Steine verdampft werden muß, um den gewünschten Wärmeeffekt zu erzielen. Wenn es sich um eine trockene, warme Sauna von 50 bis 60° handelt, muß somit reichlich Feuchtigkeit zugeführt werden. Steht die Anfangstemperatur auf etwa 70—90°, reichen schon 10—30 cm^3 Wasser aus. Diese Änderungen der Wärmekapazität der Luft verursachen den schroffen Reiz der Haut und des Organismus, von dem man in der Badeliteratur spricht und wodurch die Sauna von dem gewöhnlichen römischen und türkischen Bad sich unterscheidet.

Das Aufgießen von Wasser hebt die Feuchtigkeit in Saunas mit niedriger Temperatur um 30—40 v. H., in heißen Saunas nur etwa 3—5 v. H. Wie erwähnt, verschwindet die überschüssige Feuchtigkeit der Saunaluft schnell. Dieses Verschwinden der überschüssigen Feuchtigkeit variiert je nach der Sauna, gewöhnlich ist sie schon nach 5 Minuten merkbar zurückgegangen und nach 10 Minuten ganz verschwunden. Auf diese Weise vertritt die finnische Sauna eine Badeart, in welcher es bei verhältnismäßig hoher Temperatur und einer relativen Feuchtigkeit, die 30 v. H. nicht übersteigt, möglich ist, die Haut und den Organismus durch Erhöhen der Feuchtigkeit um einige Prozent stark zu reizen.

Diese durch die heiße Luft und Feuchtigkeit verursachte Wärmestauung im Körper strebt der Organismus nach Möglichkeit zu verhindern. Die Wärmeregulierung geschieht auf verschiedenen Wegen der Wärmeabgabe. Die wichtigsten Abgabeformen sind die Abgabe des Wassers als Flüssigkeit und als Dampf. Die Physiologen berechnen, daß die Wärmeabgabe unter gewöhnlichen Verhältnissen zu 80 v. H. durch die Haut und etwas unter 20 v. H. durch die Lunge geschieht. Die Wärmeabgabe durch die Lunge nimmt allerdings ab, je heißer die Luft wird. Wenn auch die Feuchtigkeit der Luft z. B. bei 70° nur 20 v. H. beträgt, ist die darin enthaltene absolute Feuchtigkeitsmenge dennoch 40 g. Obgleich also diese Luft von 70° durch die Lunge auf 37° abgekühlt wird, reichen doch die darin enthaltenen 40 g Wasser aus, um die Einatmungsluft zu sättigen, ohne daß der

Organismus Wasser abgibt. Aus diesem Grunde geschieht beim Saunabad die Wasserabgabe ausschließlich durch die Haut.

Je trockener die Luft in der Sauna ist, desto leichter funktioniert die Wärmeregulierung, da der Schweiß leicht verdunsten kann und eine starke Wärmeabgabe entsteht. Das Schwitzen an sich verursacht keine Wärmeabgabe. Die kräftige Regulierung der Körperwärme und somit die Größe der Transpiration wird durch das Abnehmen an Gewicht in der Sauna bewiesen. Bei einem Badeexperiment (Lundgren), in dem das heiße Bad etwa 15 Minuten lang dauerte, wurde bei 1000 Personen (20jährigen) im Durchschnitt 500 g Gewichtsverlust beobachtet. Der Gewichtsverlust schwankte individuell zwischen 100 und 1150 g. Bei längeren Saunabadperioden erhält man naturgemäß größere Werte. Es ist auch verhältnismäßig häufig, daß man in der Sauna 1—2 Kilogramm abnimmt.

Da die finnische Sauna, ohne gesundheitliche Störungen zu verursachen, jahrhundertelang benutzt worden ist, kann angenommen werden, daß sie in kranken Organismen nur selten, bei gesunden aber gar keinen Schaden hervorruft. Dieses alles unter der Voraussetzung, daß die Dauer des Saunabades so kurz ist, daß sie die Tätigkeit des Organismus nicht nennenswert verändern kann.

In diesem Zusammenhang kann man noch erwähnen, daß die Körpertemperatur in der Sauna wie auch in anderen heißen Bädern, z. B. Schlammbädern, verhältnismäßig leicht steigt. Die Steigerung der Körpertemperatur ist ja auch an sich keine pathologische Erscheinung, denn in gewissen Fällen kann auch schon die Muskelarbeit die Körpertemperatur um einige Grade heben, ohne nennenswerte subjektive Störungen hervorzurufen. So kann auch in der Sauna die Körpertemperatur um einen, ja sogar um zwei Grade steigen, ohne daß es vom Badenden als eine Anstrengung empfunden wird. Dieses Fieber dauert nach der Sauna, wenn der Körper nicht durch besondere Maßnahmen abgekühlt wird, einige Stunden an, bei manchen sogar zehn Stunden. Gewöhnlich fällt das Fieber nach 3 bis 4 Stunden, währenddessen der Körper transpiriert.

Untersuchungen haben erwiesen, daß die Änderungen des Blutbildes dieselben wie bei anderen kurzfristigen heißen Bädern sind. Die Anzahl der roten Blutkörperchen ist vielleicht etwas gestiegen ebenso wie die der neutrophilen Leukocyten. Die Haemoglobinwerte steigen unter dem Bad um etwa 10 v. H., sinken jedoch schnell nach dem Bad auf ihre früheren Werte zurück; die Senkungsreaktion steigt nach der Sauna in den meisten Fällen um 2—8 (Westergreen) an, fällt aber auch nach einigen Stunden wieder ab.

Es ist ohne weiteres zu erwarten, daß der Stoffwechsel durch den starken Reiz und das Steigen der Hitze lebhafter wird*). Die Steigerung des Stoffwechsels beträgt im Durchschnitt 25 %. Diese Steigerung hält ungefähr eine Stunde nach beendetem Bad an. Die Sauna kann somit nicht als Abmagerungskur verwendet werden, wenigstens nicht, wenn man sie nur ein paarmal wöchentlich besucht. Man müßte die Sauna täglich während längerer Perioden besuchen, bevor sie abmagernd wirken kann. Dies könnte aber verhängnisvoll für die Gesundheit werden. Der oben erwähnte Gewichtsverlust stellt auch keine Abmagerung dar, sondern einen Flüssigkeitsverlust, der bald wieder ersetzt wird.

Als Kuriosität kann erwähnt werden, daß die nach dem großen Flüssigkeitsverlust genossenen reichlichen Flüssigkeitsmengen überschüssige Flüssigkeit aus den Zellen mit sich reißen, wobei sie sich durch die Nieren rasch entfernen. Die Nieren können durch die Flüssigkeitsaufnahme einen eigenartigen Schock erhalten und lassen deswegen ungewöhnlich viel Flüssigkeit durch. Um die Flüssigkeit nach der Sauna zurückzuhalten, sollte man deswegen als Getränk salzhaltige Flüssigkeiten benutzen, wie starke Fleischbrühe oder direkt Salzwasser, wie es stark transpirierende Alpenbesteiger oder in Hitze arbeitende Grubenarbeiter tun.

Um größere Schwankungen des Blutdruckes zu vermeiden, hat das Kreislaufsystem des menschlichen Organismus kompensierende Apparate. So z. B. reagieren die übrigen Blutgefäßgebiete im Abdomen durch Zusammenziehen auf die große Blutfüllung der Haut (Dastre-Morat). Deswegen steigt auch der systolische Blutdruck in der Sauna nicht nennenswert und fällt gleich wieder nach dem Bad. Bei einem gesunden jungen Menschen beträgt diese Steigerung 5 bis 10 mm Hg. Bei älteren und besonders bei denjenigen Menschen, die Neigung zu erhöhtem Blutdruck haben, kann die Steigerung 20 bis 40 mm Hg. betragen und so subjektive Störungen hervorrufen. Bei

*) Anm. d.Verf.: „Es wäre interessant, einmal in Bezug auf die Sauna Untersuchungen über den Ermüdungskoeffizienten anzustellen. Das Verhalten des Koeffizienten „P 1: Kreatinin" könnte zur Aufklärung des Wirkungsmechanismus, nicht nur der Sauna allein, sondern auch der Überwärmungsbäder überhaupt, wichtige Unterlagen liefern, weil sein Abweichen von der Norm, nach beiden Richtungen, fast durchweg mit einer Labilität des Herzens einhergeht. Zu erwähnen wären hier noch die Untersuchungen Lundgrens über den Stoffwechsel. Er fand bei 29 Gesunden durch Benutzung der Sauna im Durchschnitt eine Steigerung von 24 %, gemessen mit dem Kroghschen Apparat. Diese Wirkung hielt nach dem Bade noch einige Zeit an. Vielleicht ist diesem Umstand zu verdanken, daß bei richtiger Anwendung der Sauna keine Müdigkeit und kein Schlafbedürfnis eintreten, wie das oft bei anderen Bädern der Fall ist."

älteren Menschen mit mäßiger Aderverkalkung können diese Blutdruckschwankungen verhältnismäßig schroff sein. Auch bei diesen stabilisiert sich der Blutdruck nach ungefähr einer Stunde nach dem Bade. Die im Elektrokardiogramm beobachteten Änderungen sind gering und erscheinen als Senkung der T-Zacke in allen Ableitungen.

Die durch gewöhnliche Untersuchungsmethoden festgestellten Veränderungen im menschlichen Organismus, die durch die Sauna verursacht worden sind, sind also verhältnismäßig gering. Wenn das Baden vernünftig betrieben wird und Übertreibungen vermieden werden, können einem gesunden Organismus in der Sauna keine Schäden zugefügt werden.

Ein gesunder Mensch empfindet auch, daß sein Wohlbefinden in der Sauna und hauptsächlich nach dem Bade stark zugenommen hat. Nachdem die Stoffwechselschlacken aus dem Organismus verschwunden sind und nachdem der Blutdruck, das Fieber und die vorübergehende Erhöhung der Herzarbeit sich gelegt haben, und nachdem sich der Badende unter der kalten Dusche, in der Wanne oder im See abgekühlt hat, empfindet er eine wunderbare Ruhe und ein angenehmes Gefühl der Befreiung, was schwerlich nach irgendeinem anderen heißen Bad in Erscheinung tritt.

Die Frage ist viel erörtert worden, in welchem Maße es für den Sportler vorteilhaft sein dürfte, die Sauna unmittelbar vor den Wettkämpfen oder am vorhergehenden Tage zu besuchen. Man ist ja auch ohnedem bestrebt gewesen, die Tätigkeit der Schweißdrüsen anzuregen und aus der Flüssigkeit des Körpers die überschüssige Säure, wie Milch- und Schwefelsäure u. a. m., zu entfernen. Wenn auch somit eine derartige Anregung der Haut und des Organismus theoretisch zu befürworten ist, so hat doch die Erfahrung gezeigt, daß besonders ein längerer Saunabesuch in den letzten paar Tagen vor größeren Wettkämpfen einen unnützen Wärmeverlust verursacht und möglicherweise den Trainingszustand überempfindlich machen kann.

Wir wissen aus Erfahrung, daß die im Anfangsstadium des Wettkampfes beginnende Transpiration den Wettkämpfer zu weicherem Schwung und größerer Geschmeidigkeit verhilft. Theoretisch könnte deshalb angenommen werden, daß diese Bereitschaft zum Schwitzen schon vor Beginn des Wettkampfes durch kurze Schwitzkuren hervorgerufen werden kann. Dies ist jedoch nicht der Fall. Durch diese vorbereitende Schwitzkur ist im Gegenteil das Vermögen zum leichten Weiterschwitzen verlorengegangen. Der Sportsmann muß sich darum weiterhin damit begnügen, daß eine Bereitschaft zum Schwitzen vor dem Start nur durch Wärmeerzeugung der aktiven Muskeltätigkeit erreicht und aufrechterhalten werden kann.

Es sei mir erlaubt, noch eine Ursache zu der vorteilhaften Wirkung der Sauna auf den Organismus unmittelbar nach den Wettkämpfen zu erzählen. Wie bekannt, erreicht man bei nicht übermäßig schwerer Muskelarbeit schnell ein Gleichgewicht zwischen der Milchsäurebildung in den Muskeln und deren Rückoxydierung in Glykogen. Bei schwerer Arbeit und anstrengendem Sport entsteht jedoch mehr Milchsäure als in Glykogen umgewandelt werden kann. Die übermäßig gebildete Milchsäure wird teilweise an das Blut abgegeben. Nach Schluß der Anstrengung verschwindet die Milchsäure in den Muskeln äußerst schnell. Die ins Blut entwichene Milchsäure muß entweder in die Muskeln zurückdiffundieren oder wird durch die Nieren in den Harn oder durch die aktive Tätigkeit der Schweißdrüsen ausgeschieden. Die Milchsäure, die aus dem Blut in die Muskeln zurückgekehrt ist, oxydiert in etwa ein bis eineinhalb Stunden nach der Anstrengung in Glykogen zurück.

Der Teil der Milchsäure, der in das Blut abgegeben wurde, bedeutet eine gewisse Anstrengung des allgemeinen Zustandes. Bei kurzer Dauer des Wettspiels wird der schnellsteigende Milchsäuregehalt des Blutes durch den Harn ausgeschieden. Nach mittelmäßiger Anstrengung und bei warmen Wetter wird die Milchsäure hauptsächlich durch den Schweiß ausgeschieden. Bei denjenigen Sportarten, bei denen die Anstrengung länger dauert oder die bei kaltem Wetter oder im Wasser ausgeübt werden und die so lange dauern, daß das Ausscheiden des Schweißes schon abgenommen hat, verbleibt die Milchsäure längere Zeit im Blut. Wegen des Trainingszustandes ist es jedoch vorteilhaft, daß diese im Blut gebliebene Milchsäure so bald als möglich aus dem Organismus entfernt wird. Zu diesem Zweck ist das durch die Sauna erzeugte reichliche Schwitzen außerordentlich wichtig. Allen ist es auch bekannt, was für ein ungewöhnlich angenehmes, befreiendes Gefühl ein Schwerarbeiter und einer, der eine anstrengende sportliche Leistung ausgeführt hat, erfahren, nachdem sie einige Minuten in der Sauna gesessen haben und reichlich ins Schwitzen gekommen sind.

Aus früheren Experimenten ist uns bekannt, daß die Ausscheidung der im Blut befindlichen Milchsäure etwa 80 Minuten lang nach den Wettkämpfen fortdauert. Dies erklärt die in unseren Saunas gewonnene Erfahrung, daß die Wirkung des Saunaschwitzens am vorteilhaftesten ist, wenn es unmittelbar nach den Wettkämpfen ausgeführt wird.

Es gibt wohl schwerlich einen finnischen Sportsmann, der in seinem Streben nach einem guten Trainingszustand nach einer Übung nicht die Sauna fleißig besucht hätte. Sonst würde es ihm schwerfallen, die Muskeln weich und elastisch zu erhalten und die in ihnen entstandene Milchsäure schnell zum Oxydieren zu bringen. Als besonders wichtig ist auch der Gebrauch der Sauna für unsere Dauerläufer, Skiläufer, Radfahrer und Boxer gehalten worden, bei denen ein Verhärten der Muskeln leicht zu erwarten ist.

Außer dem Einwirken der Sauna auf den physischen Zustand hat sie auch eine große psychische Bedeutung zur Beschwichtigung der Gemütsspannung und als vorzügliche Beruhigung der Nerven. Schon während des Saunabades beruhigt sich das Gemüt, und nach der Sauna ist der Schlaf ruhig und tief. Auch nach schweren seelischen Anstrengungen besuchen wir aus diesem Grunde gern die Sauna.

Eine gewisse Bedeutung besitzt die Sauna als Abmagerungsmittel für Sportsleute. Besonders diejenigen Ringkämpfer, die aus dem einen oder anderen Grunde in einer leichteren Klasse zu ringen wünschen, sind fähig gewesen, während eines Saunabades über 3—4 Kilogramm abzunehmen. Es ist jedoch nicht günstig, sich durch Flüssigkeitsverlust und Ausdörrung in eine niedrigere Gewichtsklasse zu bringen, weil dann als Reaktion ein geschwächter Trainingszustand und früher einsetzende Müdigkeit auftreten.

Über die Bedeutung der Sauna für den finnischen Sport können wir kurzgefaßt sagen, daß man in dem kalten Klima des Nordens ohne die wertvolle Stütze der Sauna sich ihn gar nicht vorstellen kann. Deswegen hat auch die Sauna einen wichtigen Anteil an den Erfolgen unserer Sportleute gehabt.

Schon außerhalb der Grenzen unseres Landes ist folgender finnischer Satz bekannt: „Falls Sauna, Branntwein und Tee nicht helfen, führt die Krankheit zum Tode." In der Schulmedizin vieler Länder war man noch vor einigen Jahrzehnten der Ansicht, daß verschiedene Naturkuren beim Behandeln einer Krankheit von verhältnismäßig geringer Bedeutung sind. In der letzten Zeit, nachdem der Staat und die Ärzte sich der Bedeutung der Volksgesundheit und der Behandlung der großen Volkskrankheiten bewußt wurden, hat man auch gelernt, die Naturheilkunde höher einzuschätzen."

Technik und Badepraxis

Die deutsche Öffentlichkeit wurde zum erstenmal durch die anläßlich der Olympischen Spiele 1936 errichtete Mustersauna im Olympischen Dorf in Berlin auf sie aufmerksam. Sie sollte den finnischen Sportlern die ihnen gewohnten Trainingsbedingungen verschaffen.

Das Wort „Sauna" gilt für das finnisch-ugrische Sprachgebiet (Finnland, Karelien und Estland). Im russischen Sprachgebiet, von Weißrußland bis zum japanischen Meer, wird es durch das Wort „Banja" ersetzt. Ein Unterschied in der Einrichtung und Methode besteht nicht. Wo bauliche Unterschiede vorhanden sind, hängen sie mit den örtlichen Verhältnissen zusammen. Man kann auf Saunas stoßen, die so geschickt in einen Hügel oder einen Felsen eingebaut sind, daß sie kaum als Saunas zu erkennen sind. Man glaubt, man hätte es mit einem Keller zu tun. Nur eine Eigenschaft haben sie alle gemeinsam: die Wandung und das Gebälk sind immer aus Holz. Das Holz hat die Fähigkeit, den Dampf zu adsorbieren; damit hängt die eigenartige Wirkung der Sauna wesentlich zusammen. Die Sauna „reinigt" sich im Prozesse des Badens. Der Holzbau bildet eine Ganzheit; als solche „arbeitet" er und dehnt sich während der Feuerung.

Für die Errichtung der Sauna im Olympischen Dorf in Berlin wurde s. Zt. der finnische Architekt Erik Bryggman berufen, der auch für die finnische Hochschule für Leibesübungen in Vierumäki die gleiche Anlage geschaffen hat. An der Verbesserung von Einzelheiten der baulichen Anlage wird in Finnland ständig gearbeitet, an dem geheiligten Prinzip aber darf nicht gerüttelt werden. Die finnische Sauna-Gesellschaft unter ihrem Präsidenten, Magister Viherjuuri, baute eine Sauna, in deren trockenem Raum durch neuzeitliche Wärmetechnik eine Temperatur von 120° C erzielt werden kann. Wenn man in diesem Raum ein rohes Ei ein paar Minuten in der Hand hält, so wird es gar, wie wenn man es im heißen Wasser gekocht hätte, ohne daß deshalb eine Verbrennung der Haut erfolgt. Dieser Baderaum ist allerdings nur zu Versuchszwecken gebaut und eignet sich nicht für den allgemeinen Gebrauch. Die gewöhnliche Temperatur der badefertigen Sauna beträgt 60—80° C, entspricht also etwa dem türkischen Bade. Das traditionelle Baumaterial der Sauna ist Holz. In jeder Sauna trifft man deshalb auch einen durch den Dampf erzeugten angenehmen Holz- und Harz-Geruch, der für die Badenden nicht ohne Bedeutung ist. Wir haben es hier zweifellos auch gleichzeitig mit einer Osmotherapie zu tun.

Beim Betreten der Sauna auf dem Olympiagelände in Berlin findet man zunächst linker Hand einen Ankleide- und Duschraum. Zur rechten Seite liegt der ziemlich dunkle Baderaum mit übereinandergestaffelten Pritschen an der Längswand, von denen die obere nur etwa 50 cm von der Decke entfernt ist. Der Saunaofen steht direkt neben den Pritschen. Er besteht aus einem etwa vier Millimeter dicken Eisenmantel, in den der Feuerungsherd mit Rost eingebaut ist. Über dem Feuerungsraum ist der sog. „Kiuas", der Teil des Ofens, in dem die Granitsteine, wie sie die Natur Finnlands bietet, aufgeschichtet sind. Es sind Steine, die in den Gletschern und Flüssen in Jahrmillionen abgeschliffen wurden, in der Größe bis zu einem Kopf. Nach dem Volksglauben der Finnen haben diese Steine

eine besondere Kraft in sich aufgespeichert, weil sie Jahrmillionen den atmosphärischen Einflüssen ausgesetzt waren. Wichtig ist die Auswahl und Schichtung der Steine: die größten müssen unten, die kleineren oben sein. Es müssen außerdem so viele Steine aufgestapelt sein, daß das darauf gegossene Wasser verdampft, ehe es zur Feuerstelle gelangt. Da die Steine bis zum Glühen erhitzt werden, sind sie in der Lage, eine ganz erhebliche Menge Wasser schnell zu verdampfen. Dadurch wird es verständlich, daß der Ofen schon 4 bis 6 Stunden vorher geheizt werden muß. Geheizt wird mit Birke oder möglichst harzfreiem Fichtenholz, mit dem der Ofen reichlich versehen wird, um, wie der Finne sagt, die Luft „süß" zu halten. Nachlegen des Holzes ist immer wieder nötig. Sind dann die Steine richtig erglüht, so soll die Sauna noch etwa 3 Stunden geschlossen stehen bleiben. Danach werden die Fenster und die Verschlußschieber der Esse geöffnet und eine kleine Menge Wasser durch die Kiuasluke geschüttet, damit der sich entwickelnde Dampf die Reste an Rauch, die sich in dem Raum gesammelt haben, durch die geöffneten Fenster hinaustreibt und die Sauna so von den Verbrennungsgasen reinigt. Erst dann ist die Sauna zum Gebrauch fertig.

Die ursprüngliche Form des Ofens ist nicht mörtelgebunden, sondern er wurde aus losen naturgeschliffenen Granitfindlingen aufeinandergeschichtet. Innerhalb dieser aufeinandergeschichteten Steine befindet sich die offene Holzfeuerung. Auch dieser Ofen wird mehrere Stunden vor seiner Benützung mit Birkenholz angeheizt, bis die Steine glühen. Kurz vor dem Bad wird der Rest des Feuers herausgenommen. Auf die besondere Zweckmäßigkeit dieser echt finnischen Öfen weist H e i d l e r hin.

Der Ofen bildet den Mittelpunkt der Sauna. Ein jeder Ofen hat — so sonderbar es klingen mag — seinen eigenen Charakter, der sich aus den jeweiligen Baubedingungen ergibt. Dieser Umstand spielt bei der Gesamtwirkung der Sauna mit die entscheidende Rolle.

So gibt es kleine, mit geringen Mitteln erbaute Saunas mit vorzüglicher physiologischer Wirkung, und umgekehrt erweist sich häufig eine teuere Saunaanlage als mißlungen, die ohne Einfühlung in die biologischen Gegebenheiten errichtet wurde. Der bekannte finnische Saunaofen, bei dem die durch ein Holzfeuer erzeugten Rauchgase durch eine Schicht von Steinen geführt werden, hat den Nachteil, daß man vor dem Baden das Feuer ausgehen lassen oder löschen muß, damit nach dem Wasseraufguß nicht zu viel Heizgase in den Baderaum gelangen. Infolgedessen muß die Steinmenge und damit der für ihre Aufnahme vorgesehene Ofenraum sehr groß bemessen werden, damit genügend Wärmespeicherung möglich ist. Außerdem wäre diese Bauweise für deutsche Verhältnisse nur in sehr begrenztem Umfang zu gebrauchen, weil sie die Verwendung von Holz, insbesondere Birkenholz, voraussetzt. Die direkte Verbindung von Feuerung und Baderaum durch die Steinschicht gestattet nur die Benützung gewisser Holzarten, nicht aber die von Kohle und Koks, den typischen deutschen Brennstoffen, welche Schwefel-Stickstoffverbindungen u. dgl. an ihre Rauchgase abgeben, wodurch diese schon in geringen Mengen der Gesundheit unzuträglich werden. Bei Verwendung von Kohle und Koks ist daher nur eine indirekte Erhitzung der Steine möglich, wenn man die wesentlichen Faktoren der Saunawirkung in vollem Maße berücksichtigt.

Bei vollwertigen Öfen leistet 1 qm Heizfläche in einer Stunde:

Ziegelsteinofen	500 kcal
Kachelofen	660 kcal
Eiserner Ofen	3000—4000 kcal.

Daraus geht hervor, daß hinsichtlich der Heizleistung der eiserne dem gemauerten Ofen vorzuziehen ist.

Die Forderungen, die man an einen für deutsche Verhältnisse brauchbaren guten Saunaofen stellen muß, sind:

1. geringer Verbrauch an Brennmaterial,
2. kurze Anheizdauer,
3. kleinste Ausmaße und dadurch Einsparung von Raum und
4. evtl. Ausnützung der erzeugten Wärme auch für die Warmwasserbereitung und gegebenenfalls auch für die Beheizung von Nebenräumen.

Diese Forderungen werden durch die von Dipl.-Ing. Ernst Göttl*) und Alfred Gunkel entwickelten und seit Jahren bewährten Allesbrenner-Saunaöfen weitgehendst erfüllt, und zwar durch:

a) Größe: 60—80 cm im Durchm., ca. 2,20 hoch,
b) Anheizdauer: 1 Stunde,
c) Heizleistung des Normaltyps ca. 12 000 kcal,
d) Brennstoffverbrauch für ein Bad für 10—15 Personen: 8 bis 16 kg Koks, je nach der Größe des Raumes.

Bei Beginn des Bades werden einige angefeuchtete Birkenquasten oder Fichtenreiser auf den Ofenrand gelegt, wodurch der ganze Baderaum mit einem harzigen Duft gefüllt wird. Die Pritschen sind oft mit Stroh belegt, damit man sich bequem ausstrecken kann. Jeder Badende hat einen Bottich heißen Wassers, in dem er seine gut beblätterten Birkenquasten zur nachfolgenden Klopfmassage weicht und geschmeidig macht.

Die Birkenquasten werden Ende Mai, also etwa um Pfingsten herum, geschnitten und fertiggebunden. Um diese Zeit sitzen die

*) Berlin-Wilmersdorf, Weimarische Str. 13.

jungen Blätter am festesten, und sie fallen nachher durch das Erweichen im warmen Wasser kaum ab, auch wenn sie monatelang gelegen haben. Begeistert für die gute Sache und im Vorgeschmack

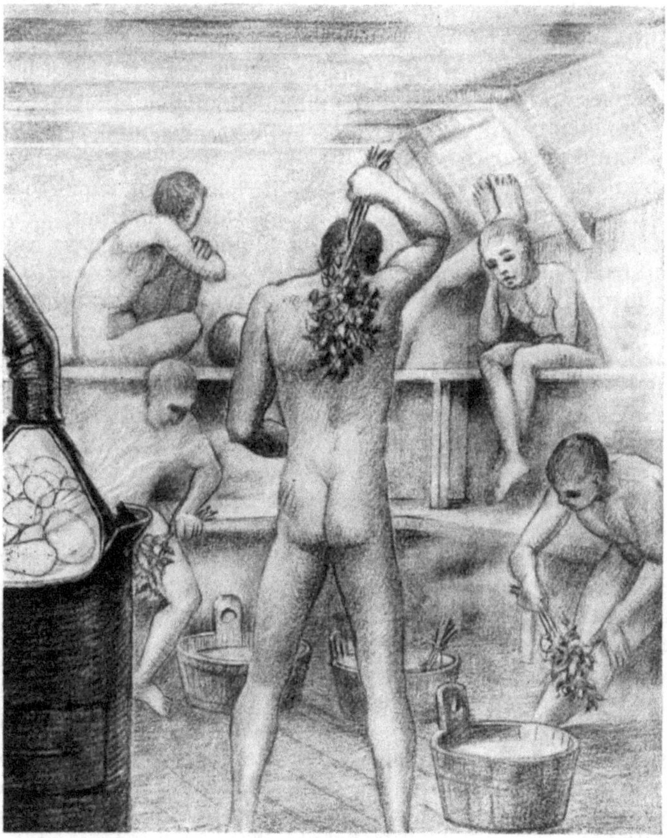

In der Sauna.
(Zeichnung von Hanns Bastanier.)

der winterlichen Saunafreuden hat der Schreiber dieser Zeilen selbst so manches Birkenbündel im Monat Mai „massagegerecht" gemacht, um sich später von seinen Saunagenossen damit himbeerot bearbeiten zu lassen. Allerdings: nicht jede Birkenart liefert die Quasten mit fest ansitzenden Blättern. Die deutsche Birke eignet sich nicht dazu. Selbst in finnischen Wäldern muß man die betreffenden Birkenarten kennen.

B e c k verwendet in seiner Sauna in Villingen anstatt der Birkenreiser, die man im Schwarzwald seltener findet, Tannenreiser (Abies pectinata). Sie stechen nicht, denn ihre Nadeln sitzen im Gegensatz zur Fichte blätterartig. Da sie außerdem im Winter nicht abfallen, lassen sie sich jederzeit frisch schneiden. Dabei spielt der Reichtum der Tannenreiser an Harzen und Vitaminen sicher ebenfalls eine günstige Rolle. So bietet sich also in birkenarmen Gegenden Deutschlands in der Tanne ein gleichwertiger Ersatz.

In Saunas, in denen die Brause fehlt, kann man zum Abduschen auch die Bottiche verwenden, in denen man die Massagequasten weicht. Fehlt in der Sauna das fließende heiße Wasser, so hilft man sich dadurch, daß man am Herd einen Wasserbehälter anbaut, dessen Inhalt durch die Ofenheizung mit warm wird. Man kann aber auch einen der glühenden Steine in einen Bottich mit Wasser werfen, so daß man auf diese Weise heißes Wasser bekommt. Wasser, das so heiß gemacht wird, soll nach finnischer Überlieferung noch ganz besonders kräftigend wirken, weil die Kräfte des Urgesteins sich dem Wasser mitteilen. Ebenso soll das Peitschen des Körpers mit Birkenquasten, die in solchem Wasser geweicht worden sind, kräftigender sein als mit Wasser, das am Herdfeuer erwärmt worden ist. Stehen nur wenig Birkenblätter zur Verfügung, dann weicht man sie in Wasser und schleudert sie von außen an den Ofen, wo sie kleben bleiben und den bekannten angenehmen Geruch verbreiten.

Kurz vor dem Bade soll man weder essen noch trinken. Bei Schwerschwitzenden oder Vasolabilen empfiehlt sich eine Bürstenmassage, um schon vor Betreten des heißtrockenen Raumes die Erweiterung der Kapillaren zu erreichen und sie so vor einem zu heftigen Stoß zu bewahren. Der Finne braucht im allgemeinen solche Vorbereitungen nicht, weil er an den Gebrauch der Sauna gewöhnt ist. Außerdem ist zu empfehlen, vor Betreten des Schwitzraumes aus hygienischen Gründen sich heiß abzuduschen oder auch abzuseifen. Dies gilt besonders in der Großstadt. Kommt der Badende nun in den heißtrockenen Raum, dessen Temperatur etwa 60—80° C beträgt, so setzt oder legt er sich zunächst auf die unterste Pritsche. Unten ist die Temperatur immer etwas niedriger als oben. Erst mit der Gewöhnung an die Temperatur wird der Badende dann von Stufe zu Stufe nach oben gehen. Bald nach Betreten des Baderaumes merkt man, wie die Wärme in den Körper eindringt, ohne daß die Temperatur oder die Trockenheit der Luft (etwa 20 bis 30° relative Feuchtigkeit) unangenehm empfunden wird. Der Badende beginnt, sich wohlig zu recken, seine Glieder lockern sich, und er fängt an leicht

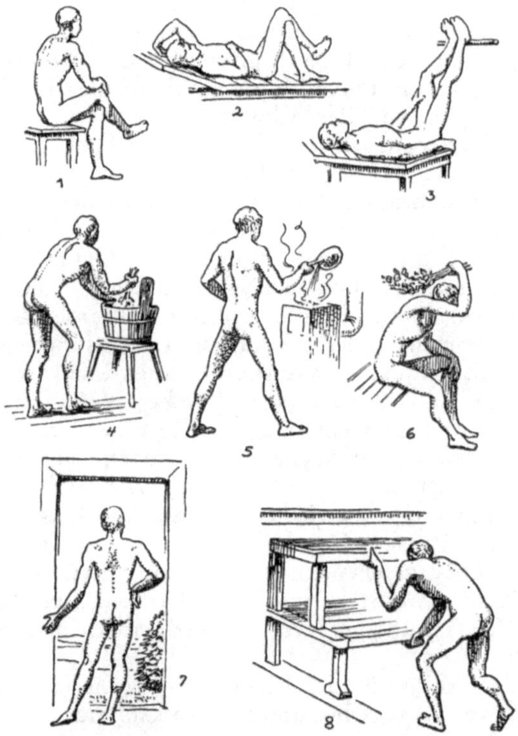

Die verschiedenen Phasen des Saunabades (I)

1. Die Transpiration auf der Pritsche. 2. Das Liegen auf der Pritsche. 3. Die Füße werden gehoben. 4. Der Büschel wird angefeuchtet. 5. Wasser wird auf den Ofen geschüttet. 6. Das Peitschen mit dem Birkenbüschel. 7. Abkühlung im Freien. 8. Die Treppe wird unter die Pritsche geschoben, um Platz für das Waschen zu besitzen.

(Aus: Viherjuuri, Finnische Sauna. 1943.)

zu schwitzen, das Zeichen dafür, daß der Organismus in der Lage ist zu reagieren. Es ist ratsam, möglichst lange die unterste Pritsche zu benutzen, um die Wärme möglichst langsam in den Körper eindringen zu lassen. Je einschleichender dies geschieht, desto weniger strengt es an und um so größer wird die erwünschte Entspannung. Der Vorgang der Wärmeaufspeicherung braucht seine Zeit; infolge der ungehinderten Schweißproduktion werden aber auch hohe Temperaturen leicht und angenehm vertragen. Dabei ist es interessant, daß die Schweißbildung bei einer Temperatur von 60° C am stärksten ist. Bei höheren Temperaturen vermindert sich die Schweißbildung, anstatt, wie man glauben sollte, weiter zuzunehmen.

Die Temperatur des Blutes beginnt sich mit der Dauer des Aufenthaltes im Baderaum erheblich zu erhöhen: die Hyperthermie tritt allmählich ein. Man soll das Schwitzen in der heißtrockenen Sauna nicht zu früh abbrechen. Ist aber die Zeit dafür gekommen, so schleudert man eine Kelle Wasser auf die glühenden Granitsteine. Sofort erfüllt sich der Raum mit heißem Dampf, der einen weiteren starken Schweißausbruch zur Folge hat. Man empfindet die dampfgefüllte Sauna heißer als die trockene. Um dieses Gefühl aber noch zu steigern und es noch stärker zu erleben, besteigt man die höher gelegenen Pritschen. Die Durchblutung der Körperoberfläche hat dann sichtlich zugenommen, und die Hautporen sind so weit geöffnet, daß nunmehr die Birkenquastenmassage beginnen kann.

Der Badende legt sich zu diesem Zwecke auf die unterste Pritsche, und der Bademeister oder ein Badegenosse schlägt mit den im heißen Wasser getauchten Birkenquasten so lange auf den Liegenden, bis eine deutliche Hautreaktion erfolgt. Viele Birkenblätter bleiben dabei auf der Haut kleben, was durchaus erwünscht ist. Der Vorgang kann nach einer Pause wiederholt werden, wobei man durch Aufsuchen einer höher gelegenen Pritsche und Verwendung von noch heißerem Wasser eine Steigerung der Wirkung herbeiführen kann. Doch bleibt dies im allgemeinen nur Liebhabern und Kennern vorbehalten.

Über die Wirkung, die der Birke auch bei dieser perkutanen Anwendung innewohnt, sagt bei uns der Volksmund:

Birkenbaum, ich schüttle dich,
77erlei Gichter quälen mich-
Solange sollen sie in dir sein verbunden,
Bis meine 77erlei Gichter verschwunden!

(Aus dem Besprechungsbuch gegen Krämpfe, worin die Birke als „Lignum nervinum" bezeichnet ist.)

Nach der Birkenquasten-Klopfmassage geht der Badende dann gewöhnlich in den Vorraum, um sich abzukühlen, auch unter Benutzung der Brause. Liegt die Sauna am Wasser, so empfiehlt sich dem Geübten ein Sprung in den See oder den Fluß oder im Winter Wälzen im Schnee, selbstverständlich nur für Sekunden. Man kann auch ein Gefäß mit Schnee bereitstellen, um sich am Schluß des Bades nochmals damit abzureiben. Nach dieser Zwischenabkühlung geht man in den heißen Raum zurück.

Heidler betont, daß die Birkenquastenmassage auf dem Wege über die Head'schen Zonen wirkt. Es kommt hier eine nervliche Fernwirkung zustande, der nicht nur eine zentrifugale, sondern auch eine zentripetale Bedeutung zukommt. Diese Zusammenhänge sind

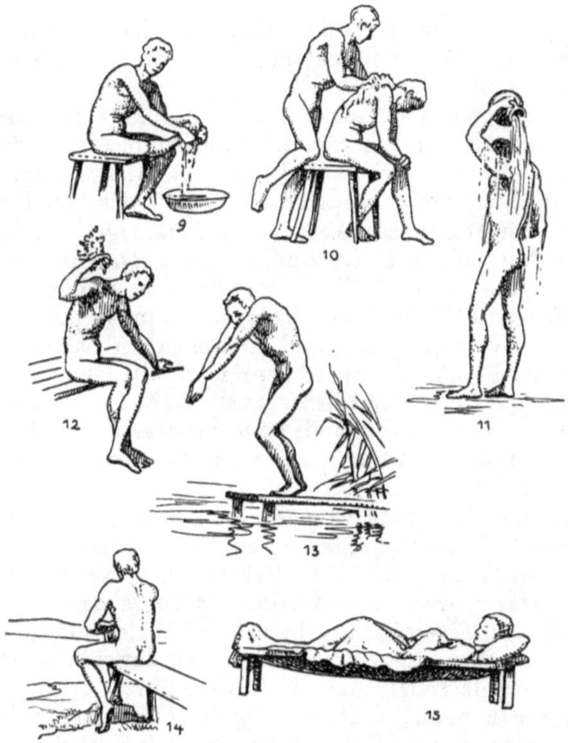

Die verschiedenen Phasen des Saunabades (II)

9. Das Waschen. 10. Der Rücken wird gewaschen. 11. Das Abspülen. 12. Wieder auf der Pritsche. 13. Im See. 14. Abkühlen im Freien. 15. Ruhe.

(Aus: Viherjuuri, Finnische Sauna. 1943.)

zwar noch wenig bekannt, werden aber in der letzten Zeit mehr und mehr erforscht. Die Entdeckung von Head und Mackenzie bildete den Auftakt zum Verständnis des cutivisceralen Wirkungsmechanismus. Auf diesem Wege liegt die Erklärung der Einwirkung auf die Steuerungseinrichtungen des Organismus, die die physiologische Grundlage bilden.

Die Aufenthaltsdauer in der Sauna und der zu erstrebende Wärmegrad hängen davon ab, zu welchem Zweck gebadet wird und in welchem Zustand der Badende sich befindet. Es ist auch zu berücksichtigen, daß bei glühend geheiztem Ofen und bei starker Dampfentwicklung sehr bald ein hoher Grad von Hyperthermie erreicht wird. Auf keinen Fall darf übertrieben werden. Kranke bzw. Erkältete läßt man am besten gar nicht abkühlen, sondern sucht die Hyperthermie nachwirken zu lassen.

Nach Beendigung des Bades folgt auf das kalte Duschen die notwendige Ruhepause, am besten in einer Einpackung, die die gespeicherte Wärme noch weiter anhält. Ist die Anstrengung durch die Liegeruhe abgeklungen, wird der Badende mit der Hand massiert.

Die finnische Massage ist keine „Streichmassage", sondern sie bearbeitet die Muskeln und die Bindegewebszwischenräume tief und ausgiebig bis zum Stöhnen. Eine solche Massage des durch die Sauna aufgeweichten und durchbluteten Körpers kann Wunder wirken. In dieser kunstgerechten Massage sind die finnischen Bademeister, meist aber Badefrauen, wahre Künstler. Eine nach der Sauna richtig durchgeführte Massage macht den Körper so elastisch, daß man aufspringen möchte. Der Kluge wird aber auch nach der Massage noch eine Weile ruhen, um nachher erleichterten Herzens und beschwingten Schrittes den gesegneten Ort zu verlassen.

Die Wirkung der Sauna ist eine Summation von Reizen mit den verschiedensten Angriffspunkten, mit dem thermischen Reiz an der Spitze. Doch auch für diese Reizansammlung gilt das Arndt-Schulz'sche Gesetz, wenn ihre Wirkung nicht in das Gegenteil umschlagen soll. K n e i p p hat als die erfolgreichsten diejenigen Kuren seines genialen Systems bezeichnet, die mit langsam ansteigenden, sich später summierenden Reizen durchgeführt werden. Auch die Reizwirkung der Sauna muß so abgestuft werden, daß sie dem Badenden gut bekommt. Die klinische Reaktion ist dabei das Ausschlaggebende, weil es für diese Reize keine Meßmethode gibt. In den Heil-Saunas wird der Arzt die Einzelheiten bestimmen, in den Volks-Saunas aber muß der Bademeister die Badenden überwachen, wenn es der Badende nicht selbst kann. Treten Erscheinungen wie Zerschlagenheit, Ermüdung, Gereiztheit, gestörte Leistung, Unlust, Schlafstörungen usw. ein, so muß das Baden selbstverständlich abgebrochen und später unter veränderten Bedingungen von neuem versucht werden, genau wie bei den anderen in diesem Buch besprochenen Überwärmungsmethoden. Eine so bewährte Methode wegen eines ersten möglichen Mißerfolges außer acht zu lassen, würde einen Kunstfehler bedeuten.

Die Mittel zur Reizsteigerung sind: die mehr oder weniger starke Erwärmung des Ofens, erhöht durch Lagern auf den oberen Pritschen; die Stärke und Häufigkeit der Wasserdampfentwicklung; die Häufigkeit der Heißwasseranwendungen; die Stärke und die Dauer der Birkenquastenmassage (auch der manuellen Massage); Zusatzanwendungen wie z. B. Kneipp'sche Güsse, die während der Pause oder zum Abschluß ausgeführt werden können. Als Wechsel-Reize wären noch zu erwähnen: die Häufigkeit des Verlassens des Baderaumes; die Abkühlung (Schwimmen, Schnee usw.); die Art der Ruhe nach dem Bade (Einpackung zum Nachschwitzen oder mehr oder weniger schnell herbeigeführte Abkühlung, kühle Brause usw.). Der stärkste Reiz ist und bleibt aber natürlich der hyperthermische, dessen Wirkung in der Hauptsache auf das Wechselspiel zwischen dem Sympathicotonus (während des Badens) und dem Parasympathicotonus (nach dem Bade) zurückgeführt werden kann. Dabei wird der ganze hyperthermische Wirkungsmechanismus, wie ihn Hoff aufzeichnete, in Bewegung gesetzt.

Alle diese Vorgänge in der Sauna lassen sich auch individuell regulieren. Es besteht bei der Sauna weniger Anstrengungsgefahr als bei den Bädern mit gleichbleibendem Heißdampf, weil er hier durch die natürliche Ventilation den Holzbau bald wieder verläßt. Gerade dieser Umstand ist sehr wichtig, und es wird daran verständlich, warum die Finnen für den Bau der Sauna nur Holz verwenden. Darauf ist zweifellos der von außen so einfach scheinende, in Wirklichkeit aber sehr komplizierte Vorgang der seelischen und körperlichen Entspannung mit dem Gefühl des frohen Gehobenseins zurückzuführen.

Karsten schlägt die Verbindung der Sauna mit einem Luftbad vor, um die Abhärtung noch mehr zu fördern. Darüber hinaus will er noch unterschieden wissen zwischen einer „Heilsauna mit ärztlicher Betreuung" und einer „Volks-Sauna", die nur der Krankheitsvorbeugung zu dienen hat. Fey setzt sich warm für die Verbreitung der Sauna ein und verspricht sich viel von ihrer Verbindung mit der Kneippkur.

Anwendungsbereich

Die Sauna bietet dem Schlenzbad gegenüber insofern einen gewissen Vorzug, als sie außer der äußeren Haut auch die Atemwege des Badenden erfaßt, so daß sowohl die trockenheiße als auch die feuchtheiße Luft (Dampf) auf dem Wege über die Schleimhäute eine inhalatorische Wirkung ausüben kann. Jeder Sauna-Benutzer weiß, wie einem das Gefühl überkommt, daß die heiße Luft bis tief in die Lungenalveolen eindringt und die Schleimhäute auflockert, So stellt also die Sauna gleichzeitig auch ein Inhalatorium dar, wobei zwar nicht die solegesättigte Luft, wie in Bad Reichenhall oder Bad Kreuznach, eingeatmet wird, sondern Dämpfe, die von mit geheimnisvollen Kräften angereicherten Granitsteinen ausgehen. Die Auffassung der Finnen über die geheimnisvollen Kräfte des Granit-Urgesteins ist dichterisch dargestellt in dem vom Olympiakomitee 1936 preisgekrönten Roman von Karhumäki „Yrhjö der Läufer". Diese Strahlung, in Finnland „Loyly" („süß") genannt, läßt man dort mit weihevollem Gefühl in den Körper eingehen.

Im übrigen darf angenommen werden, daß die Wirkungsweise der Überwärmungsbäder, wie wir sie an anderer Stelle schon dargestellt haben, im großen und ganzen auch für die Sauna zutrifft. Außer Zweifel aber steht, daß wir es hier mit einer eigenartigen Hyperthermiemethode zu tun haben. Als ein Beweis dafür gilt auch die Temperaturerhöhung des Körpers. An mir selbst habe ich durch die Einwirkung der Sauna Temperaturen bis zu 38° C im Munde gemessen. K a r s t e n , der ebenfalls zu verschiedenen Zeiten Temperaturmessungen angestellt hat, konnte ein immer gleichbleibendes Ergebnis feststellen: eine Viertelstunde nach Beginn des Bades bis eine halbe Stunde nach Beendigung betrug die Körpertemperatur 40 bis 41° C. Auch K a r s t e n ist der Ansicht, daß durch die Benutzung der Sauna keine Erkältungen eintreten. Dies ist um so verständlicher, wenn man bedenkt, daß jede Hyperthermie eine Acidose hervorruft, über die man allgemein der Ansicht ist, daß sie die Abwehrkraft stärkt.

Die Säuerung der Gewebe spielt bei der Sauna ebenfalls eine Rolle. Obwohl das finnische und das russische Volk davon keine Kunde hatten, haben sie doch instinktmäßig seit undenklichen Zeiten mit der Saunabenutzung auch eine Säuerung der Gewebe verbunden. Neuerdings hat S a l l e r auch diesen Faktor hervorgehoben, wobei er ein Begebnis schildert, das wir auch hier wiedergeben wollen:

> „Am nächsten Tage heizte man vom frühen Morgen an das Badehaus. Der Vater ging dorthin mit einer Fünfliterflasche saurem Preißelbeersaft und 2 Ruten aus Birkenzweigen. Chrapon zog Lederfäustlinge an und „dampfte" Iwan Michailowitsch bis zur Erschöpfung. Während er ihn mit einer Rute schlug, lag die andere im siedenden Wasser. Iwan Michailowitsch bot seine Seiten den heißen Ruten dar und brüllte dabei wie ein Stier. Während Chrapon die Ruten wechselte, trank er Preißelbeersaft. Er verließ das Badehaus rot und aufgedunsen, mit schläfrigen Augen und lächelte: „Die ganze Erkältung habe ich mir ausgetrieben."

S a l l e r meint, es handle sich hier offenbar um eine Aufpeitschung der natürlichen Abwehrkräfte im Körper. Der Zusammenhang zwischen Hyperthermie, mechanischem Reiz und säuernden Vorgängen ist in diesem Falle ganz klar. Die Zufuhr des vitaminangereicherten und säuernden Preißelbeersaftes (Ascorbinsäure u. a.) stellt hier zweifellos eine wertvolle Unterstützung der Sauna dar.

Auch der Birke wird eine Wirkung in diesem Sinne von jeher zugesprochen. Die hl. H i l d e g a r d berichtete schon darüber. O s i a n d e r und H u f e l a n d haben sie verordnet. Auf die diuretische

Wirkung der Birkenblätter, die im wesentlichen auf deren Gehalt an Saponinen beruht, wurde in der wissenschaftlichen Literatur zuerst von Winternitz hingewiesen, der vor allem das Fehlen jeglicher schädigender Nebenwirkungen und Reizerscheinungen am Nierenparenchym betonte. Als Mittel zur kräftigen Schweißerzeugung bei *Rheumatismus* machte Hugo Schulz (Greifswald) auf Ganzpackungen mit frischen trockenen Blättern der Birke aufmerksam. Derartige Packungen können auch am Schluß des Saunabades, nachdem die Körpertemperatur etwas abgesunken ist, angelegentlich empfohlen werden, wenn die perkutane Wirkung der Birkenquasten als nicht ausreichend erscheint. Nicht das Schlagen des Körpers mit den Birkenquasten allein erzeugt die Wirkung, sondern auch wiederholte Waschungen des Körpers mit dem heißen Wasser, in dem die Birkenquasten längere Zeit gelegen und an das sie ihre Wirkstoffe abgegeben haben. Die Anzeigen für die Verwendung der Birke sind: *harnsaure Diathese, Nierenleiden, Wassersucht, Gicht, Rheumatismus, chronischer Blasenkatarrh, Gelenkschwellungen, Gefäßkrämpfe.*

Als eine der wichtigsten Saunawirkungen ist der Einfluß auf den seelischen Zustand des Menschen anzusprechen. Schweninger, der berühmte Leibarzt Bismarcks, pflegte zu sagen, daß die höchste ärztliche Kunst wirkungslos bleiben muß, wenn der Gesundheitswille und der Organismus des Patienten versagen. Der Wille versagt aber nicht so oft — das können wir mit Recht betonen —, wenn er durch den dauernden Gebrauch der Sauna steuerfähig gemacht wird.

Hoske schildert die Wirkung der Sauna wie folgt:

> Durch die Gefäßerweiterung in der Haut bekommen wir eine starke Durchblutung dieses wichtigen Organs und damit auch eine günstige Wirkung auf das Nervensystem im Sinne einer Entspannung. Diese Tatsache ist von außerordentlicher Bedeutung. Abgesehen von der ganz mangelhaften Leistungsfähigkeit der Haut als Schutzorgan gegenüber Temperatur- und Wetterschwankungen sowie als Mitkämpfer gegen Infektionen und Träger vieler anderer Aufgaben (Vitamin- und Hormonbildung), ist die Rückwirkung auf das seelische Verhalten beim heutigen Menschen nicht hoch genug einzuschätzen. Der den natürlichen Reizen entfremdete Zivilisationsmensch leidet nicht nur an körperlichen Auswirkungen, sondern mehr wohl unter den geistig-seelischen Dauerspannungen. Diese widersprechen jedem Eigenrhythmus in der Natur und stellen nicht nur einen unerhörten Energieverbrauch durch die ständige Arbeitsleistung dar, sondern hemmen auch den Funktionsablauf. Der aufmerksame Beobachter wird bei vielen Menschen als Folge der ständigen Spannungsbeanspruchung in Zusammenwirkung mit den Fehlern und Schäden des modernen Lebens und dem starken Lebensrisiko nicht nur eine mangelhafte Erholung, sondern auch die Zerstörung des eigenen Lebensrhythmus und eine unvollkommene Lebensleistung feststellen. Im besondern gilt dies für den Bereich jeder schöpferischen Leistung. Diese Entspannung setzt schon während des Bades ein und

im allgemeinen wird dem in der Sauna schon durch Ruhe Rechnung getragen: lange Unterhaltungen wären völlig widersinnig und sollen vermieden werden.

Im allgemeinen werden die Saunabäder sehr gut vertragen. So bestätigt Karsten, daß er nie Beklemmungsschocks oder Ausfallerscheinungen gesehen habe. Nach seiner Ansicht haben wir in unserer Therapie kein so energisch und schnellwirkendes Mittel, das die ganze Haut als wichtigstes und von außen allein zu beeinflussendes Stoffwechselorgan so anregt wie die Sauna. Sie erzeugt Heilhyperthermie, sorgt für Durchblutung und schafft dadurch die günstigen Bedingungen für die Ableitung und Entgiftung. Karsten beobachtete, daß durch die Sauna die Haut zur schnelleren Reaktionsbereitschaft gewöhnt und sie auch für Kneippsche Güsse, Packungen und andere Anwendungen des Naturheilverfahrens empfänglicher gemacht wird. Die gleichen Erfahrungen bestätigt auch Beck (Villingen). In geeigneten Fällen, besonders wenn das Drüsensystem beeinflußt werden sollte, pflegte Karsten vor der Sauna zu rödern. Seine weitbekannte Sauna in Bad Kripp a. Rh. ist zugleich auch eine der gesuchtesten Ausbi'dungsstätten für junge und alte Saunisten.

Die *vorbeugende Wirkung* der Sauna muß zweifellos an die Spitze der Indikationen gestellt werden. Besonders groß ist ihr Einfluß auf die *Anfälligkeit für Erkältungen aller Art.* Dies gilt besonders für den leicht anfälligen Großstadtmenschen und die Bewohner der Industriegebiete, deren Lebensweise durch die Sauna einen vorzüglichen Ausgleich erfährt.

Will man die eingangs zitierten Worte Lahmanns in die Tat umsetzen, so gibt es hierfür keine geeignetere Methode als die Sauna. Wohl kann man und soll auch zu Hause heiß baden und schwitzen, mit der Wirkung der Sauna läßt sich dies aber nicht vergleichen. Es ist seltsam, daß man nicht nur in Laienkreisen, sondern vielfach auch unter den Ärzten der Ansicht begegnet, daß man sich nach dem heißen Bad leicht „erkälten" kann. Demgegenüber muß immer wieder betont werden, daß das Gegenteil der Fall ist. Eine bereits vorhandene Infektion wie *Grippe* oder *Bronchitis* bildet keine Gegenindikation. Immer wieder bin ich in meiner Praxis gezwungen, in diesem Sinne die Patienten aufzuklären, weil sie aus Angst vor „Erkältung" die ihnen gegen Katarrh oder Grippe verordneten wärmespeichernden Bäder, gleich welcher Art, hinausschieben oder ablehnen wollen mit der Begründung, daß sonst der Katarrh noch ärger herauskomme.

Gerade die *Massenprophylaxe,* ein sehr wichtiger Faktor der öffentlichen Gesundheitspflege, bildet meines Erachtens die wichtigste Anzeige für die Sauna. Dieser Hinweis gilt besonders für die Betriebsleitungen, Betriebsärzte und die Gewerkschaften. Es sollte im Interesse der Gesunderhaltung und der Leistungssteigerung in jedem größeren Betrieb eine Sauna erstellt werden. Ich kenne zwei weltbekannte chemische Werke in Westdeutschland; das eine hatte ein Dampfbad eingerichtet, das gut besucht wurde, das andere hatte im Erdgeschoß des Hauptgebäudes prächtig ausgestattete Einzelbäder, von denen kaum jemand Gebrauch machte. Die heutige Zeit muß andere Auffassungen von der Hygiene der Arbeit haben und sie auch in die Tat umsetzen. Das ist allerdings nur möglich, wenn die Krankenkassen den Gedanken aufgreifen und die Sauna bewilligen werden. Jede größere Arbeitsgemeinschaft (Betriebe, Behörde, Bergwerke usw.) müßte die Errichtung von Saunas als ihre vornehmste Aufgabe betrachten.

Der Norden besitzt nicht die wunderbaren heißen Quellen Mittel- und Südeuropas, und kalt umgibt uns ein rauhes Klima. In der Sauna erwärmen und lockern sowohl der Landmann wie Städter und Sportsmann seine durch die Kälte und Nässe steif gewordenen Glieder.

In uralten Zeiten sind die Finnen bei der Rückkehr von ihren anstrengenden Jagdfahrten auf Hirsch, Luchs und Bär unmittelbar in die heiß-trockene Sauna gegangen, um die steifen Glieder geschmeidig und die harten Muskeln wieder weich zu machen. Heute ist es anders. Die Glieder werden steif und müde infolge der verlängerten Arbeitszeit, der mannigfachen anderen Bürden unseres täglichen Lebens.

Hier bietet die Sauna Entspannung und den Gewinn neuer Spannkraft. So hat die allgemeine Wirkung der Sauna im Sinne einer Elastizitätssteigerung ihr nicht mit Unrecht den Namen eines „Stahlbades“ für die Sportler eingetragen.

Aus den obigen Schilderungen wird ersichtlich, daß das Saunabad für die Hygiene, Gesundheit und Abhärtung des deutschen Volkes denselben unschätzbaren Dienst leisten kann, wie es beim finnischen und russischen Volk bislang der Fall ist. Die Sauna bildet einen einzigartigen volkstümlichen und sich leicht verbreitenden Badetypus, zumal in den letzten 10 Jahren das Notwendige bereits geschehen ist, um ihr eine den deutschen Verhältnissen angepaßte Form zu geben. Die Sauna bildet ein naheliegendes Mittel der Wärmekultur, dasjenige, das am ersten von uns ergriffen werden sollte.

Auch von medizinischer Seite wird die Sauna oft als ein Mittel gegen *Fettsucht* angeraten (H o s k e). Die finnischen Forscher, vor allem B r o f e l d t, haben nachgewiesen, daß die erwünschte Steigerung des Stoffwechsels (durchschnittlich 25 %) nur etwa eine Stunde anhält. Es handelt sich somit nicht um die erwünschte Entfettungskur, sondern lediglich um eine *vorübergehende* Flüssigkeitsausschwemmung, die allerdings eine Regulierung der Körpersäfte nach sich zieht. Diese regulierende Wirkung muß als sehr wichtig betrachtet werden. Hier sind die hormonalen Störungen zu erwähnen, weil bei ihnen die Sauna nicht nur einen einseitigen Reizstoß ausübt, sondern auch die Regulierung des gesamten vegetativen Systems bewirkt. Hoske hat auch bei leichten Fällen von *Baesdow* Gutes gesehen, was wohl gleichfalls als Folge der Allgemeinregulierung anzusehen ist. Jeder Fall muß aber natürlich sorgfältig geprüft werden.

Die *ovariellen* Störungen weisen nach Hoske gute Behandlungsergebnisse auf; dies gilt sowohl für Über- als auch für Unterfunktionen. Auch die *Dysmenorrhöe* und die mit ihr verbundenen Depressionen werden mit der Sauna günstig beeinflußt. Auch für die *Nachbehandlung gynäkologischer Operationen* eignet sich die Sauna. Über ihre Nützlichkeit während der Schwangerschaft und der Stillzeit sagt uns die Volkserfahrung nur Gutes, während ihre Nützlichkeit bei der *Geburt* schon erwähnt wurde.

Im Rahmen des wachsenden Zuspruchs hat die Sauna erfreulicherweise auch Aufnahme in den Universitätskliniken gefunden. Meines Wissens war es die Universitätsfrauenklinik Würzburg, die als erste über ihre Erfahrungen berichtete, ja sogar dieselben zum Inhalt der Inauguraldissertationen machte, (Brandes, Würzburg 44). Prof. Gauß, Vorstand der Klinik, berichtet, daß er ohne die Badeabteilung sich seine Klinik überhaupt nicht mehr denken kann.

In der dazugehörigen Sauna wurden erfolgreiche Behandlungen bei folgenden Indikationen durchgeführt: *Hormonale Störungen der Menstruation, Sterilität, chronische Entzündungsprozesse der Adnexa, Schwangerschaftstoxicosen und allgemeine Störungen.* Im Jahre 1943 haben bei 104 Badetagen 1511 Personen die Sauna der Universitätsklinik benutzt, darunter auch die gesunden Insassen, und zwar Ärzte, Ärztinnen, Schwestern, Hebammen, Hebammenschülerinnen, medizinisch-technische Assistenten, Schreibkräfte, ja sogar die sonst so prüden Ordensschwestern.

Eine Reihe von *hydropischen* und *nephropathischen Schwangeren* ist lediglich mit der Sauna behandelt worden. Die *ödemerkrankten Schwangeren* zeigten durchweg eine schnelle und nachhaltige Entwässerung und eine Herabsetzung des Blutdrucks. Die gesunden Schwangeren zeigten eine sehr geringe Fruchtwassermenge. Hier wurde mit der Sauna das erreicht, was man seit geraumer Zeit mit einer in den letzten vier Wochen vor der Geburt durchgeführten Durstvorschrift anstrebte: eine durch Verminderung des Fruchtwassers und Entwässerung des Kindes erleichterte Geburt. Der Saunagebrauch erzielte auch die Herabsetzung der Sterblichkeit des Wochenbettes. Unter den für die Prüfung dieser Frage in Betracht kommenden 43 Frauen, die mindestens 4 Saunabäder in den letzten Wochen vor der Geburt genommen haben — die Zahl der Schwangeren, die weniger Bäder genommen hatten, ist natürlich wesentlich größer —, wurde nur zweimal (4,7 %) Fieber im Wochenbett beobachtet. Da für die Jahre 1930/39 an der Würzburger Universitätsklinik ein Durchschnitt von 9,93 % errechnet ist, so stehen die Saunafrauen um 5,2 % besser da.

In der großen Mehrzahl der gynäkologischen Krankheiten wurde neben der Sauna auch andere Therapie angewandt. Infolgedessen läßt sich nicht sagen, was der einen und was der anderen Methode anzurechnen ist. Doch ist die Sauna mehr als eine Substitutionstherapie, weil sie uns eine Einwirkung auf die Steuerungseinrichtungen des Organismus ermöglicht. Beachtet man zugleich auch die Rückwirkung auf das seelische Verhalten, so ist es durchaus verständlich, daß auch hier der Funktionskreis der Steuerung praktisch wirksam wird. So schließt auch Gauß seine Betrachtungen mit dem Hinweis auf die Heilkraft der Sauna, die imstande ist, die gestörte Harmonie des menschlichen Körpers wiederherzustellen.

Die direkte Behandlung der größten deutschen Volksseuche, des *rheumatischen Formenkreises*, bildet neben der schon erwähnten Vorbeugung das größte Anzeigengebiet für das Saunabad. Hauptsächlich eignen sich hierzu *chronische und vernarbte Formen des Rheumatismus*, in denen der akute Zustand bereits überwunden ist. Thieß, der die Saunawirkung auch an Ort und Stelle beobachtet hat, äußert sich über die Anzeigen ziemlich kurz: *„Erkältung, Rheuma, Ischias, Grippe, Lungenentzündung."*

Bei *Herz- und Kreislauferkrankungen* ist auch meistens eine gute Wirkung der Sauna zu erwarten, besonders wenn die Schädigungen mehr peripherer Natur sind, wie es gewöhnlich der Fall ist. Durch die osmotische Beeinflussung und die durch die Sauna zu erzielende Ionenverschiebung gelingt oft eine erhebliche Besserung. Das Saunabad wirkt hier ähnlich wie die ansteigenden Teilbäder nach Hauffe, die den Gedanken Schweningers über die Wärmebehandlung entspringen. Ganz besonders gut sprechen die *nervösen Herzkreislaufstörungen und Gefäßkrämpfe bei Angina pectoris vasomotorica* an. Eine wichtige Rolle spielen dabei die Entspannung und die frohe Stimmung, in die die Patienten durch das gut verabreichte Saunabad kommen (Hoske).

Ebenso günstig ist der Einfluß der Sauna bei *vegetativen Neurosen*, besonders bei *Ulcera des Magen- und Darmkanals*, dieser „Männer-Krankheit" von heute, wie man sich ausdrücken möchte. Die klinische Besserung ist augenscheinlich. Blutende Geschwüre dagegen gehören nicht in die Sauna.

Ferner erwähnt H o s k e die *chronischen Ermüdungszustände* (Sport-„Übertraining“), die durch die Spasmen in den Gefäßen und Geweben eine Unzahl von Beschwerden verursachen. Auch solche Patienten fühlen sich durch die Wirkung der Sauna gehoben, beweglich und fangen an, gut zu schlafen. Nie darf die Sauna Anstrengung hervorrufen, sondern sie muß ein wohliges Gefühl auslösen und Entspannung bringen.

Abmagerung aus den verschiedensten Gründen (nach Krankheiten, Operationen, Überarbeitung, seelischen Depressionen usw.) bildet keine Gegenanzeige für die Sauna. Im Gegenteil, auch hier ist ihr tiefgreifender, regulierender Einfluß am Platze.

Hinsichtlich der *Tuberkulose* der inneren Organe gilt im allgemeinen auch bei der Sauna alles das, was bei der Besprechung der Überwärmungsbäder gesagt wurde. Selbstverständlich eignet sich die Sauna als ein vortreffliches Instrument der Wärmetherapie auch für die Behandlung dieser Krankheit. Auch hier ist zwischen der Vorbeugung einerseits und der ärztlich geleiteten Spezialbehandlung andererseits zu unterscheiden.

Als *Mittel der öffentlichen Prophylaxe gegen die Tuberkulose* kann die Sauna nicht warm genug empfohlen werden. Was aber die Behandlung des einzelnen Kranken anlangt, so hängt sie von einer genauen ärztlichen Indikationsstellung ab. Diese wird vor allem die Konstitution des Patienten, die Reaktionslage, Verlaufsform und Stadium der Tbc. zu berücksichtigen haben. Auch die innere Einstellung des Patienten zu der Wärmetherapie spielt eine gewichtige Rolle. Ich habe noch keinen Patienten mit *lymphatischer Tuberkulotoxicose* gesehen, der nicht nach der Sauna verlangte, wenn er sie schon einmal kannte, und bei dieser Form der Tuberkulose ist ja die Sauna auch geradezu angezeigt. Bei der *chirurgischen Tuberkulose* sind die Aussichten günstig (H o s k e).

Fälle von *Osteomyelitis*, Abstoßung von *Sequestern*, schlecht heilenden *Wunden* wurden deutlich beeinflußt. Es ist durchaus verständlich, daß durch die Hyperthermie der Schutzwall gegen Entzündungen verstärkt und damit der Verbreitung der schädlichen „Wundhormone“ Einhalt geboten wird. Diese günstige allgemeine Wirkung macht sich auch bei mangelhafter *Callusbildung* bemerkbar, wie H o s k e immer wieder beobachten konnte.

Für die *Nachbehandlung von Verletzten* ist die Sauna demnach unentbehrlich, besonders bei solchen Fällen, wo auch Haut- und Stoffwechselleistung darniederliegen. Hier wirkt die Sauna besser als die örtlichen Maßnahmen, was oft von ausschlaggebender Bedeutung für eine schnelle Leistungswiederherstellung ist.

Zum Einflußgebiet der Sauna zählen auch *kindliche bzw. jugendliche Entwicklungsschwächen*. Der Erfolg wird sich natürlich nur bei Behandlung auf weite Sicht einstellen, wie dies im allgemeinen bei Bäderbehandlung der Fall ist. Man besucht ja nicht die Sauna ein paarmal, um ein enttäuschtes Gesicht zu machen.

Was die *Gegenindikationen* anbelangt, so kann zusammenfassend gesagt werden, daß *Hypertoniker*, *Herzkranke* mit Gefahr der *Dekompensation* und auch *vasomotorisch Labile* von der Sauna Abstand nehmen sollen.

Jedem an die Sauna nicht Gewohnten, besonders aber ausgesprochen Kranken, ist vor Benutzung der Sauna ärztliche Beratung anzuraten. Über die Gegenindikationen äußert sich Brofeldt im speziellen:

„Die Sauna ist nicht geeignet für Menschen, die an hohem oder leicht schwankendem Blutdruck leiden. Sie bekommen leicht eine Steigerung des Blutdruckes in der Sauna sowie Schwindel und Kopfschmerzen. Um die Sauna genießen zu können, müssen sie eine trockene Sauna besuchen, in der die Feuchtigkeitswerte nicht geändert werden.

Es gibt auch eine Gruppe neurastenischer Menschen, die ein labiles, sympatisches Nervensystem haben. So z. B. vertragen solche, die leicht gereizt sind, die Neigung zu Kopfschmerzen und Migräne haben und an Schlaflosigkeit leiden, nicht die Sauna, wo ihre Krankheitssymptome sich verschlimmern.

Zuletzt gibt es Menschen, die ohne sichtbaren Grund die Sauna nicht vertragen, sich unwohl fühlen und unruhig werden. Dies sind vielleicht vasolabile Menschen. Sie können sich zuletzt an die Sauna auch gewöhnen. Unter Finnen, die schon seit ihrer Kindheit an die wechselnde Hitze der Sauna gewöhnt sind, ist diese Gruppe selten.

Wenn von der Sauna die Rede ist, wird oft gefragt, ob ein Herzleidender die Sauna besuchen darf. Diejenigen Herzleidenden, bei denen der Herzfehler kompensiert ist, können die durch die Sauna verursachte Mehranstrengung ebensogut vertragen wie ihre übrigen Mehranstrengungen. Schwer ist es zu entscheiden, wie einer, der an Herzinsuffizienz leidet, den heißen Dampf der Sauna verträgt. In dieser Hinsicht sind keine eingehenden Untersuchungen mehr angestellt worden, aber wenn im allgemeinen der Patient fähig ist, in die Sauna selbst zu gehen, kann er auch ein leichtes Saunabad vertragen. Das Schwitzen, sobald es keine größere Herzbelastung hervorruft, trägt ja auch dazu bei, das bei dem Herzleiden vorkommende Ödem zu verringern. An Coronarinsuffizienz und an Angina pectoris Leidende sollen jedoch Vorsicht hinsichtlich der plötzlichen Abkühlung nach der Sauna beobachten.

Obgleich wir gesehen haben, daß derjenige, der mit eigener Kraft in die Sauna kommt, die Sauna auch verträgt, müssen wir noch erwägen, in welchem Maße diese Menschen nach der Sauna eine kalte plötzliche Abspülung vertragen oder zum Abkühlen der Haut ins Wasser gehen dürfen. Vorsicht ist mehr am Platze hinsichtlich der Abkühlung als des Saunabades, denn eine plötzliche Kontraktion der Hautblutgefäße kann die Herzbelastung schwer vergrößern und einen schweren Schock verursachen. Aus diesem Grunde sollen schwächere alte und herzleidende Menschen diese plötzliche schroffe Abkühlung vermeiden."

Ob und wann die Sauna ärztlicherseits angezeigt ist, entscheidet die Einsicht des Arztes und die Schärfe seines Blickes. Er braucht dazu keine Röntgenbilder und keine komplizierte Laboratoriumsuntersuchung. Die Finnen staunen schon darüber, daß über ihr großes Geschenk an West-Europa — die Sauna — soviel Untersuchungen angestellt werden! Es wird in unseren Tagen überhaupt zuviel *„unter-sucht"* und leider zu wenig *„be-handelt"*.

„Das ständige und unnötige Bestehen vieler Ärzte auf der Diagnose durch die ‚Apparate' macht die heutige Medizin viel zu kostspielig und treibt die Heilkunde ins kollektivistische Fahrwasser, was leider auch von den viel zu viel theoretisierenden und mehr wissenschaftlich als praktisch denkenden Universitäten nicht erkannt wird" — sagt B. Aschner.

Die Bücher von Ellis Barker, Are Waerland und Erwin Liek geben genug erschütternde Beispiele davon, wieviel Kummer sowohl den klarsehenden Ärzten als auch den leidenden Kranken aus dieser unseligen Entwicklung entsteht. Der Staatssäckel wird unproduktiv und schwer belastet und die Kassen werden ruiniert durch die wachsende Zahl der chronisch Kranken. Verhüten ist unendlich wichtiger als Heilen. Vor allem anderen müssen die Völker ethisch-biologisch erzogen werden. Das einfachste und greifbarste Mittel dazu ist die Sauna und die Ernährung nach Waerland als der von der Natur gewiesene Weg. Deshalb ist jedem biologisch Denkenden der Ausspruch von Sir Arthur Keith verständlich: „Nur die Natur kann die Maschinen reparieren, welche die Natur geschaffen hat!"

Die zielbewußte „Kollektivisierung" muß bei der öffentlichen Krankheitsvorbeugung anfangen und nicht bei der umständlichen „Untersucherei", hinter welcher sich so oft die therapeutische Impotenz verbirgt. Erschütternd ist das so oft zu beobachtende Bild des Kranken, der, erst hoffnungserfüllt über die „so gründliche Untersuchung", später von Arzt zu Arzt pilgert und ihm verzweifelt die vielen nutzlosen Belege zeigt. Die alten hippokratischen Ärzte wußten andere, bessere Untersuchungs- und Heilmethoden. Darin spielte die Ausleitung der schädlichen Stoffe durch die Sauna eine große Rolle. Not tut uns also die *„Kollektivisierung"* der Sauna auf breitester Grundlage. Dieses würde den ersten Schritt zu den Maßnahmen bedeuten, die die Menschheit auf die ethisch-biologische Entwicklungsstufe bringen sollen, die imstande ist, ein menschenwürdiges Dasein zu verbürgen.

Schlußbetrachtung

Bei demjenigen, der regelmäßig Wärmekultur treibt, wird allmählich im zunehmendem Maße eine biologische Einstellung gegenüber den Gegebenheiten des Lebens entstehen. Er wird einen feinen Sinn gewinnen, der es ihm auch ermöglicht, zwischen Gesundsein und Kranksein zu unterscheiden.

Wird er einmal der Krankheit entgegengestellt, so wird sich ihm dann der Weg zur Gesundheit leichter aufschließen als denjenigen, die zuerst Gewaltkuren machen und nachher verzagen oder die zuerst nichts tun, um nachher, wenn es zu spät ist, die Umwelt zu beschuldigen. Diese alle müssen an den Ausspruch von Louis Kuhne erinnert werden: „Jede Krankheit kann geheilt werden, nicht dagegen jeder Kranke!"

Das Leben besteht aus Pflichterfüllung dem Diesseits gegenüber und aus der Vorbereitung für das Jenseits. Beides verlangt „Reinhaltung" sowohl des Stofflichen wie des Seelischen. Die Wenigsten begreifen dieses eherne Gesetz. Die Meisten verlangen Glück und Gesundheit ohne bewußte Vorsorge für die reibungslose Funktion der seelisch-körperlichen Ganzheit. Macht man solche Menschen darauf aufmerksam, daß sie verpflichtet sind, vom Körper nicht nur dauernd zu verlangen, sondern ihm das Notwendige auch zu geben, dann behaupten sie, nicht lange leben zu wollen. Als ob das von ihnen abhinge! In Wirklichkeit fallen sie früher oder später doch der Umgebung zur Last, indem sie in ständiger Todesfurcht als Halbleichen elend hinsiechen. Solchen Menschen muß von seiten der Ärzte unumwunden erklärt werden, daß nur eine vernünftige Gesundheitspflege, zu der sie moralisch verpflichtet sind, imstande ist, das Leben wirklich lebenswert zu halten und es zu verlängern, worauf schon der Seelsorger Kneipp in seinem „So sollt ihr leben" hingewiesen hat.

Das höchste Ziel der Heilkunde ist, den Menschen bis zum Eintritt des physiologischen Todes, d. h. bis zum natürlichen Erlöschen der Lebensfunktionen, gesund zu erhalten. Das Naturgewollte und Verbundene erweckt in uns die Sehnsucht nach solchem Eingehen ins All oft schon vorher und bringt auch ein Gefühl der friedlichen

Wonne im Todesmoment selbst, wie das so überzeugend von Metschnikov in seinen „Etuden des Optimismus" geschildert wurde. Die Abstellung der Schäden der Pseudozivilisation ist hierfür erforderlich.

Die biologische Handhabe für dieses weite Ziel ist die Wärmekultur. Über den biologischen Weg geht dann noch der metabiologische, doch wird er von wenigen verstanden, ebenso wie das Weistum: nur gesund werden ist nichts, wachsen am Leid ist alles. Eine sich dahin entwickelnde Menschheit würde auch nicht länger Sklave der Technik bleiben, sondern Herr derselben werden.

Die Allbejahung des Lebens geschieht immer im Zeichen der Nietzsche'schen Lobpreisung der Gefahr. Der Durchschnittsmensch flieht sie, wenn sie ihm begegnet. Der Hervorragende aber geht seinen Schicksalsweg mit „Amor fati", d. h. „Liebe zum Unabwendbaren". So zeigen uns auch die Sauna-Gesänge der Kalevala, des finnischen Nationalepos, den Weg der Selbstbehauptung und des Schicksaltragens.

Gerade in unserer Zeit ist die Gewißheit kostbar, daß ein Mensch, der sich zeitlebens immer wieder gereinigt hat, einen leichteren Tod als ein Verschlackter stirbt. Der Tod ist weder unangenehm noch schmerzlich, wenn er als unabänderliches physiologisches Geschehen eintritt. Deshalb stirbt der alte finnische Bauer ohne Furcht und Krampf und erleichterten Herzens in seiner Sauna, die ihm geholfen hat, seinen Körper zeitlebens „rein" zu halten.

Tolstoi pflegte in seinen Gesprächen über Leben und Tod auf den Wahlspruch hinzuweisen, der an der Badewanne eines chinesischen Kaisers angebracht war: „Erneuere Dich jeden Tag, jede Stunde, immer wieder von Anfang an!" Diese Erneuerung schenkt eine der schönsten menschlichen Erfindungen — die Sauna — allen denen, die sich mit ihrem Wesen tief vertraut gemacht haben. Und für den Ausbau der Wärmekultur in unserer klimatischen Zone bildet sie als Ausgleich das bewährteste Mittel.

In dem Streben nach Vollkommenheit der Abstimmung von Seele und Leib aufeinander dürfte das ethisch-biologische Ziel der wichtigsten menschlichen Fragestellung sein, wie es von Anbeginn derselben durch die Philosophen der Antike gelehrt wurde, die christliche Formulierung durch Apostel Paulus fand (I. Thess. V, 23), die islamischen Philosophen beeinflußte und über die Renaissance und das neuzeitliche Denken heute in der psychosomatischen Medizin von neuem aufkommt.

Die Pflege der Wärmekultur, in Gestalt der Sauna so naheliegend, ist der wirksamste Weg zu diesem erhabenen Ziel, das sich alle Menschen ohne weltanschauliche Schranken stellen sollten.

Literaturverzeichnis*)

Arany, Die Verhütung der „Badereaktion". Hippokrates 1942. Heft 11.

Arneth. Therapie der Gegenwart. Berlin 1946. Heft 4.

Aschner. B. Behandlung des Gelenkrheumatismus und verwandter Zustände. Hippocrates-Verlag. Stuttgart. 1949.

Baelz, E. Das Leben eines deutschen Arztes im erwachenden Japan. Engelhorn-Verlag 1902.

Baer. C. E. Balnea vaporum. Inauguraldissertation über die in Estland heimischen Krankheitsformen. Hippokrates. 1948. Heft 1.

Baginsky. Die Sauna — der Gesundheitsborn. Natur und Gesundheit. 1941. Heft 9.

Barker Ellis. Caner. John Murray, Albermarle Street, London W.

K. H. Bauer. Zur Chemotherapie des Krebses mit mutativen Stoffen, insbesondere über mutative Syncarcinocolyse. Das Deutsche Gesundheitswesen. 1949. Nr. 36.

Belart. W. Zur Konstitution des Rheumatikers. Schweizer med. Wschr. Nr. 3. 78. Jg. 1948.

Beneke. Zur Physiologie der Saunabäder. Deutsches Ärzteblatt Nr. 5/6. 1943.

Bircher. W. Hautkrankheiten. Zürich. 1943.

Bischoff. Regulationskrankheiten. Der Wendepunkt. Nr. 6, 1944.

Brandes. Erfahrungen mit der Sauna an der Universitätsfrauenklinik Würzburg. Inauguraldissertation. 1944.

Brauchle. Die großen Naturärzte. Philipp Reclam jr. Leipzig. 1944.

Brauchle-Grote. Ergebnisse aus der Gemeinschaftsarbeit von Naturheilkunde und Schulmedizin. Verlag Philipp Reclam jr. Leipzig.

Brofeldt. Über die finnische Sauna und ihre Wirkung. Deutsches Ärzteblatt. Heft 29/30. 1942.

Butenandt. Ärzt. Praxis. 1949. Nr. 27.

Buttersack. Unbekanntes therapeutisches Gelände. Hippokrates. 1940. Heft 41.

Curie, P. und A. Laborde. Über die in Radiumsalzen spontan freiwerdende Wärme. 1903.
Über die Radioaktivität der Gase, die im Wasser von Thermalquellen frei werden. 1904.

Dybowski. „Die Verhütung der Badereaktion", ein Schaden für den Kranken. Hippokrates. 1942. Heft 42.

*) Die hier fehlende Literatur befindet sich im aufs angelegentlichste zu empfehlenden Buche von H. Lampert „Überwärmung als Heilmittel". Hippocrates-Verlag. 1949.

E a s t e r b r o o k. L. F. Zeitschr. f. biolog. Heilweisen. Heft 1. 1948. Seite 32.

E d s t r ö m, G. Die Bewegungstherapie in der Rheumatologie. 1943. Th. Steinkopf. Dresden u. Leipzig.

E l s t e r. Das Saunabad in Norwegen. Deutsches Ärzteblatt. Heft 29/30. 1942.

E n d e r l e i n. Cancerologica I. Archiv für Entwicklungsgeschichte der Bakterien. Bd. II, Heft 1. 1. 3. 44.

F e y. Das heiße Dauerbad und die heiße Dauerwickelung. Kneipp-Blätter 1938. Nr. 18.

— Das Saunabad als bewährtes Mittel der Volksgesundheitspflege. Kneipp-Blätter 1942. Heft 2.

F e y e r a b e n d. Organologie.

F r a n z m e y e r. Die finnische Sauna — unser altes deutsches Dampfbad. 1937. Heft 2.

G a u s s. Erfahrungen mit der Sauna an einer Frauenklinik. Hippokrates. 1944. Heft 29/30.

G a l e k e. Deutsche Med, Woch. 1949. Nr. 44 u. 45.

H a n g a r t e r. Über das finnische Bad. Therapie der Gegenwart. 1941. Heft 5.

H e i d l e r. H. Das finnische Saunabad. Hippokrates. 1942. Heft 23.

H e r k e n. Innere Ursachen des Karzinoms. Das deutsche Gesundheitswesen. Heft 15. 1946. Berlin.

H o f f. Infektionsabwehr und vegetatives Nervensystem. Dt. med. W. 1941. Seite 417.

H o l z e r, W. Physikalische Medizin in Diagnostik u. Therapie. Verlag Maudrich-Wien. 1940.

H o s k e. Der Nutzen des Saunabades. Die Gesundheitsführung. 1941. Heft 10.

— Die finnische Sauna. Hippokrates. 1941. Heft 18.

H ö r b i g e r - F a u t h. Glazialkosmogonie. Voigtländer. 1925.

J a k o w l e w. Der Mensch und die Steppe. Verlag H. Reichner. Wien. 1936. Zitiert von K. Saller: Zwischen Säuren und Alkalien. Hippokrates. 1941. Nr. 42.

v. K a p f f. Acidose und Alcalose. Fasten- und Rohkostkuren. Hippokrates. 1941. Nr. 42.

K a r i t z k y . B. Z. f. d. ges. inn. Med. 1947. H. 17—18.

K a r i t z k y B. Deutsch. Ges.-Wes. 1949. H. 25.

K a r s t e n. Das finnische Saunabad. Reformrundschau. 1940. Heft 11.

— Die finnische Sauna als Heil- und Abhärtungsmittel. Kneippblätter. Nov.-Dez. 1940.

— Erfahrungen mit dem finnischen Saunabade. Hippokrates. 1940. H. 20.

K i e n l e. Naturheilerische Behandlung von Herzkranken. Elektrokardiographische Studien. 1940. Th. Steinkopff.

— Praktische Elektrokardiographie. Georg Thieme. Leipzig. 1943.

K n e i p p. Meine Wasserkur. Seite 17. Alte Ausgabe.

K ö g l und E r x l e b e n. Zeitschrift f. physiologische Chemie. B. 258, 57. 1939.

L a m p e r t. Hyperthermie oder Fiebertherapie, mit besonderer Berücksichtigung des Überwärmungsbades. Ergebnisse der physikalisch-diätetischen Therapie. Bd. 1. 1939.

— Die Überwärmungsbehandlung der Poliomyelitis, besonders im akuten praeparalytischen Stadium. Hippokrates. Heft 6. 1948. S. 162.

— Die Überwärmung als Heilmittel. Hippokrates-Verlag. 1949.

— Pneumonie und Überwärmungsbad. Neue Zeitschr. 1944. Nr. 1.

— Physikalische Therapie. Dresden. 1938. Verlag Th. Steinkopff.

— Der Blutdruck Fleckfieberkranker und seine Beeinflussung durch das Überwärmungsbad. D. med. Wochenschr. Nr. 2. 1943.

— Die Bewertung des weißen Blutbildes bei Fleckfieberkranken. D. med. Wochenschr. Nr. 1. 1943.

— Die Bedeutung der Überwärmung für die Behandlung von Infektionskrankheiten, erläutert am Fleckfieber und an der Malaria tertiana. Hippokrates. 1948. Heft 1.

L e n z. Bedeutung und Einrichtung von Sauna-Bädern. Deutsches Gesundheitswesen. 1946. Heft 5.

L i c h t w i t z. Pathologie der Funktionen und Regulationen. New York. 1939.

L i e k E. Der Arzt u. seine Sendung. J. F. Lehmann, München.

L i e k . E. Das Wunder in der Heilkunde. J. F. Lehmann, München 1930.

L u n d g r e n. Diss. Kouvala. 1933.

L ü t t g e. Vollbäder unter der Geburt. Zblt. f. Gynäkol. 1941. Nr. 18.

M e t s c h n i k o v. Etüden des Optimismus.

M e y e r . E. Chr. Über die Häufigkeit des Krebses bei Mangelkost. Das Deutsche Gesundheitswesen. Heft 5. 1947.

v. M o e l l e n d o r f. Zur Kenntnis der Mitose (XII. Arbeit). Beziehungen zum bösartigen Wachstum. Zit. nach M. E. Bircher. Wendepunkt Nr. 8. 1944.

M u c k. Die finnische Badestube — Sauna — Ein Radiumemanationsraum. Mch. med. Wschr. 1940. Heft 1.

M ü l l e r. J o h. Handbuch der Physiologie. Bd. 1. 1858.

v. N e e r g a r d. Die Katarrhinfektion. Steinkopff. Dresden u. Leipzig. 1939.

N o r m a n - J o l i f f e. Am. Med. Ass. 1941. 117/1946.

O r t l o f f. Erfahrungen über die Anwendung von Fieberbädern bei nichtparasitären chronischen Hautkrankheiten. Ergebnisse aus der Gemeinschaftsarbeit von Naturheilkunde und Schulmedizin. 1940. Verlag Philipp Reclam jun.

O s t m a n n. Heilung und Verhütung des atypischen Gichtstars und grauen Stars. Hippokrates. 21. 5. 1941.

O t t , V i c t o r. Sauna. Verlag B. Schwabe & Co., Basel. 1948.

P i o r r y. Traité de pathologie iatrique. 1841.

P o r r m a n n. Wie baut man eine Sauna? Siebeneicher-Verlag. 1947.

R a j e w s k i u. L a m p e r t. Wärmebehandlung in der Medizin. Bericht der II. Frankfurter Konferenz med. naturwiss. Zusammenarbeit. Verlag Th. Steinkopff, Dresden. 1937.

— Erforschung und Praxis der Wärmebehandlung in der Medizin. 1937. Verlag Th. Steinkopff.

Ricker. Das Zentralnervensystem und die rheumatisch genannte akute Polyarthritis. Dresden u. Leipzig. 1938. Th. Steinkopff.

Rikkula. Kongreßbericht d. Olymp. Spiele. 1936. Berlin.

v. Roques. Das eigene Nervensystem ist schuld! Neue Zeit. Nr. 103. 18. 11. 45.

— Dtsch. Gesundh.-Wesen. 1946. 120.

Rüdiger. Heilwert des durch heiße Bäder und Wickel erzeugten künstlichen Fiebers. Naturärztl. Rundschau. 1937. Heft 4.

— Über die „Schlenz-Kur". Hippokrates. 1938. Heft 4

— Über die Ausführung der Schlenz-Bäder. Das Deutsche Badewesen. Mai 1939.

Ruhmann. Das Rheumabuch des Doktor Ballonius. Krüger u. Co. Leipzig C 1.

Saller Zwischen Säuren und Alkalien. Hippokrates. 1941. Hefte 38, 39, 41, 42, 46, 48.

Saller. Über das Blutbild und das Säure-Basenverhältnis im Urin Krebskranker. Hippocrates. 1948 Nr.. 11.

Slauck. Anleitung zur klin Analyse des infektiösen Rheumatismus. Dresden. 1939. S. 68.

Smolny. Das Kräuterheilverfahren nach Maria Schlenz. Fortschr. d. Med. 1936. Nr. 12.

— Die Schlenz-Kur. Dtsch. Ztschr. f. Homöop. 1938 Heft 7.

Schlenz. M. So heilt man unheilbar scheinende Krankheiten. Verl. Rauch. Innsbruck-Leipzig. 1938.

Schlenz J. Anleitung zur „Schlenz-Kur". Inn-Verlag. Innsbruck. 1948.

Schönenberger. Der Naturarzt. Verlag Lebenskunst — Heilkunst.

Schultz. H. G. Therapie der Gegenwart. 46/47. 10. 195. Medikamentsparende Hydrotherapie.

Speransky. A. A basis for the theory of medicine. 1936.

Stiegele, A. Aus der Geschichte der Medizin. Dr. K. E. Baers Bericht uber die Sauna. Hippokrates. 1948. Heft 1.

Thiess. Russische Volksheilmethoden. Hippokrates. 1944. Heft 29/30.

Tichy, H. Das Deutsche Gesundh.-Wesen. Heft 24. 1947. 757.

Vannier, L. et J. Poirier. Précis de matière médicale homoeopatique. Doin. Paris. 1948.

Veil. Der Rheumatismus und die streptomykotische Symbiose. Stuttgart. F. Enke. 1939.

Veil u. Sturm. Die Pathologie des Stammhirns. 2. Aufl. Jena. Gustav Fischer. 1946.

Vogel. M. Grundsätzliches zur Rheumaforschung und Rheumabekämpfung. 3. Jg. Heft 17. 1. Sept. 1948. Dtsch. Gesundh.-Wesen. S. 513.

Vogler. P. Der hydrotherapeutische Standard.

Vouk V. Die Grundprobleme der Balneobiologie. Schweizer. Med. Wochenzeitschrift. 1948. S. 1149.

Völgyesi. Psychosomatische Hypnosetherapie. Hippocrates. 1950. H. 1 u. 2.

W a e r l a n d. Ich sterbe nicht an Krebs! bei Erich Schmidt. Berlin. 1950.

W a e r l a n d. Befreiung aus dem Hexenkessel der Krankheiten. Hans Nisple Verlag. Zürich. Auch alle anderen Bücher im Verlage von Dr. Schmidt. Berlin. 1950.

— Übergangskost. Buchdruckerei Steiger. Bonn.

W a l i n s k i. Über 10jährige Erfahrungen mit physikalischer Hyperthermie. Bl. f. Inn. Med. 1937. Nr. 29.

— Technik, Anzeigen und Erfolge der Fiebertherapie. Therapie der Gegenwart. 1941. Heft 3.

— Über künstliche Hyperthermie auf physikalischem Wege und deren therapeut. Verwendung. Med. Klin. 1928.

W a l t h e r. Dissert. inaugur. de balneorum aquae simplicis usu diaetetico. Lips. 1744.

W e l s. Strahlentherapie. 75. 188. 1944.

W i n s c h. Über Wärmekultur. 7. Aufl. Berlin. Verlag Lebenskunst — Heilkunst.

Z a b e l und S c h l e n z. Das Überwärmungsbad. Hippokrates. 1944.

FSC
www.fsc.org
MIX
Papier | Fördert
gute Waldnutzung
FSC® C083411

Kolibri 360 GmbH
Ferdinand-Jühlke-Straße 7
99095 Erfurt, Deutschland
produktsicherheit@kolibri360.de